インクジェットプリンターの応用と材料 II
Applications & Materials of Inkjet Printer II

《普及版／Popular Edition》

監修 髙橋恭介

シーエムシー出版

は　じ　め　に

　インクジェットは，信号により打ち出された微小液滴を空中飛行により対象物に付着させる非接触型の最もシンプルなインキング技術であり，ヘッドのマルチノズル化により高速化と多色対応も容易である。また，インクのみが消耗品となり，コンピュータと最も相性のよいイメージング技術と考えられる。

　インクジェットプリンタは当初，装置がシンプルでフルカラーも容易なことから，低価格のプリンタとしてパーソナル分野に普及した。そして，マシンコストの安さからビジネス分野にも拡がっていった。また，産業分野での応用は，オンデマンド捺染，段ボールや缶詰などの産業用マーキング，半導体製造，写真プリントなど多岐にわたっている。特に最近，インクジェットプリンタが伸びている分野は，ラージフォーマットやデジタルカラープルーフ，可変情報対応高速プリンタなど印刷分野で顕著である。

　また，インクジェット技術は必要な所にのみインクを付着させるという，グリーン対応技術でもあり電子産業ではデジタルファブリケーション技術として製造プロセスへの応用への関心が高い。資源，エネルギーを大量に使い環境的にも問題を作り出している電子産業の現在の主力プロセスである材料の引き算型フォトリソグラフ技術に代わる効率の良い省エネ，省資源型の付加型インキング技術として今後の発展が期待されている。

　21世紀の技術として今後もインクジェット技術が発展して行くためにはヘッド開発による高速化，高解像性の実現と，インクや紙の材料・ケミカルス，その物性解明などの技術が必要である。すなわち，あらゆる機能性インク，UVインク，水性インク，油性インク，顔料，コート紙，光沢紙，合成紙，紙薬品，金属やガラス，プラスチック基板など既成概念にとらわれない観点からの開発・研究が望まれる。

　いずれにしろ，インクジェット技術は，無限に近い応用範囲を持ったインキング技術である。そのポテンシャルの本質を正しく理解し，それをベースにデジタル信号の出力としてユーザーニーズを満たすシステム開発，製品開発を行い，新しい応用分野や市場を創り出していくことが求められている。

　本書は，これらを踏まえ，インクジェットに関して各分野手の第一線でご活躍中の方々に最新動向を御執筆いただいた。2002年に「インクジェットプリンターの応用と材料」が発行されているが，本書は時代に即してまったく新しい内容をまとめた続編となっている。

　本書がインクジェット技術や材料技術の発展，ひいては日本の産業の発展に貢献できれば幸に存じます。

2007 年 11 月

東海大学名誉教授　髙橋恭介

普及版の刊行にあたって

　本書は2007年に『インクジェットプリンターの応用と材料Ⅱ』として刊行されました。普及版の刊行にあたり，内容は当時のままであり加筆・訂正などの手は加えておりませんので，ご了承ください。

2013年7月

シーエムシー出版　編集部

執筆者一覧（執筆順）

髙橋 恭介	東海大学名誉教授
河合 晃	長岡技術科学大学　工学部　電気系　准教授
松尾 一壽	福岡工業大学　情報工学部　情報工学科　教授；
	福岡工業大学　総合研究機構　情報科学研究所　所長
大坪 泰文	千葉大学　大学院工学研究科　教授
矢崎 利昭	英弘精機㈱　物性・分析機器事業部　取締役事業部長
山上 達也	東京大学　大学院工学系研究科　物理工学専攻　助教；
	現・㈱コベルコ科研　技術本部　エンジニアリングメカニクス事業部
日出 勝利	㈱テラバイト　第二技術部　グループリーダー
太田 德也	ザール・ピーエルシー　日本事務所　在日代表，日本事務所長
野口 弘道	フュージョンUVシステムズ・ジャパン㈱　リサーチフェロー
上村 一之	ビデオジェット㈱　製品技術　マネージャー
奥田 貞直	理想科学工業㈱　K&I開発センター　第一研究部　部長
小野 裕之	日本合成化学工業㈱　中央研究所　スペシャリティクリエイティブセンター　担当課長
平澤 朗	トッパン・フォームズ㈱　中央研究所　第一研究室　室長
釜中 眞次	紀州技研工業㈱　専務取締役
萩原 和夫	ジーエーシティ㈱　代表取締役社長
大西 勝	㈱ミマキエンジニアリング　技術本部　取締役技師長
成田 裕	倉敷紡績㈱　エレクトロニクス事業部　システム開発部　企画開発課

菅沼 克昭	大阪大学　産業科学研究所　教授	
和久田 大介	大阪大学　産業科学研究所　特任研究員	
金　權鉄	大阪大学　産業科学研究所　助教	
竹延 大志	東北大学　金属材料研究所　准教授	
浅野 武志	ブラザー工業㈱　技術部　技術開発グループ　チーム・マネジャー	
白石 誠司	大阪大学大学院　基礎工学研究科　准教授	
小澤 康博	㈱石井表記　企画開発部　部長	
日口 洋一	大日本印刷㈱　知的財産本部　エキスパート	
岡田 裕之	富山大学　理工学研究部　准教授	
中　茂樹	富山大学　理工学研究部　助教	
柴田　幹	富山大学　工学部　技術専門職員	
長谷川 倫男	前・ニップンテクノクラスタ㈱　営業技術本部　ジェノミクス・プロテオミクスグループ　主任	
西山 勇一	㈶神奈川科学技術アカデミー　中村バイオプリンティングプロジェクト　研究員	
中村 真人	東京医科歯科大学　生体材料工学研究所　准教授； ㈶神奈川科学技術アカデミー　中村バイオプリンティングプロジェクト　プロジェクトリーダー	
逸見 千寿香	㈶神奈川科学技術アカデミー　中村バイオプリンティングプロジェクト　研究員	

執筆者の所属表記は，2007年当時のものを使用しております．

目　　次

【基礎編】
＜総論＞

第1章　インクジェットプリント技術の最新動向　髙橋恭介

1 印刷技術の栄枯盛衰から学ぶ ……………… 3
  1.1 奈良～平安時代 …………………… 3
  1.2 鎌倉～室町時代―寺院版木版印刷の全盛期 ……………………………… 3
  1.3 古活字版と木版共存時代（桃山末期～江戸初期）…………………………… 4
  1.4 江戸出版文化の隆盛（寛永～明治初期）…………………………………… 4
  1.5 明治（1868年）～平成の技術導入とその栄枯盛衰 ……………………… 5
2 インクジェット技術のポテンシャル …… 8

＜インクジェットの基礎物理＞

第2章　インクジェットインク・微小液滴の基礎物性　河合　晃

1 はじめに ………………………………… 12
2 微小液滴の表面エネルギーとサイズ効果 ………………………………………… 12
3 液滴の濡れ性を表す基本式 …………… 14
  3.1 接触角の定義式（Youngの式とDupreの式）………………………… 14
  3.2 粗い表面での接触角（Wenzelの式）16
  3.3 異種材質の基板上での接触角（Cassieの式）……………………… 17
  3.4 時間経過による接触角変化（Neumannの式）…………………… 17
4 液滴はどこまで小さくできるか（ナノ液滴）…………………………………… 18
  4.1 接触角のサイズ依存性（AFM観察）………………………………………… 18
  4.2 液滴成長の2つのモード（アイランド型と凝集型）…………………… 19
5 インクジェットにおける液滴コントロール ……………………………………… 20
  5.1 拡張係数Sで液滴の広がりを評価する ……………………………… 21
  5.2 版内への液滴の浸透性 …………… 21
  5.3 液滴の乾燥性（ウォーターマーク）… 21
  5.4 ピンニングによる液滴広がりの抑制（液滴形状の歪み）………………… 22
  5.5 濡れ不良（ピンホール）………… 23
6 おわりに ………………………………… 23

第3章　インクジェットインクの飛翔特性と制御　松尾一壽

1 はじめに ……………………… 24
2 インクジェット飛翔 ……………… 25
3 インクジェット飛翔の観測方法 ……… 26
　3.1 He-Neレーザ光を光源としたインクジェット飛翔の振る舞いの観測 … 27
　3.2 パルスレーザ光を光源としたインクジェット飛翔の振る舞いの観測 … 31
4 インクジェット飛翔のジグザグ走査方式 ……………………………… 34
5 おわりに ……………………… 36

第4章　インクジェットインクのレオロジーと界面化学
　　　　　　　　　　　　　大坪泰文, 矢崎利昭

1 はじめに ……………………… 39
2 インクのレオロジー ……………… 39
　2.1 振動流動と動的粘弾性 ………… 39
　2.2 インクの動的粘弾性 …………… 40
　2.3 伸長流動 ……………………… 41
3 インクの表面張力と新表面の生成 …… 43
　3.1 界面活性剤の拡散と動的表面張力 … 43
　3.2 インクの動的表面張力 ………… 44
4 インクのぬれ性 ………………… 45
　4.1 接触角とぬれ性 ……………… 45
　4.2 ジェットインクのぬれ性 ……… 47
5 おわりに ……………………… 48

第5章　インクジェットインク乾燥の計測と解析　山上達也

1 はじめに ……………………… 49
2 液滴の乾燥過程の計測の基礎 ……… 50
　2.1 静滴（sessile drop）法 ………… 50
　2.2 3段階の乾燥過程の概要 ……… 50
　2.3 液滴の乾燥過程を特徴づける無次元数 ……………………… 51
3 試料と溶液物性の測定法 ………… 51
　3.1 試料 ………………………… 52
　3.2 動的粘弾性測定 ……………… 52
4 液滴の乾燥過程と蒸発速度の測定法 … 54
　4.1 溶媒のみの乾燥過程の測定 …… 54
　4.2 高分子液滴の乾燥初期濃度Φ_i・初期体積V_i依存性の測定 ………… 54
5 液滴の乾燥後の形状の測定法と解析法 … 55
　5.1 乾燥後のステイン形状の測定 … 55
　5.2 乾燥後のステイン形状を決める因子の解析と考察 ……………… 57
　　5.2.1 蒸発速度の液滴サイズ依存性 ……………………… 57
　　5.2.2 スキン形成およびバックリング条件とペクレ数の関係 ……… 58
6 液滴の乾燥後の硬化度の測定法と解析法

.... 60
6.1 原子間力顕微鏡（AFM）による表面弾性率測定 60
6.2 高分子液滴の表面弾性率の分子量 Mw 依存性の測定 60
7 おわりに 61

第6章 インクジェットの流動解析　日出勝利

1 はじめに 64
2 要求される CFD 機能の要点 64
3 FLOW-3D について 65
　3.1 歴史 65
　3.2 概要 66
　3.3 機能特徴 66
　　3.3.1 基礎式 66
　　3.3.2 FAVOR 法 67
　　3.3.3 VOF 法および TruVOF 法 ... 67
　　3.3.4 人工知能的エキスパートシステム 68
4 インクジェットの適用例 68
　4.1 連続方式によるインクジェット滴の吐出 68
　4.2 オンデマンド方式によるインクジェット滴の吐出（ピエゾ方式）... 69
　4.3 オンデマンド方式によるインクジェット滴の吐出（バブルジェット方式）............... 71
　4.4 液滴の吸着 72
5 インクジェット解析のユーザ事例 72
　5.1 Océ Technologies 社の適用事例... 73
　5.2 Eastman Kodak 社の適用事例 ... 74
　　5.2.1 熱的偏向連続方式によるインクジェット 74
　　5.2.2 熱毛管力駆動による液滴の形成 75
6 おわりに 75

第7章 インクジェットヘッドの技術動向
―ヘッドの種類及び応用用途別動向―　太田徳也

1 はじめに 77
2 各種インクジェットヘッドの吐出原理と特徴 78
3 用途別プリントヘッドの現状と技術動向 82
　3.1 オフィス・ホーム用デスクトッププリンター用プリントヘッド 82
　3.2 産業用プリンター用プリントヘッド 83
4 おわりに 85

【材料・ケミカルス編】
＜インクジェット用インク＞

第8章　UV硬化型インクの最新動向　野口弘道

1　はじめに ………………………………… 89
2　UVIJ印刷応用の現在 ………………… 90
3　製品インク技術 ………………………… 90
　3.1　光開始剤の改良 ………………… 104
　3.2　新規なモノマーの開発 ………… 105
　3.3　白色インク …………………………110
　3.4　顔料分散の安定性 ………………110
　3.5　UVインクとプリンタ ………………110
4　アクリル系UVIJインクの開発動向 … 111
5　カチオン系UVIJインクの開発動向 … 113
6　水性UVIJインクの開発動向 …………114
7　UVIJ用ランプの開発動向 ……………115
8　UVIJインクと印刷物の環境対応 ……117

第9章　マーキングインク　上村一之

1　はじめに ……………………………… 120
2　マーキングインクのあゆみ …………… 120
　2.1　概要 ……………………………… 120
　2.2　インク開発の推移 ……………… 120
　2.3　化学物質規制との関わり ……… 121
3　マーキングインクの印字方法とマーキングインク ……………………………… 122
　3.1　Continuous Ink Jet Printer (CIJ)のインク印字例 ……………………… 122
　3.2　Drop On Demand方式（DOD）インクジェットプリンタの印字例 …… 123
4　マーキングインクの開発要因 ………… 124
　4.1　インク開発のセグメンテーションの概要 …………………………… 124
　4.2　インクの機能とユーザーアプリケーション ……………………… 125
5　インク開発の変化とその実例 ………… 125
　5.1　印字要求とマーケット・ニーズの変化 ………………………………… 126
　5.2　開発インクの実例紹介 ………… 127
　5.3　2次元コード …………………… 130
6　マーキングインクと今後の化学物質規制の関わり ………………………… 131
　6.1　化学物質規制の概要 ………… 131
　6.2　各種化学物質規制との関わり … 132
　6.3　安全・危険情報 ……………… 134
7　まとめ …………………………………… 134

第10章　環境対応型インク　　奥田貞直

1　はじめに ……………………… 136
2　インク配合と印刷時の特性 ……… 137
3　油性環境対応インク …………… 138
　3.1　基本的なインク物性と配合 …… 138
　3.2　顔料と顔料分散 ……………… 139
3.3　溶剤と添加剤 ………………… 141
4　性能評価 ……………………… 142
5　今後の課題 …………………… 144
6　まとめ ………………………… 144

＜インクジェット用メディア＞

第11章　インクジェットメディア用ポリビニルアルコール　　小野裕之

1　はじめに ……………………… 146
2　PVOHの概要 ………………… 146
3　インクジェット用ポリビニルアルコール
 ……………………………… 147
4　おわりに ……………………… 151

第12章　インクジェット受容層の最適設計　　平澤　朗

1　はじめに ……………………… 153
2　インクジェット印刷方式による分類 … 153
3　インクジェット印刷の特徴と問題点お
　よび要求性能 …………………… 153
　3.1　インクジェット印刷の特徴と問題点
　　 ………………………………… 153
　3.2　要求性能 …………………… 154
4　インクジェット受容層の設計 …… 156
　4.1　設計する上での留意点 ……… 156
　4.2　評価方法 …………………… 157
5　印刷による受容層形成の実用例 …… 158
　5.1　情報用紙と印刷による薄膜受容層
　　の設計 ………………………… 158
　　5.1.1　印刷によるインクジェット受容
　　　層の創造 ……………………… 158
　　5.1.2　受容層形成オフセットインキの
　　　設計 ………………………… 159
　　5.1.3　まとめ …………………… 160
6　新しい受容層形成技術 ………… 162
7　おわりに ……………………… 163

【応用編】
＜メディア応用＞

第13章　産業用インクジェット印刷最新動向　　釜中眞次

1　はじめに ………………………… 167
2　産業用 IJP の種類 ……………… 167
 2.1　連続式 IJP ………………… 167
 2.2　オンデマンド式 IJP ……… 168
3　産業用 IJP の原理・用途 ……… 168
 3.1　連続式 IJP ………………… 168
 3.2　オンデマンド式 IJP ……… 170
  3.2.1　ピエゾ式 ……………… 170
  3.2.2　サーマル・インクジェット式 … 171
  3.2.3　バルブ式 ……………… 172
4　おわりに ………………………… 172

第14章　印刷用カラープルーフインクジェット最新動向　　萩原和夫

1　はじめに ………………………… 174
2　印刷用カラープルーフ（色校正）の動向 ……………………………… 174
 2.1　色校正の目的 …………… 174
 2.2　色校正に求められる性能 … 174
 2.3　主な色校正技術と問題点 … 174
3　インクジェットプリンターの色校正の応用 ………………………… 175
 3.1　6色インクジェットプリンターの登場 ……………………… 175
 3.2　広い色域（Adobe RGB）と印刷再現域（Japan Color）のカバー …… 175
 3.3　カラーマネージメント RIP の登場 ……………………………… 175
 3.4　安価な機械コスト ……… 176
 3.5　安価な材料コスト ……… 176
 3.6　環境対応 ………………… 176
4　ターゲット印刷物の定義 ……… 177
 4.1　基準印刷物作り ………… 177
 4.2　ICC プロファイル作成 …… 179
5　カラーマネージメント RIP …… 179
 5.1　ICC プロファイル利用による色あわせの理論 ………………… 179
 5.2　プリンターリニアリゼーションの決定 ……………………… 179
 5.3　プリンター ICC プロファイルの作成 ……………………… 180
 5.4　ターゲットプロファイルの反映 … 180
 5.5　プロファイルの最適化 … 180
6　インクジェットプルーフの品質 … 181
7　カラーマネージメント RIP 紹介 … 182
8　今後期待される技術 …………… 182
 8.1　インクジェットプリンターのキャリブレーション …………… 182
 8.2　出力スピード …………… 183
 8.3　両面印刷機能 …………… 183

第15章　屋外用ラージフォーマットインクジェットプリンタ　　大西　勝

1　はじめに …………………………… 184
2　ソルベントインクの高精細屋外ラージフォーマットプリンタへの適用 …… 185
3　ソルベントインクによる高精細プリントに対する技術課題 ……………… 186
4　インクジェットインクの定着プロセス … 187
5　低粘度インクの性質とソルベントプリンタでの解決策 …………………… 189
6　屋外使用ラージフォーマットプリンタへのソルベントインクの適用 ………… 190
7　屋外用ソルベントインクプリンタの開発課題と開発した技術 ……………… 190
　7.1　インクの開発 ………………… 190
　7.2　プリンタシステムの開発 …… 193
　　7.2.1　プリントヒーターの設置と役割 ………………………… 193
　　7.2.2　ヒーター制御 …………… 196
8　最近のソルベントインクを使うラージフォーマットプリンタと今後の展開 … 196

第16章　インクジェット捺染の最新動向　　成田　裕

1　繊維捺染業界を取り巻く環境と課題 … 197
2　捺染業界におけるインクジェット技術の浸透 …………………………… 198
3　インクジェット捺染機の処理能力 …… 199
4　ピエゾヘッド ……………………… 199
5　前処理 ……………………………… 202
6　出力素材（メディア）とインク ……… 202
　6.1　インクジェット捺染の素材適応 … 202
　6.2　脱気 …………………………… 203
　6.3　色域表現 ……………………… 203
7　カラーコントロール ……………… 204
8　デジタル技術を活用した新しいビジネスモデル …………………………… 204
9　コモ地区の繊維製品輸出入 ……… 205
10　国内のベターゾーン …………… 206
11　環境対応 ………………………… 207
12　インクジェット捺染の将来 …… 207

＜デジタルファブリケーション応用＞
第17章　インクジェット技術による金属ナノ粒子インク配線
　　　　　　　　　　　　　　　菅沼克昭, 和久田大介, 金　槿鉌

1　インクジェット印刷と Printed Electronics ………………………………… 209
2　金属ナノ粒子インクのインクジェット印刷技術 ………………………………… 210
3　インクジェット用金属ナノ粒子インク ………………………………… 215

4 インクジェット印刷技術による微細配線の これから ………………………………… 218

第18章　インクジェット法を用いた単層カーボンナノチューブ薄膜トランジスタ　竹延大志, 浅野武志, 白石誠司

1 はじめに …………………………… 219
2 単層カーボンナノチューブトランジスタ ……………………………………… 221
3 単層カーボンナノチューブ薄膜トランジスタの作製 …………………… 221
4 インクジェット法を用いたデバイス作製 ……………………………………… 223
5 単層カーボンナノチューブへのキャリアドーピング ……………………… 225
6 まとめ ……………………………… 227

第19章　インクジェット技術の配向膜への応用　小澤康博

1 はじめに …………………………… 230
2 IJP・PI-Coaterに期待される能力を備えた当社装置 ………………… 230
 2.1 版が不要でオンデマンド生産が可能 ………………………………… 230
 2.2 コーティングパターンデータを顧客にて作成可能 ………………… 231
 2.3 レシピ管理で品種切り替えが速く，PI液の切り替え手順を確立 ……… 231
 2.4 PI液使用効率の向上を実現 …… 231
 2.5 ITO基板での試しコーティングが低減 ………………………………… 232
 2.6 1パスコーティングで高スループットを実現 ………………………… 232
 2.7 PI膜厚コーティング性能 ……… 232
 2.8 長期安定稼動 …………………… 233
 2.9 コンパクトで軽量な装置 ……… 233
 2.10 操作性の良い装置 …………… 233
 2.11 パーティクルの発生しない装置 … 234
 2.12 メンテナンス性の良い装置 …… 234
3 総合的なアドバイスの提供 ……… 234
 3.1 プリベークに期待される内容 … 235
 3.2 ITO, TFT, CF基板に求められるもの ……………………………… 235
 3.3 PI液に求められるもの ………… 235
4 おわりに―IJP・PI-Coater, プリベークの展望 …………………………… 235

第20章　インクジェット技術のディスプレイ部材加工への応用　日口洋一

1 はじめに …………………………… 237
2 レンズアレーへの応用 …………… 237

3　カラーフィルタ（CF）への応用 ……… 240
4　スペーサ・隔壁への応用 ………………… 243
5　おわりに ………………………………… 245

第21章　インクジェット技術による有機EL　岡田裕之, 中　茂樹, 柴田　幹

1　はじめに ………………………………… 247
2　IJP法を用いた自己整合IJP有機EL素子
　　………………………………………… 248
　2.1　自己整合IJPプロセスの概略 ……… 248
　2.2　自己整合IJP有機EL素子 ………… 249
　2.3　自己整合IJP有機EL素子のマルチカ
　　　ラー化 ………………………………… 252
3　ラミネートプロセスによる自己整合IJP
　　有機EL素子 …………………………… 253
4　まとめ …………………………………… 256

＜バイオテクノロジー技術応用＞
第22章　インクジェット微量分注機によるDNAマイクロアレイの作製　長谷川倫男

1　はじめに ………………………………… 258
2　DNAチップ …………………………… 259
3　アレイヤー ……………………………… 260
4　その他のチップなど …………………… 262
5　スポットのクオリティ ………………… 264
6　まとめ …………………………………… 266

第23章　バイオプリンティング―インクジェット技術の再生医療への応用―　西山勇一, 中村真人, 逸見千寿香

1　緒言 ……………………………………… 269
2　インクジェットの応用：3次元バイオ
　　プリンティングへのあゆみ ………… 270
3　3D Bio-Printer装置の研究開発 ……… 271
　3.1　インクジェットノズルヘッド …… 271
　3.2　高速度カメラによる液滴観察 …… 272
4　多色3次元ゲル構造およびその構築法：
　　実験および結果 ……………………… 273
　4.1　材料 ………………………………… 273
　4.2　3次元ゲル構造の構築方法 ……… 274
　4.3　装置の改良 ………………………… 274
　4.4　3次元チューブ構造 ……………… 274
　4.5　3次元積層構造 …………………… 276
5　結言 ……………………………………… 276

基礎編

感謝辞

〈総論〉

第1章　インクジェットプリント技術の最新動向

髙橋恭介*

1　印刷技術の栄枯盛衰から学ぶ

　日本における印刷の流れを技術史的観点からまとめると今後の方向を見定めるヒントを得られるかも知れない。時代としては奈良，平安，鎌倉，南北朝・室町，安土桃山，江戸時代までの1160年と明治，大正，昭和，平成の120年とに大きく分けられる。古来より紙への情報の入れ方—印刷とは原稿がありそれを再現した版があり，インキを版につけそれを紙へ転写して印刷物を多数得る。この原理は現在も変わらないがデジタル技術が印刷の概念に変化を与えている。日本における印刷技術は全て外来技術であり明治維新をはさみ大きく二つの時代区分でどのように変遷してきたかを概観しその歴史的意味を示す。

1.1　奈良〜平安時代[1]

　古事記（712年）から万葉集（8世紀後半）まで数々の古典籍が写本（書本）として出されているが，奈良時代の印刷された版本（刊本）は唯一百万塔陀羅尼（770年）のみである。次に刊本が現れるのは約300年後の平安末期ごろ春日版といわれる優れた木版印刷物「成唯識論」（1088年）でありそれ以後続々と刊本が現れてきている。この300年間は王朝文化が華開いた平安時代であり続日本紀，日本霊異記，土佐日記，源氏物語，和漢朗詠集などなじみ深い古典が数多く作られているが印刷されたものはない。すべて人間印刷機が行った写本のみであり，これらの優れたベストセラー間違いない原稿が数多く出ているのになぜか印刷が行われていない。おそらく，本は王朝貴族，公家，僧侶などの上層階級だけのものであり部数を必要としなかったのではないかと考えられる。

1.2　鎌倉〜室町時代—寺院版木版印刷の全盛期

　鎌倉時代（1192〜1333年の150年）から室町時代（1336〜1573年の240年）の約390年間には中国の宋，元，明の木版印刷本の影響下に佛典，経典，儒教書，雑書などの印刷出版，復刻などが行われている。春日版，奈良版，高野版，五山版などの区別があるが，奈良の諸大寺がもっ

　＊　Yasusuke Takahashi　東海大学名誉教授

とも盛んに開版事業を行ったのは鎌倉時代といわれている。鎌倉五山版では禅籍を主とした内典（佛書）ものが多かったが，室町時代に入り開版の主体が京都五山の禅寺に移ると外典といわれる佛書以外の一般書である儒教書，史書，医書，詩文集などの文学書等も開版して袋綴じ本を出版している。京都五山版は室町末期まで続きその全盛期は戦乱下の南北朝の50余年とされている。この時代は中国ブームであり，中国のものは何でも取り入れ追いつけで禅宗に帰依する武将も多かった。武家の素養として漢文，漢詩も必要となりまた初めての漢字片かな混じりの本である「夢中問答」全3巻が出版されている。本が武家社会から一般大衆へ広がる機運が出始めたころと見られている。

1.3 古活字版と木版共存時代（桃山末期〜江戸初期）

　グーテンベルグの鉛活字版印刷が日本に伝来したのは発明後140年経った1590年イタリアの宣教師ヴァリニアーノによってであり，いわゆる「キリシタン版」を欧文，和文活字で約50点印刷している。その中にはエッチング凹版画が文字印刷と共存しているものもある。ほぼ同じころ秀吉による文禄の役（1593年）で朝鮮より持ち帰った銅活字印刷一式がもたらされている。それに木活字が加わり文禄勅版，慶長勅版，伏見版，駿河版，美しい嵯峨本などが出版されている。西洋と東洋で独立に発明された鉛活字と銅活字の技術が極東の日本で出会い，それぞれが定着することなく数十年で消えて行ったのは惜しまれる。特にキリシタン版の印刷に使われたプレス活版印刷機こそ西洋の息吹であるのにこのことが語られていないことは不思議である。この古活字時代は書物の印刷・販売の経済活動が活発化してくるにつれ印刷物に対する読者の要求，再販問題等が絡み衰退して行き，1644年（江戸時代正保の頃）以降は再び手摺り木版印刷が主流になってしまう。日本で1590年代最盛期にはキリシタン信者は30数万人でその理解者を含めると印刷物の需要は多かったはずである。活版印刷技術導入がキリシタン禁教でゼロとなり，木版出版の再来は出版統制のし易さなどの政治問題も背景にあると見られる。プレス印刷と印刷効率向上の概念は残らなかった。

1.4 江戸出版文化の隆盛（寛永〜明治初期）

　この木版による製板の時代は1644年から1870年ごろの幕末から明治初期までの約230年間続いている。この木版の特徴は文字と図版・絵画が混在した印刷物（刊本）やルビが印刷できることにある。例えば，中国語漢文の右カタカナルビを読めば中国語会話ができ，左に日本語のルビで意味もつけられている。著者のイメージする脳の世界が自由奔放に版木上に実現できる。日本の書物が活字を捨て版木に移った理由の一つであり漢字とルビの活用は多くの情報量を持つことができた。この間商業化により多くの古典文学書，軍書，浄瑠璃本，往来物，仮名草紙，名所記，

第1章　インクジェットプリント技術の最新動向

評判記，浮世草紙，洒落本等が出版され多くの貸本屋，読み書きそろばんを教えた寺子屋などを通して広く庶民に浸透して知識と世界有数の識字率の向上に寄与し出版文化の隆盛を見るようになった。このように日本では手刷り木版印刷が約1000年の長い期間主流を占め新しい印刷法は生まれなかった。1000年の間日本では，中国から伝来した木版印刷の持つ能力を最大限に生かし浮世絵をはじめとし大衆印刷メディア，ビジュアルメディアとしての出版文化の粋を作り上げ江戸文明と文化を築いたことになる。技術の熟成は行うが技術の改良，大量生産化，新技術の開発などの発想は見られないが，当時の藩幕体制下の産業構造では新しいものは必要なくコンテンツが重視されたのかも知れない。同じようなことが手漉き和紙の分野でも見られ，奈良時代以来製紙法の改良はなかったがここでも和紙の性能をとことん高め独特の和紙文化・生活文化を作り上げた。しかもこれらは，いずれも地球に優しい生産体制を守ったことになるのかも知れない。

　大量生産方式の技術導入によりこれら木版印刷と和紙生産は明治以降衰退して行く。

1.5　明治（1868年）～平成の技術導入とその栄枯盛衰

　この様な円熟した文化的，経済的下地の上に欧米の各種印刷技術や製紙技術など欧米に追いつき日本の近代化を急ぐため技術導入が相次ぎ西欧化を急ぎ始めた。しかし，明治，大正，昭和から平成にいたるまで主要印刷技術は，欧米発であり特に1990年代パソコンDTPの普及につれデジタル技術による印刷画像技術の生き残り技術が鮮明になった。

　ゴムブランケットを用いる平版オフセット印刷の原理が，1904年ルーベルによって見出されて100年目となる。版と粘性インキを用いる印刷方式には，平版オフセット以外に凸版，凹版，孔版などがありそれぞれが長い間使われてきたが，1990年ごろには，大まかにプリントメディアの65%がオフセット方式で15%がグラビア方式，25%がフレキソ方式その他で印刷されていた。現在も平版オフセット方式は印刷の主流であり続けている。

　ある技術が実用として世の中に広く使われるためには，その技術にいくつかの勝れた他の技術が結合することによりシステムとして利便性，経済性，信頼性などが付与されることが大きな要因である。平版印刷システムを現在の形にしたメインの技術として，平版版面からのインキ転移効率を向上したゴムブランケット転写方式の発明（1904年），それから約50年後のPS版（Pre-sensitized Plate）の開発・導入（1955年頃から）の二つが挙げられる。

　1900年頃には網目スクリーンが作られ，製版写真が実用になってから現在まで約100年が経っていることになる。1910年頃には亜鉛版を用いる卵白多色平版（HBプロセス）が完成されていたが，石版印刷と同様に版面に紙を載せて紙背面からローラで圧力をかけてインキを転移させる直刷り方式であった。版は剛体でありその表面の数μm厚のインキを表面凹凸のある紙へ圧力転写すると紙の凸部のみがインキと接触するので転移は不完全になる。このインキ転移問題を解

決した技術がゴムブランケット転写法（オフセット印刷）である。偶然起きた直刷り圧力ローラへのインキ転移画像を紙に印刷すると鮮明な画像が得られたことに端を発している。ゴムを巻いたブランケット胴，円筒形圧胴，版胴を持った輪転式枚葉印刷機が1908頃には作られており，1920年代には，日本でも輪転式オフセット印刷機が製造販売されている。金属平版上の画像は正像になり印刷像と同じなので画像の検査がし易い，平滑で弾力性あるブラン表面とインキと版のみの接触であり，紙と版表面が接する事がないので版の寿命が長くなる，紙の種類に対してフレキシブルに対応できるなどの利点が生じた。これらの利点が直刷り印刷法であるこれまでの平版印刷，凸版印刷に取って代わった理由となる。

　1950年頃までは印刷現場で砂目研磨機，感光液塗布装置，水洗，乾燥装置などを備え版材が必要になるたびアルミの生板から手間隙かけてバッチ作業で作製していた。また，感光剤を塗付した版材は保存ができないので作り貯めも出来ない状況であった。金属凸版でも状況は同じであり各版式による印刷方式が並存していた。1955年頃から巻き取りアルミシートに連続砂目加工し，感光液を塗布し印刷サイズにカットされた長期保存可能な薄くて軽いPS版材が提供されるとそれまでの印刷現場からバッチ処理システムと化学薬品類を駆逐してしまった。PS版へのリスフィルム密着露光と現像処理だけが刷版製版として印刷現場に残された。省力化，使い易さ，経済性，迅速性，耐刷性，高画質，環境対応性などのすぐれた特性からPS版による平版オフセット印刷が，現在のように印刷の主流となった。

　1445年ごろ発明されたグーテンベルグ活版は文選植字機能と文字修正機能により長年使われてきたが，これらの機能はパソコンDTPにとって代わられ1990年代になると545年ほど続いた鉛活字活版印刷は印刷現場からほぼなくなりDTP製版によるオフセット印刷へ移行した。リス感材などの各種銀塩感材が製版システムを支えてきたが現在，パソコン内に作られたレイアウト面付けされた印刷情報をレーザー対応PS版に直接出力するCTP（Computer to Plate）システムへと進化してリスフィルムもいらなくなっている。

　2003年になると銀塩写真カメラはデジタル（CCD，CMOSセンサー）カメラに置き換わりダゲレオ以来180年でアナログ銀塩写真が撮影感材主役の座から落ちてしまい，銀塩印画紙はインクジェット用紙や昇華転写用紙に置き換わっている。ハロゲン化銀粒子のもつ光センサーとメモリー機能がシリコン光センサーと記録媒体に取って代わられたことを示している。デジタル画像技術と対応出力技術が各種イメージング技術の栄枯盛衰を決める時代になった。

　文字・カラー画像のトータルデジタル処理が可能になりCTP出力で版を作る最先端のオフセット印刷システムは，あたかも江戸期の木版印刷の人間の技と結びついたアナログ的製版機能をデジタルで実現したことに相当しており，木版彫刻は，ページネイションの概念を持ったアナログDTPとも見ることができる。文字組版，石版印刷，コロタイプ印刷，原色版印刷，複写技

第1章　インクジェットプリント技術の最新動向

	ディジタル信号	出力エネルギー	画素効果	インキング	紙上色材像	その他
電子写真	⊓	レーザ光量 (安定)	静電潜像 (安定)	現像・転写 (不安定)	紙上トナー量 (不安定)	トナー同志反発
インクジェット	⊓	電圧・ピエゾ圧力 (安定)	インク滴量 (安定)	空中飛行	紙中拡散インク量 (安定)	画質紙依存
インクジェット	⊓	電流・熱・圧力 (安定) 熱的変動要因あり	インク滴量 (安定)	空中飛行	紙中拡散インク量 (安定)	画質紙依存
サーマル	⊓	電流・熱 (安定) 熱的変動要因あり	ワックス溶融	一定厚ワックス層 密着転写	紙上インキ量(層) (安定)	紙表面平滑性 依存
サーマル	⊓	電流・熱 (安定) 熱的変動要因あり	染料熱拡散	拡散染着	紙中拡散インキ量 (安定)	特殊加工紙
オフセット* 平凸版(水あり)	⊓	レーザ光量 (リス銀画像) (安定)	刷版レジスト像 (安定)	インキング (インキ厚不安定)	紙上インキ量(層) (不安定)	湿し水による インキ物性変化
オフセット* 平凹版(水なし)	⊓	レーザ光量 (リス銀画像) (安定)	刷版レジスト像 (安定)	インキング (インキ厚やや不安定)	紙上インキ量(層) (やや不安定)	温度による インキ物性変化
サーマル 孔版	⊓	電流・熱	フィルム穿孔像 (安定)	孔通過インキ量 (やや不安定)	紙上インキ量 (やや不安定)	桟上放置不硬化 特殊インキ

図1　ハードコピーのDigital化とインキングプロセス
（＊CTPでは刷版レジスト像がレーザ光により直接作られる）

術等アナログ的に手間ひまかけて実現してきた文字・画像を効率よくデジタル的に再現しているが，これらのアナログ画像品質を必ずしも超えているわけではない。このように印刷技術の歴史は，プロセスのドライ化と中間媒体の削除の歴史とも言える。

　図1に代表的デジタル対応イメージング技術の持つ性能を簡単に示してある。文字・画像等のコンピュータ情報の出力としての印刷技術としては，今後デジタルと相性の良い形になったオフセット印刷，グラビア印刷，フレキソ印刷などや電子写真とインクジェットのオンデマンド印刷等が共存して行くことになる。デジタル信号の受け手は印刷では版材であり，電子写真では感光体になり，この中間媒体全面にインキやトナーが供給され画像部を介して印刷では粘着力で密着インキ転移をおこなっており，電子写真では静電力で現像・密着トナー転写を行い被印刷体に画像形成を行っている。これらはいずれも引き算型インキングシステムになっている。インクジェット技術はこれらと異なりデジタル信号で物質移動が直接行われる付加型インキングシステムで特殊な応用範囲の広い技術であり，ハードコピー分野はその応用の一例に過ぎない。

2 インクジェット技術のポテンシャル

インクジェット技術の特徴を以下に列挙する。
① 信号によりにより打ち出された微小液滴を空中飛行により対象物に付着させる非接触型のインキングシステム
② 必要な時に必要なインキングをするオンデマンド性
③ 必要な量のインクだけが消費されると言う省資源性
④ 最小のエネルギーで材料配列が行える省エネルギー性
⑤ 非接触プロセスであることによる基板・被印刷体材料選択の自由度とその平坦度要求の緩和
⑥ インクには目的に応じた各種機能性液体が使える
⑦ 液滴の正確なピコ，ヘムトオーダーの秤量性

インクジェットシステムは，微小液滴の空中飛行で時系列に被印刷体に直接描画する非接触型のダイレクトインキングシステムであり，デジタル情報を担った機能性液滴が非印刷体上にインキングされる。上述の特性を持ったインキング技術であるので応用分野の拡大が続いている。

機能性液体インクとしては，水性インク，油性インク，ワックスインク，ゾルゲル溶液，有機金属液，レジスト溶液，高分子溶液，ナノ金属粒子分散液，捺染用溶液などであり，ヘッドで打ち出せる粘度に調整すれば目的に応じて無数の液体がインクジエット技術には利用できる。

ハードコピー分野でまずその持つ特徴が生かされた。インクジェットプリンタでは，信号によりインク滴をインクヘッドから打ち出し，ヘッドは機械走査され紙送りと同期されるのでハードコピーが得られる。水性インクは紙に浸透して自然乾燥されるので定着部はなく装置はシンプルでヘッドを増やすだけでフルカラーも容易なことから，低価格プリンタとしてパソコンの付属品のような形でパーソナル分野に普及した。また，数 pl の液滴をノズルから正確に任意量打ち出し，着弾させる技術と記録紙の性能向上，およびカラー画像処理技術の向上により銀塩写真を超える色再現で高画質なカラーハードコピーが出来るようになっている。従い，フォトライクカラープリント用としてピクトリアルカラー出力分野で利用されている。また，ヘッドの機械的走査などによりプリント速度的には問題はあるが，マシンコストの安さからカラープリントを主にしてビジネス分野でも使われている。

非接触型のもっともシンプルなインキング（パターニング）技術であり，ヘッドのマルチノズル化により多色対応は容易でありインクのみが消耗品になりコンピュータともっとも相性の良い技術の一つである。この技術の特徴は目的に合わせて作れるヘッド技術とインクの多様性にある。

第1章 インクジェットプリント技術の最新動向

　印刷産業分野での応用が拡大している。印刷校正用インクジェットプリンタが新聞印刷を含め商業印刷分野でも使われワークフローの効率化に寄与しており今後も拡大してゆく。サインや屋外広告などの大判印刷用プリンタが多数開発されている。UVインクを使い素材を選ばない平台型のものや巻取りロール型のものなど多品種化してきた。

　マーキング分野ではインクジェット技術の歴史は古く食品容器，卵，ダンボール，プリント基板など日付けや記号などを高速でオンライン印字するシステムが利用されている。

　その他，捺染分野，バイオ関連分野，接着剤塗布，香料噴霧など応用分野は多種であるが，現在最もインクジェット技術に関心が高いのは電子産業でのデジタルファブリケーションと言われる製造プロセスへの応用であろう。

　資源，エネルギーを大量に使い環境的にも問題がある電子産業の現在の主力プロセスである引き算型フォトリソグラフ技術に代わる効率の良い省エネ，省資源的な付加型インキング技術による生産技術として注目されている。すでに述べたインクジェット技術の特徴，特性を生かして製造工程でこの技術を使えば電子素子を造るデスクトップ工場が可能になるなど期待が大きい。

表1　インクジェットが目指す小工場と従来工場の比較

	従来工法	インクジェット工法	効果
工場面積	100m角	10m角	1/100以下
エネルギー	数十MWh	数十kWh	1/1000以下
設備投資	数千億円	数億円	1/1000以下
資源利用効率	数%	数10%	10倍以上

　フラットパネルディスプレイ（FPD）でその効率性を比較した場合を示す[6]。フォトリソグラフ技術は材料の利用効率の低さ，真空プロセスの多用などエネルギー，環境，資源などの点から問題になってきている。例えば高価なレジスト材料はスピンコートで90％以上が捨てられ，露光，現像でさらに除かれるので99％は，無駄に廃棄されており，利用効率は1％以下になる。これに対してインクジェット技術は，必要なところに必要な量の材料を最小のエネルギーで配置可能であり，その直接描画能力でレジスト材料をオンデマンド描画すればマスクがいらなくなり，真空装置も要らなくなるなどそのメリットは大きい。FPD産業におけるマスクコストは1枚当たり4000万円程度と言われており，1モデルに対してマスク代だけでも5億円程度かかるとも言われており，このマスク代の節約は大きい。インクジェット技術を全面的に採用した場合に表1[6]に示すように飛躍的な効率向上が期待されている。この様なことからインクジェット技術を各種電子機器の製造プロセスに応用する試みが世界的に行われている。実用例として液晶配向膜の塗布（セイコーエプソン），液晶用カラーフイルタ（セイコーエプソン，シャープ，大日本印刷，他）などがある。研究としては有機EL，有機トランジスタ，PDP配線，多層基板など

インクジェットプリンターの応用と材料Ⅱ

への応用が進められている。

　電子産業での機能性液体（インク）としては，有機 EL，有機 TFT（薄膜トランジスタ）には有機半導体，有機導電材，有機絶縁材などが溶液インクとして使われている。LCD 用カラーフィルタには，染料や顔料インクが使われている。

　マイクロレンズ形成には紫外線硬化樹脂（UV インク）が，配線，IC 実装などには Ag, Au などの超微粒子金属コロイド溶液が利用されている。圧電素子，コンデンサなどにはセラミックス系ゾルゲル材が利用される。TFT 用の無機半導体を形成するのに Cd-Se 微粒子分散系や Si 化合物溶液などがある。これらはいずれも塗布や描画後に乾燥・焼成などの処理を受けて機能性を持つようになる。有機物の実用例が多いのは，溶液化が容易で有機機能材料の種類が多く見つかっており開発資源が投入されているためと見られている。このように幅広い材料がインク化されインクジェットプロセスにより，例えばフレキシブル基板上に安価な有機薄膜トランジスタ（TFT）の形成が可能になっている。また，有機 LED の材料である発光性ポリマーのインク化でインクジェット技術によりバックライトなしの発光型薄型テレビが試作されている。さらに金属超微粒子インクの開発でメッキや蒸着などを用いなくともバルク金属と同程度の抵抗の微細配線パターンが可能になってきている。

　家庭用フォトインクジェットプリンタでの水性インクの液滴サイズは，数ピコリットル（pl）程度でサイズは数 $10\mu m$ になる。高度なヘッド技術であり銀塩写真を凌ぐ高画質プリントが得られる。インク吸収性用紙と違い固体基板上では，基板に着弾するとインクと基板との表面エネルギーの差などから数 $10\mu m$ から $100\mu m$ 近くまで広がる場合がある。このインクの着弾後の振る舞いの制御は工業的応用上非常に重要であり開発課題の一つになる。インクが表面張力によって変形して目的のパターンが得られないことが起こる。シャープの新工場で稼動しているカラーフィルタのインクジェット製造装置はエプソン製で撥液・親液のパターニングを行うことで目的位置へのパターニングが正確に行われている。

　実際のデバイス製作では液滴サイズは，2 pl 以上で直径 $16\sim30\mu m$ のインク滴を任意に制御できることが必要であり，$30\sim50\mu m$ の線は引けるがこれよりも細い線引き，液滴微小化に対する要望は強い。これに答えるように産業技術総合研究所でスーパーインクジェット技術を開発[1]している。一般用インクジェットでは，数 pl で径が数 $10\mu m$ である液滴を体積で 1/1000 のサブフェムトリットル（sub fl）で $1\mu m$ 以下の液滴を突出可能な超微細インクジェット技術である。基板上で $1\mu m$ 以下のドット形成も可能であるため線幅数ミクロンの精密な配線を直接描画することが出来る。この様な超微細液滴になると我々の常識とは異なる挙動をとることが見られる。その一つが，体積に比べ表面積の割合が高いことによる乾燥性の速さである。金や銀の超微粒子インクに使われる有機溶剤の沸点は，250℃以上のものが使われているがこの様な超微細

第 1 章　インクジェットプリント技術の最新動向

液滴になると着弾とほぼ同時に乾燥する。着弾，乾燥を連続的に繰り返すと立体パターンが作れる。このようにこれまでのインクジェット技術の限界を超えた微細加工領域まで直接インキング型の製造技術の可能性が広がってきている。

　あらゆる技術に対して環境対応がキーワードであり，インキング，パターニングとしてのインクジェット技術は必要なところにインクを付着させるので無駄のないまさにグリーン対応技術である。21 世紀の技術として今後も発展して行くためにはヘッド開発による高速化，高解像性の実現やインク材料，非印刷体等のミクロな観点での物性解明などが求められている。

　いずれにしろインクジェット技術は本書の応用編で述べられている様に多様な応用範囲を持ったインキング技術であるので，その持つポテンシャルの本質を理解し，それをベースにデジタル信号の出力としてユーザーニーズを満たすシステム開発，製品開発を行い新しい応用分野や市場を創り出していくことが必要であろう。また，千年の印刷の流れで見てきたようにパラダイムシフトを創りだすような技術開発が不得手な日本の DNA を断ち切ることに，この技術分野が寄与することを期待したい。

文　　献

1) 鈴木敏夫，プレグーテンベルグ時代，朝日新聞社（1976）
2) 酒井道夫，印刷文化論，武蔵野美術大学出版局（2002）
3) 博物誌編集委員会，印刷博物誌，凸版印刷㈱（2001）
4) 中野三敏監修，江戸の出版，ぺりかん社（2005）
5) 髙橋恭介，㈳日本印刷学会関西支部，印刷の歴史・文化研究会第 1 回シンポジュウム予稿集「紙への情報の入れ方―印刷方式の栄枯盛衰とその背景」
6) 村田和弘，FPD 分野へのインクジェット技術応用に関する期待と課題，日本学術振興会第 142 委員会合同研究会資料 p. 1（2007 年 7 月）

〈インクジェットの基礎物理〉

第2章 インクジェットインク・微小液滴の基礎物性

河合 晃*

1 はじめに

　近年，インクジェット技術をはじめとして，微小液滴の利用した様々な産業が伸びている。微小液滴の基礎特性は，かなり以前より盛んに研究されている。近年では，対象とする液滴サイズがナノスケールに及び，その特異な物性が注目されている。具体的には，空間を飛行する際の特性と，印刷基材（版）等の固体平面へ付着した場合の特性に分けられる。これらの現象を理解するためには，微小液滴の基礎物性を理解することが大切である。本稿では，まず，微小液滴の物性のサイズ効果について述べる。液滴サイズの縮小に伴い，その表面特性が支配的になることを明確にする。次に，版上などの平面上の液滴の濡れ挙動を示す基本式として，Youngの式，Wenzelの式，Cassieの式，Neumannの式について述べる。次いで，版上での広がり特性を評価する上で必要となる拡張係数Sについて概説する。最後に，インクジェット印刷で重要となる液滴の浸透性，乾燥特性，ピンニング等について述べる。

2 微小液滴の表面エネルギーとサイズ効果

　液体および固体の表面には，表面エネルギーγと呼ばれるエネルギーが存在する。表面エネルギーの定義は，表面の単位面積あたりに存在するエネルギーであり，J/m^2の単位で表される。よって，ある物質の立体形状が決まれば，表面積Sと表面エネルギーγの積により，エネルギーの絶対値$\gamma \cdot S$（J）が求まる。熱力学的には，定圧・定温の条件下では，このエネルギー（エンタルピー）が最小になるように現象が進むこととなる。すなわち，同一体積の物体であれば，その表面積を最小にするように変形する。よって，液滴が球形になりやすいのは，この理由に基づく。一方，表面エネルギーγの単位J/m^2は，換算するとN/mとなり，表面張力と呼ばれる力学的作用を表す。表面エネルギー（スカラー量）と表面張力（ベクトル量）とは，数値は同一であるが物理的意味が異なる。表面エネルギーが力学的仕事で消費される場合には，これを表面張力として表現する。液体の表面エネルギー（張力）は，表1にあるように，水は$72.8mJ/m^2$で

　＊　Akira Kawai　長岡技術科学大学　工学部　電気系　准教授

第2章 インクジェットインク・微小液滴の基礎物性

表1 各種液体の表面エネルギー（張力）

水	72.8
エチレングリコール	47.7
グリセリン	63.4
ヨウ化メチレン	50.8
n-ヘキサン	18.4
エタノール	22.3
	(mJ/m^2)

あり，エタノールは22.3mJ/m^{2}である。この表面エネルギーの値には，液体分子の分極性が強く反映されている。分子の双極子モーメントμが高く，かつ分子間の相互作用が高い液体の表面エネルギーは高い値となる。印刷用インクの表面エネルギーは，40mJ/m^{2}程度のものが多い。

微小液滴に特有な現象は，式(1)に表される形状サイズ効果として一般的に説明できる。すなわち，半径rの微小球を考えた場合，サイズの縮小に伴い，内部エネルギーE_C［J］に対する表面のエネルギーE_S［J］の割合（表面の寄与率 $A = E_S/E_C$）が高くなることである。

$$A = \frac{E_S}{E_C} = \frac{4\pi r^2 \gamma_S}{\frac{4}{3}\pi r^3 \gamma_C} = \frac{3\gamma_S}{r\gamma_C} \tag{1}$$

ここで，γ_Cとγ_Sは，それぞれ微小球の凝集エネルギー（J/m^3），および表面エネルギー（J/m^2）を表す。よって，図1のように，微小球のサイズが縮小した場合，凝集エネルギーに対する表面エネルギーの占める割合が，球の半径rに反比例して増大することが分かる。すなわち，同一の体積の液体の全てが，半径rの微小液滴に分割された場合には，その全体の表面積が莫大に大きくなる。よって，微小領域では，体積に基づく現象よりも表面の関与する現象が支配的に

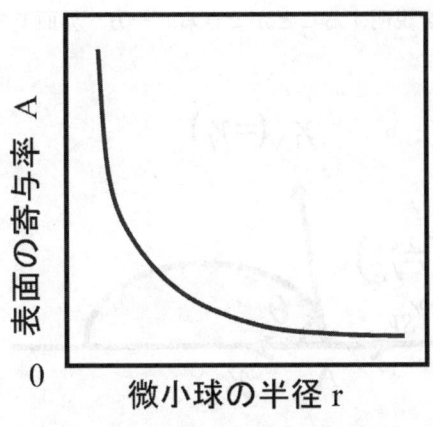

図1 微小球における表面の寄与率

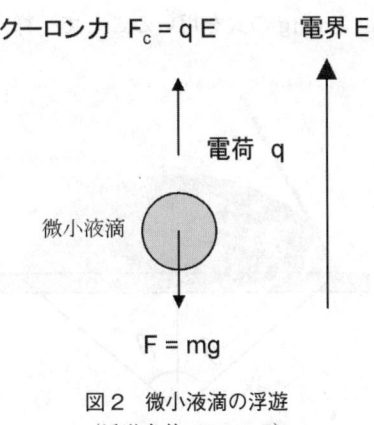

図2 微小液滴の浮遊
（浮遊条件 $F_C > F$）

なる。たとえば，図2にあるように，微小液滴は，重力Fよりも表面の帯電や気流によって，大気中を落下することなく，永続的に浮遊することができる。

3 液滴の濡れ性を表す基本式

3.1 接触角の定義式（Youngの式とDupreの式）

固体基板上での液滴の濡れ性を表す指標に，良く知られている接触角θがある。接触角は，非常に測定が簡単であり，汎用性の高い測定法の一つである。液滴の接触角は，接触角計（ゴニオメーター）で測定できる。図3にあるように，液滴の接触角は，液滴を球の一部として仮定した場合の立体球の中心角の半分に相当する。熱力学な定義としては，この液滴球の中心角としての定義が接触角の本質である。固体平面上での液滴の濡れ性を表す関係式に，式(2)のようなYoungの式がある。

$$\gamma_{SV} = \gamma_{LS} + \gamma_{LV} \cos\theta \tag{2}$$

Youngの式は，図4にあるように，固相，液相，気相の三重点での，液滴と固体の表面エネルギーγ_{LV}，γ_{SV}と液滴と固体間の界面エネルギーγ_{LS}で表される。このときのVはvapor（蒸気）を表しており，接触角測定は，液滴の飽和蒸気圧下で行うことを意味している。これは，後述の接触角の経時変化において大きく影響することになる。Youngの式を，三重点における力学的な釣り合いの式として説明する著述が見られるが，これは正しくない。Youngの式は，液滴球の中心角を基本とした表面積および界面積の導出と各エネルギーのバランスに基づいて導出される。式(2)において，$\theta = 90$度では，$(\gamma_{SV} - \gamma_{LS}) \ll \gamma_{LV}$となり，これは疎水性の濡れ性を示している。一方，$\theta = 0$度では，$\gamma_{SV} = \gamma_{LV}$，（ただし$\gamma_{LS} = 0$）となり，これは親水性を示している。Youngの式を用いることで，様々な濡れ性を説明することができる。一方，界面での液

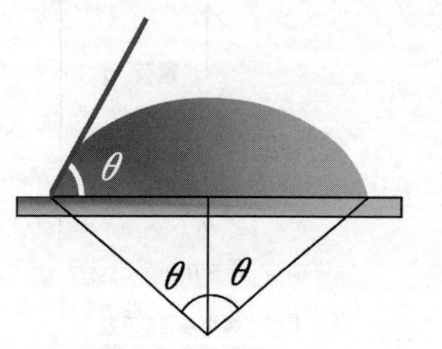

図3　液滴の接触角と中心角

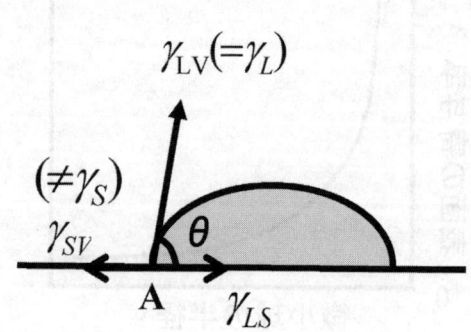

図4　液滴の接触角とYoungの式

第2章　インクジェットインク・微小液滴の基礎物性

滴の濡れ性を議論する上で有用な関係式として，式(3)のような Dupre の式がある。

$$W_a = \gamma_{SV} + \gamma_{LV} - \gamma_{SL} = \gamma_{LV}(1 + \cos\theta) \tag{3}$$

これは，図5に表されるように，界面を形成していた2つの面が分離した場合のエネルギー収支を表している。ここで，W_a は界面を分離するために必要なエネルギーであり，剥離エネルギー（J/m²）と呼ばれる。エネルギーの損失が無ければ，W_a は付着エネルギーに相当する。液滴と固体表面の場合は，W_a は濡れのエネルギーとして扱われる。以上の Young の式と Dupre の式を組み合わせることで，以下の Young-Dupre の式が得られる。

$$\gamma_{LV}(1 + \cos\theta) = 2\sqrt{\gamma_L^d \gamma_S^d} + 2\sqrt{\gamma_L^p \gamma_S^p} \tag{4}$$

ここで，γ^d および γ^p は，表面エネルギー γ の分散成分（d）と極性成分（p）を表す。これらの関係は，$\gamma = \gamma^d + \gamma^p$ として表すことができる。一般的に，液滴の濡れ性を議論する場合，接触角 θ の値をそのまま用いるケースが見られる。しかし，接触角だけでは物理的な正確な議論が困難である。式(3)および式(4)を用いて，濡れエネルギー W_a として，現象を評価することが望ま

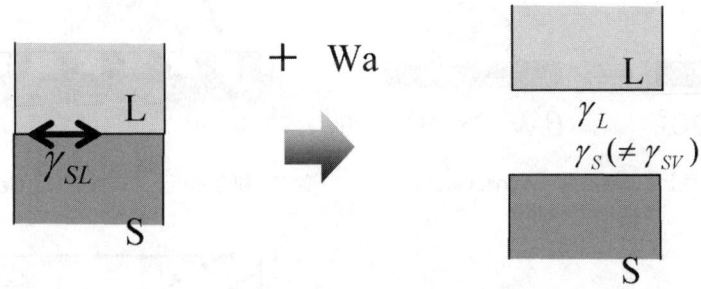

$$\gamma_{LS} + W_a = \gamma_S + \gamma_L$$

図5　固液界面における Dupre の式

表2　液滴の接触角と濡れ仕事との相関

接触角 θ	$\cos\theta$	ぬれ仕事 W_a (mJ/m²)
0	1	145.6
5	0.996	145.3
10	0.985	144.5
45	0.707	124.3
80	0.174	85.44
85	0.0872	79.15
90	0	72.8

しい。具体的には，表2にあるように，水の接触角 θ が0〜10度の範囲で変化しても，濡れエネルギーは0.8%程度しか変化していない。すなわち，大きい現象変化は見られないことを示している。逆に接触角が80〜90度の範囲は17%変化しており，大きい変化であると見積もることができる。同じ接触角の変化量であっても，エネルギーの変化には大きい隔たりがある。以上のように，液滴の濡れ性および付着性を議論する上で，これらの式は非常に有効である。

3.2 粗い表面での接触角（Wenzelの式）

液滴の濡れ性は，版および固体表面の粗さに敏感である。前節のYoungの式は，平坦な面上での濡れ挙動を示している。粗い面での濡れ性は，以下のWenzelの式で表される。

$$\cos\theta_w = r\cos\theta \tag{5}$$

ここで，θ_w は粗い面上での接触角を表し，θ は同じ材質で平坦な面上での接触角を表す。r

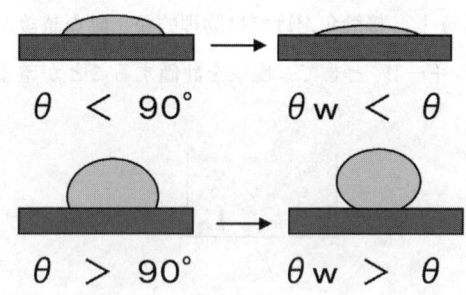

図6 粗い面上での接触角（Wenzelの式）

図7 複合基板上での接触角（Cassieの式）

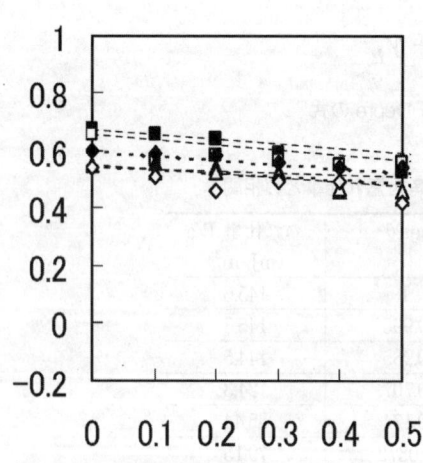

図8 複合基板上での接触角（Cassieの式）

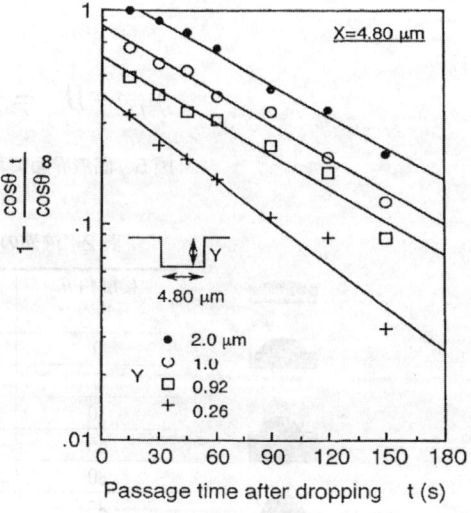

図9 接触角の経時変化（Neumannの式）

第2章 インクジェットインク・微小液滴の基礎物性

は表面粗さ係数であり，平面に対する粗い面の面積比（$r \geq 1$）を表す．よって，図6のように，表面粗さに対して，濡れ特性を図示することができる．この式は，平面上での接触角が90度以下であれば，粗い面での接触角は低くなり，平面上が90度以上であれば，粗い面上の接触角はさらに高くなることを示している．接着剤や半田付けのように，表面が粗れるとよく濡れる現象は昔から利用されている．

3.3 異種材質の基板上での接触角（Cassieの式）

Wenzelの式と同じく，複合材料の表面においても接触角は変化する．今，図7のように，材質AとBで構成された複合表面を考える．この場合のAの材質が占める割合をσとする．このとき，複合表面上での接触角θ_Cは，以下のCassieの式で表される．

$$\cos\theta_C = \sigma\cos\theta_A + (1-\sigma)\cos\theta_B \tag{6}$$

ここで，θ_Aおよびθ_Bは，A基板およびB基板上での接触角を示す．Cassieの式では，接触角は複合割合に対して直線で表すことができるため，この式より素材の構成割合σを求めることができる．一方，印刷用の紙や版上の表面は，セルロース繊維と空気の空間で構成されている．この場合は，固体と空気との複合基板として取り扱うことができる．ここで，空気に対する接触角は180度として取り扱う．図8は，実際にリソグラフィー技術で作製した複合基板に対する接触角の変化を示したものである．直線がCassieの式によるのもであるが，実験結果はそれを良く説明している．

3.4 時間経過による接触角変化（Neumannの式）

平面上に純水を滴下すると，広がり続けて接触角が低くなることが知られている．接触角の時間経過に対する変化は，以下のNeumannの式で表される．

$$\cos\theta_t = (\cos\theta_\infty)(1 - ae^{-ct}) \tag{7}$$

ここで，θ_tおよびθ_∞は経過時間tおよび平衡状態での接触角を表している．aは係数である．この式に基づき，拡がり係数Cを求めることで，液滴の広がり現象を明確にすることができる．図9には液滴の接触角の時間変化を示している．ここでは，基板の表面粗さをパラメータとして測定しており，Newmanの式に基づいて接触角が変動することが確認できる．しかし，純水液滴の場合，飽和蒸気圧下で測定すると液滴の蒸発は抑えられて接触角は変動しなくなる．これは，有機溶剤などにおいても，蒸発の少ない液滴においては，接触角は変化しない．これは，前述したように，液滴の蒸発現象は接触角の経時変化に大きく影響する．

4 液滴はどこまで小さくできるか（ナノ液滴）

4.1 接触角のサイズ依存性（AFM観察）

前述のように，ミクロサイズになると微小液滴の表面特性が強調されることを示した。通常，光学顕微鏡で観察可能な液滴の最小サイズは，数ミクロン程度である。近年では，環境制御型走査型顕微鏡（ESEM）も開発されており，サブミクロンでの液滴の濡れ性解析も可能となっている。ここでは，普及率の高い測定機器の一つである原子間力顕微鏡（AFM）を用いた微小液滴の解析について述べる。AFMは，図10に示すように，基本的に次の三つの要素から構成されている。(i)ナノメーターの精度で試料位置を三次元に移動できるピエゾ素子，(ii)試料表面の相互

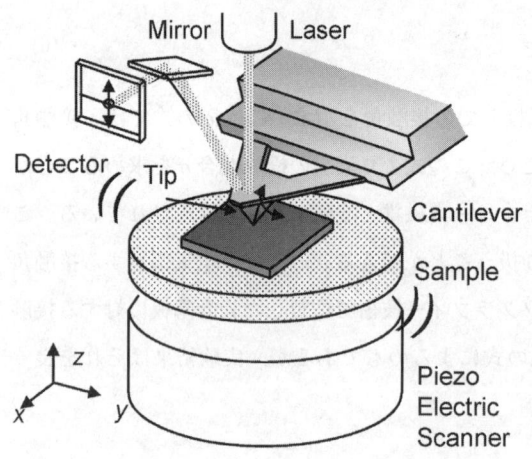
図10　原子間力顕微鏡（AFM）の基本構造

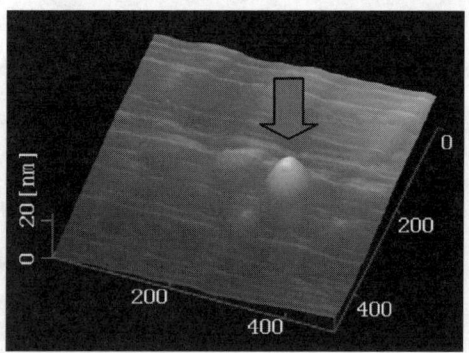
図11　マイカ表面でのナノ液滴のAFM像
（直径　119nm）

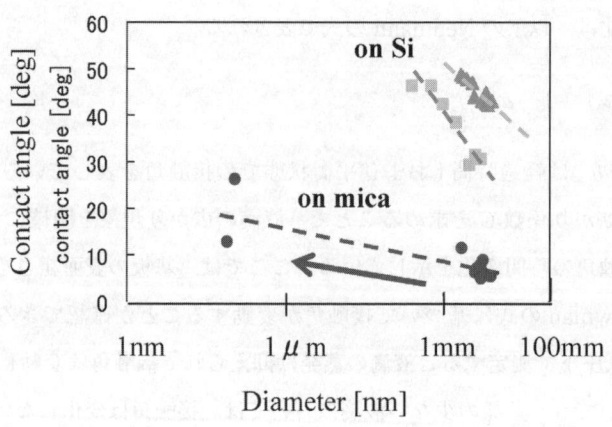
図12　純水接触角のサイズ依存性

第2章 インクジェットインク・微小液滴の基礎物性

作用力を検出するカンチレバーおよび探針，(iii)カンチレバーのたわみ量を検出するレーザー光学系。ここで，カンチレバーの材質は Si_3N_4 膜などが多く用いられ，長さは $200\mu m$，厚さは $20\mu m$ 程度である。その先端には，通常，長さ $20\mu m$ で先端曲率半径が 25nm のピラミダル型の微細探針がマウントされている。探針の先端角は $69°$ である。図11にはAFMで測定したマイカのへき開面上での液滴の接触角の像を示している。この液滴のサイズは119nmであり，接触角は25度である。このようにAFMを用いれば，ナノスケールの液滴を直接観察することが可能となる。図12には通常の接触角計で測定したデータを合わせて示している。このように，液滴サイズが小さくなれば，接触角も大きくなることが分かる。これは，液体の表面エネルギー（張力）が高くなったのではなく，上述したように，表面特性の寄与する割合が大きくなったことに相当する。

4.2 液滴成長の2つのモード（アイランド型と凝集型）

微小液滴の成長と消滅は，核生成モデルで説明できる。これは，図13にあるように，平面上で微小液滴が成長する場合，あるいは消滅する場合，臨界核と呼ばれる閾値が生じることを示している。系の全自由エネルギーを求めた場合，表面エネルギーと体積（凝集）エネルギーの和は，ある大きさで極大を示す。この時のサイズが臨界核の大きさである。このサイズが液滴の成長お

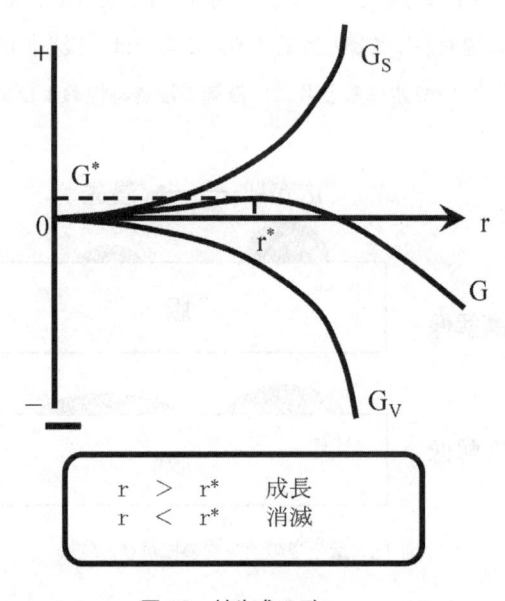

図13 核生成モデル

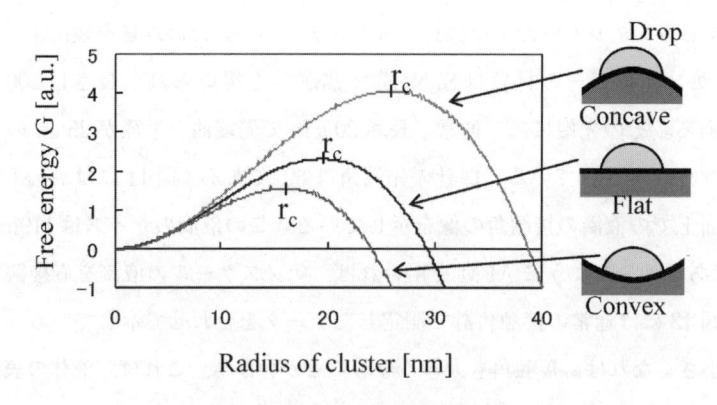

図14 曲面上での液滴の生成モデル

よび消滅時の最小サイズを与える。この臨界核サイズは，平面の凹凸によっても，影響を受ける。図14には，凹面，平面，凸面での液滴の全自由エネルギー曲線を示している。この場合，凸面では，臨界核サイズが大きいことが分かる。よって，突起などの先端部では液滴は成長しにくく，凹面形状では比較的成長しやすいことが分かる。これらは曲面基材へのインクジェット印刷などを行う場合，液滴サイズのコントロールに有効である。

5 インクジェットにおける液滴コントロール

図15にあるように，版上に付着したインク液滴は，広がらずに，版内へ浸透することが望ましい。そして，浸透後は速やかに乾燥し固着する。ここでは，微小液滴の平面上での広がり特性を決定する拡張係数 S について述べると共に，液滴の浸透特性および乾燥特性について述べる。

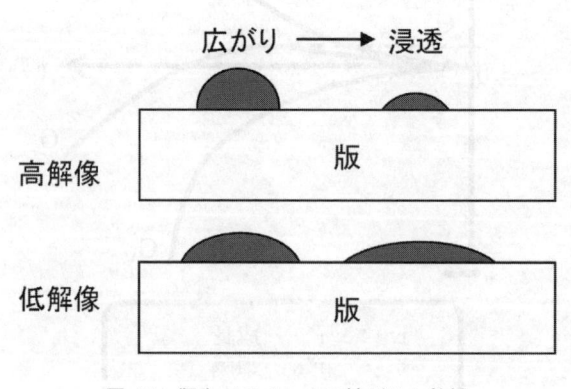

図15 版上でのインクの拡がりと乾燥

第2章 インクジェットインク・微小液滴の基礎物性

表3 インク・純水・版の表面エネルギー

液体／版	γ^d	γ^p	γ
インク	25.0	13.5	38.5
水	21.8	51.0	72.8
版	39.6	11.6	51.2

(mJ/m²)

表4 拡張係数

	インク	水
版	9.9	37.5

$S > 0$　インクが広がらない

5.1 拡張係数 S で液滴の広がりを評価する

表3には代表的なインク液，版，純水の表面エネルギーを示している。一般に，版上でのインク液の広がりは，以下の拡張係数 S で解析することができる。

$$-S = \gamma_S - \gamma_L - \gamma_{LS} \tag{8}$$

ここで，拡張係数 S が負の値の場合，インク液は版上を広がることが熱力学的に予測される。また，正の数の場合は，広がりは抑制されて，一定の接触角を示して安定する。表4には，拡張係数の計算結果を示している。この場合は，拡張係数は正の値となっており，版上を広がりにくいことが確認できる。これにより，高密度にインクを描画できると予測できる。

5.2 版内への液滴の浸透性

版上に液滴が置かれた後に，速やかに版内部へインクが浸透する必要がある。インク液は版内の狭い空間をラプラス力によって内部へ浸透していく。この時の浸透深さは，以下のLucas-Washburnの式で表される。

$$\ell = \left(\frac{dt\gamma\cos\theta}{4\eta}\right)^{1/2}, \quad \ell = K_a\sqrt{t} \tag{9}$$

この式は，浸透深さ ℓ が時間 t の平方根に比例することが分かる。すなわち，最初は早く浸透するが，徐々に浸透が遅くなっていく。すなわち，インク液が広がる前に，速やかに浸透させる必要がある。また，インク液の乾燥が起こる前に，ある程度の深さへ浸透する必要がある。インク液等の液滴の乾燥挙動は，次節で解析することができる。

5.3 液滴の乾燥性（ウォーターマーク）

液滴の乾燥が生じた場合，その表面から溶剤が徐々に蒸発していく。図16は乾燥時の液滴内に生じる対流を示している。液滴内では，液滴中央から下部に流れ，その後，液滴周囲へ広がるように対流が生じる。図17には，純水中に微粒子を混入させて乾燥させたものであるが，ウォータマークと呼ばれる円形の乾燥痕を形成している。ウォータマークの形成は，液滴内の乾燥時に

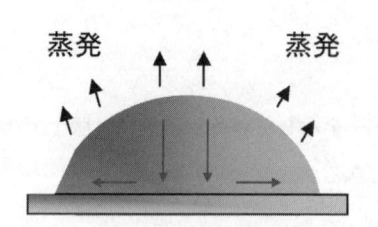

図16 蒸発に伴う液体内の対流

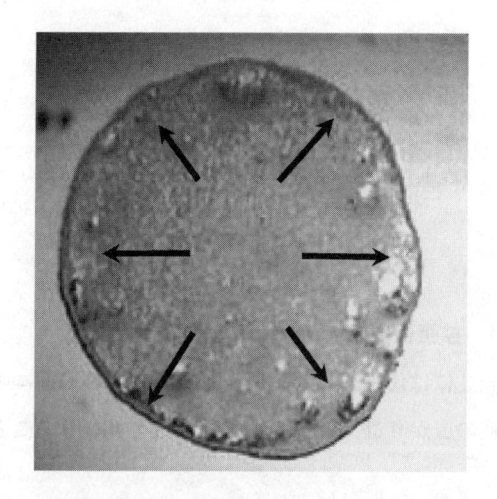

図17 微小液滴の乾燥痕（ウォータマーク）

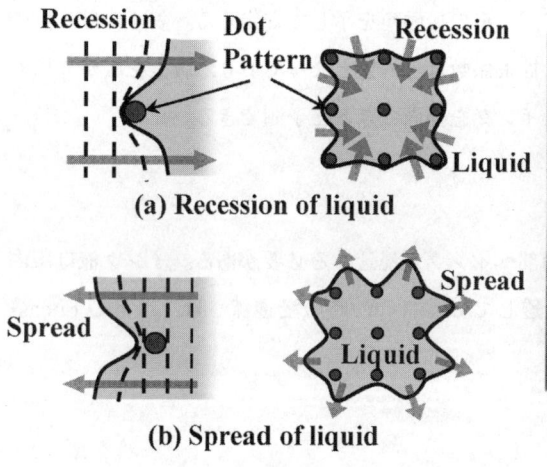

図18 液滴の拡張・後退時のピンニング効果

図19 点欠陥に起因した濡れ不良

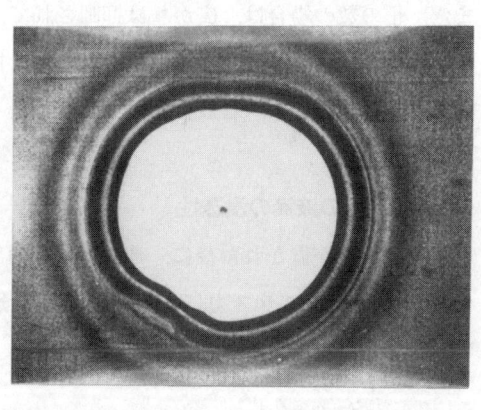

生じる対流に起因している。インクの乾燥においても，その内部対流がインクサイズに大きく影響してくる。

5.4 ピンニングによる液滴広がりの抑制（液滴形状の歪み）

版上に突起や異物，空隙，汚れなどの不連続点が存在した場合，液滴の濡れ及び乾燥は，これらに非常に影響を受ける。これはピンニング現象と呼ばれる。図18はその様子を示している。ピンニングにおいては，液滴は非常に安定な状態で維持される。もし，版上に不連続点があった場合は，印刷の品質に大きく影響してしまう。ピンニングを避ける手法はほぼ無いといえるが，

第2章 インクジェットインク・微小液滴の基礎物性

プラズマ処理により版上の濡れ性を向上させれば，少しは緩和される。

5.5 濡れ不良（ピンホール）

図19のように，版上にインク液が濡れない領域が生じる。インクはピンホールを形成し，結果的に印刷不良を引き起こす。ピンホール部では，幅が500 μm の広範囲にわたり液体が濡れていない。またピンホールの中心部には大きさ数10 μm 程度の異物が存在している。よって，液体が基板上を拡がる際に，異物によって液膜の連続性が失われ，ピンホールが形成されたと予想される。結果として，液膜の表面張力により膜の収縮が生じ，ピンホールはさらに拡大され濡れ不良に至ると考えられる。

6 おわりに

インクジェット技術における微小液滴の濡れ乾燥挙動について，基礎特性から応用に至るまで解説した。特に，液滴サイズが微小になると，表面特性がクローズアップされることを述べた。これにより，様々な現象およびトラブルも，微小サイズの視点で考察する必要が出てくる。微小液滴の産業的な重要性は，これまで以上に高くなると考えられる。

第3章　インクジェットインクの飛翔特性と制御

松尾一壽[*]

1　はじめに

インクジェットは，ノズル先端からインクを液滴化し飛翔させて記録媒体に付着させることによって文字や画像を直接記録する方式である。この方式は，非接触記録のため低騒音および安価である等の特徴を有する。その液滴化に関しては1879年Rayleigh[1]によって液滴生成理論が，さらに1931年にはWeber[2]によって液滴の切断などについての理論的研究がなされている。しかし，実際にインクジェットが応用されるのは1960年代に入ってからである。

インクジェット方式は，インク液滴発生方式とインク液滴制御方式に分類される[3]。その制御方式で分類すると電界制御を利用した方式がWinston（1962年）[4]により，荷電制御によるものがSweet（1963年）[5,6]およびHertz（1968年）[7]らによって研究されている。さらに1970年代になるとKyser[8]やStemme[9]らによるオンデマンド方式の研究がなされ，その後多くの研究が積み重ねられて，1980年代に新しい2方式のオンデマンド技術の提案がなされ，現在主流をなしている。その1つに，ノズル内に埋め込まれたヒーターの熱を利用して，インクを瞬間的に沸騰させ飛翔させる電気-熱変換型方式がある。また，もう一つは，ノズルヘッド部に圧電素子を取り付け圧電体の変形を利用してインクを飛翔させる電気-機械変換方式がある。これらのインクジェット方式には，水性インクの液滴が文字や画像の記録に用いられている。最近，市販されているインクジェットプリンタの解像度は，9600dpi×2400dpiと実用的には充分なものが得られている。しかし，過去において階調を有する画像の記録には，画像処理技術が施されているため，そのぶん解像度が悪くなり画像が粗くなると指摘されていたこともあったが，現在では充分な画質の記録が得られているものと思われる。

この様な水性インクの液滴に対して，有機溶剤ベースのインク（誘電性インク）を使用することによって，インクジェットがノズル先端から極めて微細な連続流の曳糸となって発生することに着目した研究がある[10]。なお，誘電性インクを用いて静電的に誘引され飛翔するインクジェットは，ノズル内径の1/10から1/100程度の細い曳糸を生成する特徴がある。なお，曳糸の飛翔

---

[*] Kazuhisa Matsuo　福岡工業大学　情報工学部　情報工学科　教授；福岡工業大学　総合研究機構　情報科学研究所　所長

第3章　インクジェットインクの飛翔特性と制御

状態を記録に試みた研究の報告は既になされている[11～14]。さらにインクジェットインク飛翔については，その噴出過程やインク微粒子化さらにノズル先端に形成される半月状のインクメニスカスの挙動などについて多くの研究がなされている[15～20]。

現在，インクジェットによる高画質化の要求に対する重要な一つの技術的課題として，インク液滴径の微少化が考えられている[21,22]。参考までに，Hertzらはインクの液滴径を$18\mu m$一定とし，記録紙に付着する液滴数を制御して記録濃度を変化させることにより高画質の画像を得ている[23]。最近，ノズルから飛翔するインクジェットのインク液滴量は数pl（ピコリットル）[24]，また，インク液滴の粒径は数十μm程度であると推測されるものが用いられている。

一方，誘電性インクが印加される電圧によって静電的に誘引されて飛翔する過程において，ノズル先端から曳糸となったインクが，曳糸の先端からインク微粒子群となって飛散する現象がある。この様なインクジェットの飛翔状態を階調画像記録へ応用を試みた例はある。そこでは，画像記録において高濃度を有する領域は，曳糸の先端付近を，また低濃度を有する領域は曳糸先端以降でインク液滴が霧状となった飛翔状態を，それぞれ階調に応じて使い分けられている[25]。さらに，この様なインク飛翔状態は画像記録以外の分野においても応用可能であることが考えられる。

一般にインクジェット技術は，パーソナルコンピュータのプリンタとして研究開発がなされてきた。しかし近年，インクジェット技術を応用したプリント配線板パターンの直接描画や半導体ウエハーの広面積化を視野に入れたレジスト塗布装置などプリンタ以外の多種多様な分野において研究開発がなされるようになっている[26～30]。

本章では，これらの応用分野を念頭においたインクジェット飛翔の基礎的な特性を示す。その例として誘電性インクを用いてノズル先端から飛翔する曳糸および曳糸の先端以降でインク微粒子群となって霧化状に飛散している状態について，連続光のHe-Neレーザ光およびパルスレーザ光を光源に用いて観測し，インク飛翔状態の振る舞いについて調べた結果と，さらにジグザグ走査による記録方法について述べている。

2　インクジェット飛翔

インクジェット飛翔状態についての研究は，水性インクに関するものが多く，インク液滴の飛翔が周期性を有する領域の粒径や速度について行われている。この場合，一般に高速カメラやストロボスコープ等を利用して，顕微鏡によりインク微粒子を拡大した写真撮影よる観測方法が用いられている[31,32]。最近は，光源にナノライトとデジタルカメラを組み合わせた観測方法もある。このような方法は，飛翔時におけるインク粒子の粒径や速度など微視的な状態の挙動を知るため

には有効である。しかし，インク微粒子を顕微鏡等で拡大して観測するために焦点深度が浅く，また視野が狭く空間的に飛散するインクジェット飛翔の観測には難点がある。従って，ノズル先端から記録紙面に至る広い飛翔範囲に亘る巨視的な挙動についての観測は困難である。しかし今後，インクジェット技術を幅広い分野で応用することを考えたとき，インクが飛翔するノズルヘッド部分や記録状態のみならずノズルと記録対象物間を飛翔するインクジェットの振る舞いを知ることは重要であると考えられる。従って，ここではレーザ光を光源に用いたインクジェット飛翔の観測方法について述べる。

3　インクジェット飛翔の観測方法

レーザ光を光源としたインクジェット飛翔の観測方法と結果について述べる。この観測方法では，粒子からの光散乱強度が，粒径 $1\mu m$ 程度から次第に大きくなるに従って前方散乱強度が極端に強くなるから，微小な粒子を観測するのに側方照明結像法よりも優れていると考えられている[33]。

図1にインクジェットの飛翔状態を観測する装置の概要を示す。光源にはHe-Neレーザ光あるいはパルスレーザ光が，それぞれ観測の目的に応じて用いられる[34,35]。レーザ光は，レンズ L_1, L_2, L_3, L_4 を介してカメラのフィルム面に像が結像される。写真撮影された像は，コンピュータで解析することが出来る。レーザ光は，レンズ L_2 と L_3 の間において平行光が構成されている。インクジェットの発生装置はレンズ L_3 の前焦点位置付近に設置されている。インクジェットは，ノズルと電極間に印加される電圧によって飛翔する。ノズルは内径 $380\mu m$，外径 $680\mu m$，長

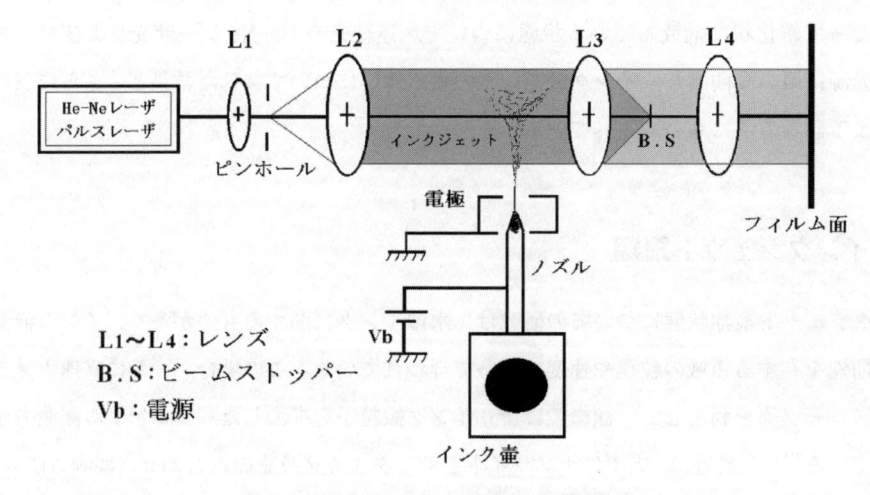

図1　インクジェット飛翔状態の観測装置

第 3 章　インクジェットインクの飛翔特性と制御

さ 15mm で，その先端は印加電圧に対してインクの応答を高めるために 30°の角度で切断されていて，直径 10mm φ，深さ 20mm とするインク壺に直接取り付けられている。ノズルの先端には，インク静水圧によってインクメニスカス（半月状の凸面）が形成される。インク静水圧は，実際の圧力ではなくノズルの中心からインク液面までの高さを mm で表されている。

　また，電極には直径 0.8mm φ の銅線を用いた。電極は 2 本の棒状とし，その間隙は 4mm でインクは，その間隙の中心部を飛翔する。ノズル先端と電極の中心までの距離は 2mm である。

　He-Ne レーザ光（連続光，シャッター：1/30s）を光源とした場合，平行光の成分をビームストッパー（B.S）で遮断して得られる暗視野散乱像を観測した。これによってノズル先端から飛翔するインクジェットの伸びや広がりなどの平均的な全体像を観測することが出来る。しかしこの方法では，インク微粒子の粒径や微粒子の空間的な飛翔状態などの詳細については観測できない。そこで，インクジェット飛翔の瞬間的な振舞いを調べるために，光源としてパルスレーザ光を用いて観測を行った。これは光源にパルスレーザ光（パルス幅：0.4μs，シャッター：開放）を用いてビームストッパーを取り除くことによって平行光とインク微粒子からの散乱光で形成される干渉像を同一面上（フィルム面）で明視野散乱像（インラインホログラム像）として観測することが可能である。これよりインク飛翔状態の瞬間的観測が可能になり，連続流となった曳糸の長さやインク微粒子の粒径などが測定できる。なお，ここでは粒径を直接測定することが出来ないため，村上によるインラインホログラム像を用いた計算方法によって求めた[36,37]。

3.1　He-Ne レーザ光を光源としたインクジェット飛翔の振る舞いの観測

　図 2 に He-Ne レーザ光を光源として得られたインクジェット飛翔状態の暗視野散乱像を示す。インクジェット飛翔は，葉柄と葉身からなる銀杏の葉状をなしていることが分かる。図に示されているのは，インク静水圧を H=5mm 一定として印加電圧を変化させた場合の結果である。電圧が V_1 = 2.5kV から V_2 = 2.9kV の範囲内では，ノズル先端からの葉柄部分は電圧の増加に従って右方向へ伸び，インクが広がり始める位置は電極の後方へと移動し，葉身に相当する部分の広がりの幅が狭くなるのが観測される。この場合，飛翔状態は安定しているが，電圧が V=3.0kV になると不安定となり，複数本（この場合，2 本）のインクジェットの分岐が見られるようになる。この分岐は，電極の位置，形状，空間電荷の分布状況，インク液面の表面張力の不均一，インクの物性値など様々な要因によって起こると考えられる。

　ノズル先端から電極方向へ飛翔するインクジェットの濃度分布の状態を図 3 に示す。

　これは，インクジェット飛翔状態の全体像を 3 次元的に表現したものである。図から，何れの実験条件においてもノズル先端ではインクの密度が高く，インクの広がりは小さい。しかしインクジェット飛翔の先端部においてはインクの密度は低くなり広がりが大きくなっていることが分

インクジェットプリンターの応用と材料Ⅱ

　かる。
　図4（a）は，インクジェット飛翔状態の全体像の詳細を調べるためのもので，図4（b）には代表的な位置を選んで，その場所における濃度分布を示している。ここで図4（a）中，ⓐからⓓは，図4（b）中のⓐからⓓに対応している。即ち，印加される電圧が高いほどインクの密度が高く，広がりは狭くなることが分かる。この傾向は，飛翔距離が伸びるに従って顕著になって

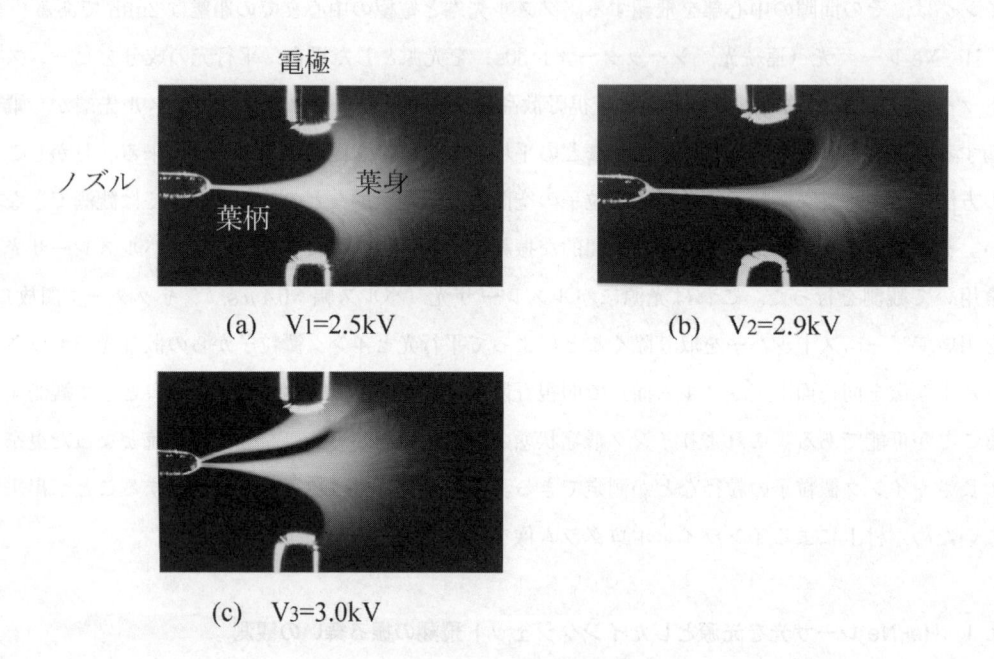

(a) V_1=2.5kV

(b) V_2=2.9kV

(c) V_3=3.0kV

図2　インクジェット飛翔状態
（光源：He-Neレーザ光）

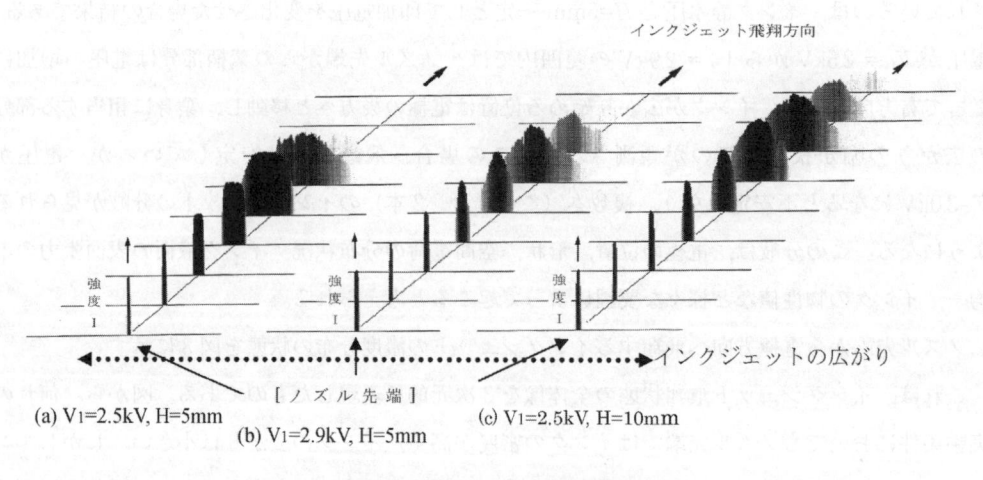

(a) V_1=2.5kV, H=5mm　　(b) V_1=2.9kV, H=5mm　　(c) V_1=2.5kV, H=10mm

図3　インクジェット飛翔状態

第3章 インクジェットインクの飛翔特性と制御

(a) インクジェット飛翔の全体像

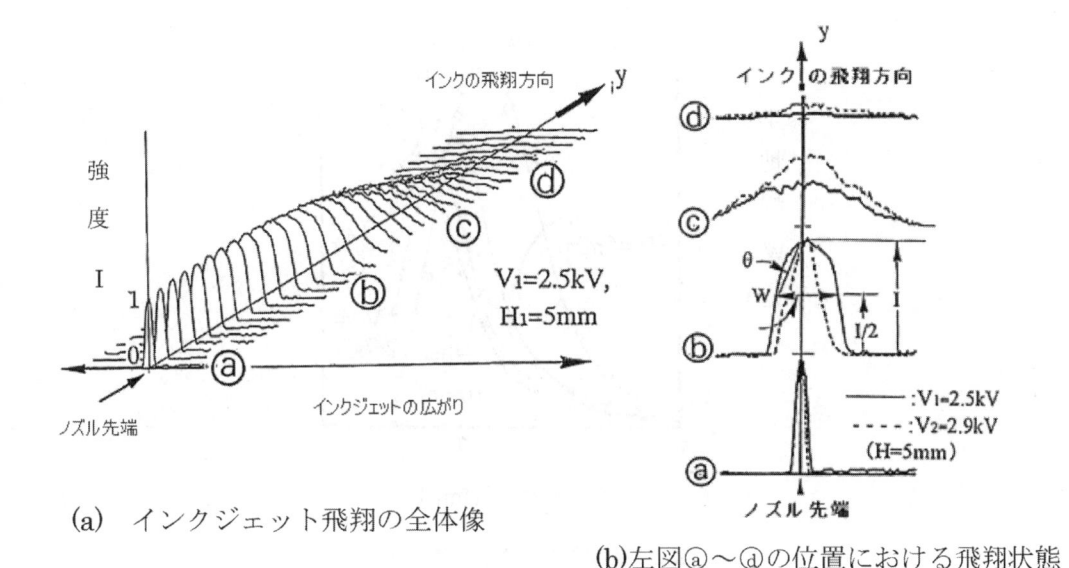

(b) 左図ⓐ～ⓓの位置における飛翔状態

図4 インクジェット飛翔状態の3次元的表現

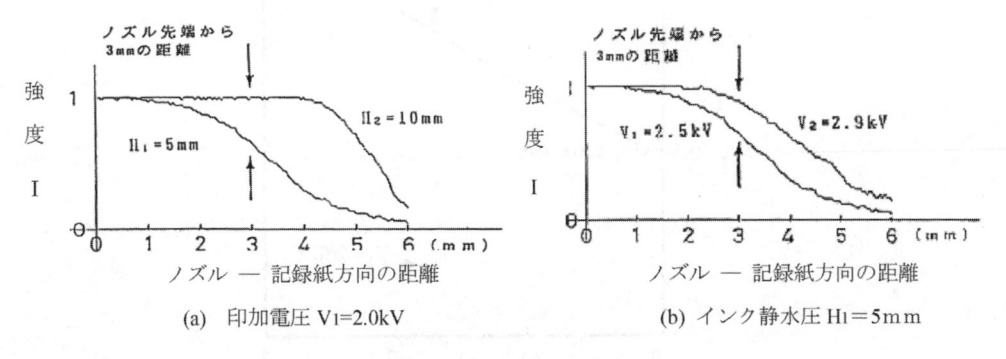

(a) 印加電圧 V_1=2.0kV

(b) インク静水圧 H_1=5mm

図5 強度 I-距離 l 依存性

いく。インクジェットの濃度や分布状態の距離による違いは電圧を一定にしてインク静水圧を変化させた場合より顕著になる。図4(b)のⓑに，その例として，ある点におけるデータを示す。これらに示したようなインクの飛翔状態を画像の記録に用いるため，同図に示している様なパラメータ，即ち強度（I），半値幅（W）および半値の位置から頂上まで引かれた線と水平方向とのなす角度（θ）を選んだ。ここでθは，画像の階調性を表すパラメータとして導入されている。図5に強度の距離依存性を示す。なお，この観測はノズル先端から3mmの位置でなされたものである。図5(a)は電圧 V_1= 2.5kV 一定として，また図5(b)はインク静水圧 H_1=5mm 一定とした場合の特性である。得られた結果から，静水圧を制御する事によってダイナミックレンジを広く取ることができ，より緻密な画像の記録が可能であることが推測される。

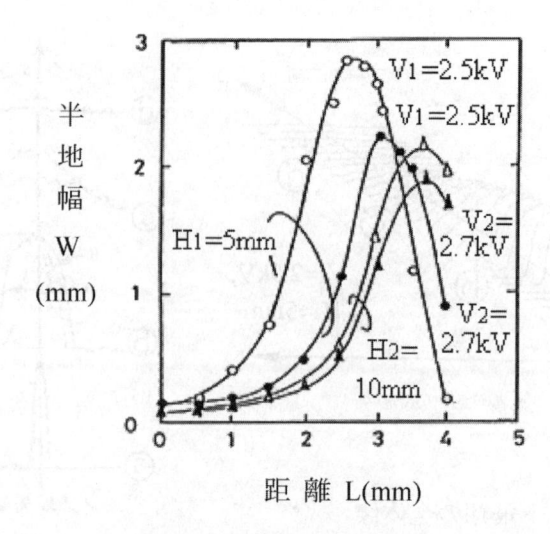

図6 半値幅 W-距離 L 特性

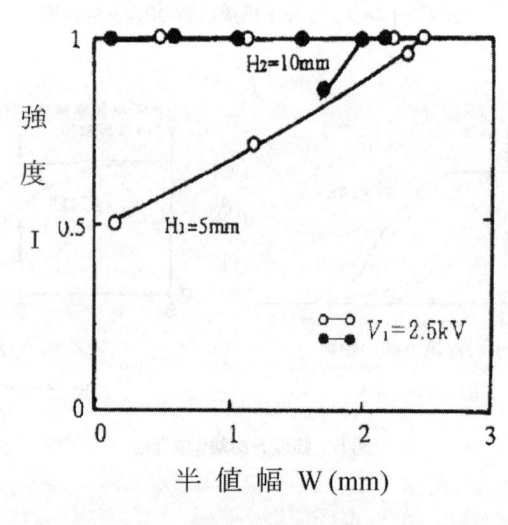

図7 強度 I-半値幅 W 特性

　図6にインク静水圧をH_1=5mmおよびH_2=10mm一定として，電圧をV_1=2.5kVからV_2=2.7kVへと変化させた場合の半値幅Wの距離依存性を示す。Wは，距離がノズルから離れるに従って増大し，最大値を示した後に減少する。ここで最大値を示す位置は電圧および静水圧ともに，その増加に伴ってノズルより離れて行くが，その傾向は静水圧の方がより顕著である。
　次に，インク飛翔方向における半値幅Wと強度Iの関係を図7に示す。印加電圧をV_1=2.5kV一定として，インク静水圧をH_1=5mmおよびH_2=10mmとした結果である。静水圧をH_1=5mmとしたとき，半値幅Wが約2.4mm付近までは強度Iの変化は見られないが，それ以上の飛翔距

第3章　インクジェットインクの飛翔特性と制御

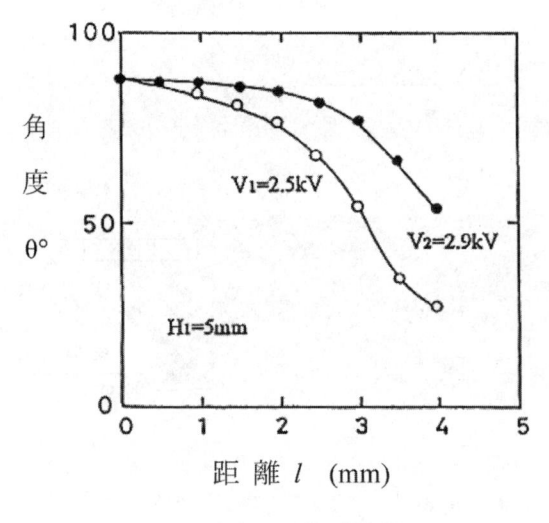

図8　角度θ-距離l依存性

離におけるインクの W および I は共に低下している。次に，静水圧を $H_2=10\text{mm}$ とした場合，半値幅 W は，約2.2mm付近までは強度 I の低下は見られない。しかしこの場合は，それ以上の飛翔方向においてインクの W が約2.0mmと狭くなるにも関わらず強度 I の低下する状態が観測されず一定値を保ちながら W が約2.0mm付近から減少するようになる。これらの結果から，静水圧が高い場合，飛翔するインクには，その中心部分に高いインク微粒子の密度を有していることが推測される。これは走査記録を試みるとき走査線の目立ちとなって記録される画像の画質を劣化させることが予想される。従って，画像の記録を試みる場合はインク静水圧を低くした方が良好な結果が得られるものと考えられる。図8に θ の距離依存性を示す。当然のことではあるが，距離の増加に伴って減少している。このようにインクの飛翔する方向に対してインクの広がり θ が大きくなり、最大値の強度 I が低下することから階調を表現するパラメータとして θ は使える。

このような強度 I，半値幅 W，角度 θ の振舞いを参考にして解像度が高く，また階調が表現された高品質の画像の記録が実現されるものと思われる。

3.2　パルスレーザ光を光源としたインクジェット飛翔の振る舞いの観測

図9にパルスレーザ光を光源に用いて観測された結果を示す。図中の小さなリング状の干渉縞として観測されているものが，インク微粒子によるものである。従って，これはインク微粒子が直接観測されている訳ではない。これらの結果から，ノズル先端から連続流のインク液柱となった曳糸の長さや径およびインク微粒子の粒径などについて調べることが出来る。

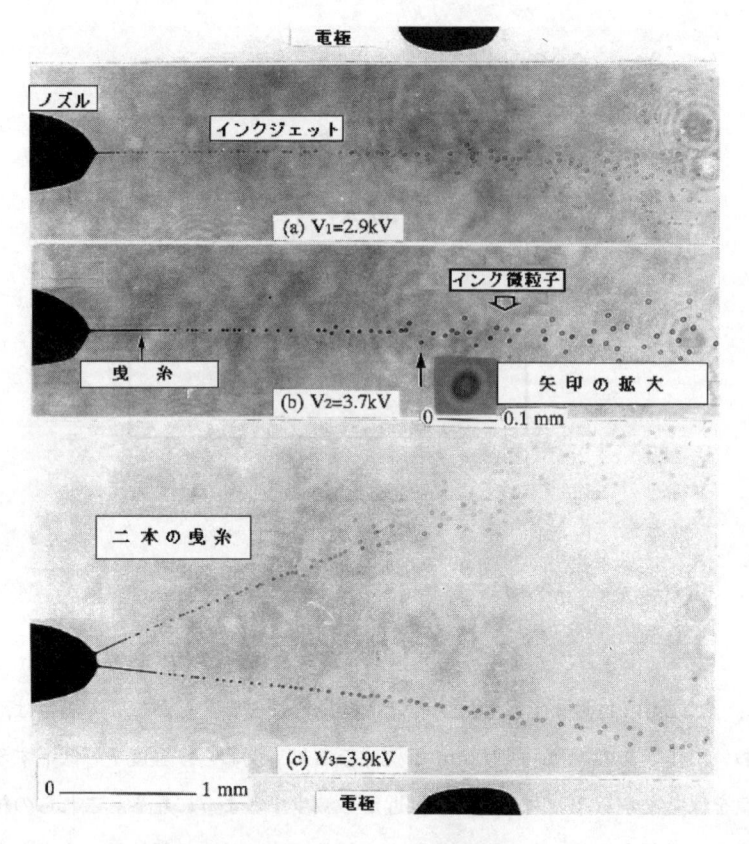

インクジェットプリンターの応用と材料Ⅱ

図9 インクジェット飛翔状態
（光源：パルスレーザ光）

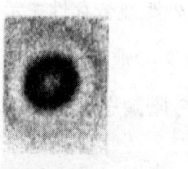

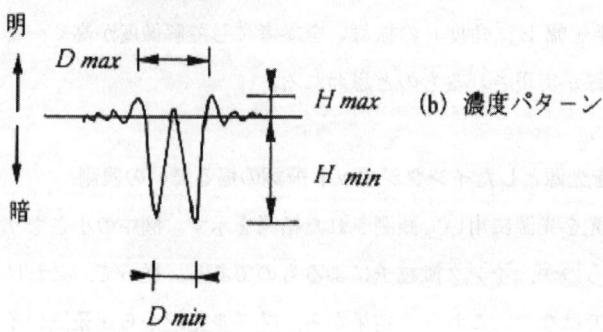

図10 インラインホログラム像の拡大とその濃度パターン

第3章　インクジェットインクの飛翔特性と制御

　図10に粒子のホログラム像の拡大写真とその像の中央部分の濃度の模式図を示す。なお図10 (a) は，図9 (b) 中矢印（↑）で示されている像を拡大したものである。インク微粒子の粒径を知るためのパラメータとして，図10 (b) 中に示されている濃度パターンの第一極大値の縞径 D_{max}（或いは D_{min}）および縞の濃度変化 H_{max} や H_{min} が利用されている。ただし，フィルムへ記録される濃度は写真撮影や現象条件で変化するので背景に対する濃度の最大，最小の比 $\tilde{H}_{obs} = H_{max}/H_{min}$ を使用する。これらのパラメータおよび実際の粒子径 d に基づいて図11に示すようなホログラム解析チャートが作成されている。ここで，N は遠近パラメータと呼ばれているもので波長，粒径，粒子とフィルム面の距離などから決定されるものである。まず図10 (b) の濃度パターンより $\tilde{H}_{obs}$ を求める。次に，図11の H_{max}/H_{min} 線上のa点，b点と図中の矢印に沿って最後に D_{max} を求める。粒径 d は，$d=\tilde{D}_{max}/D_{max}$ の関係から得られる。一方 $d=\tilde{D}_{min}/D_{min}$ の関係を用い

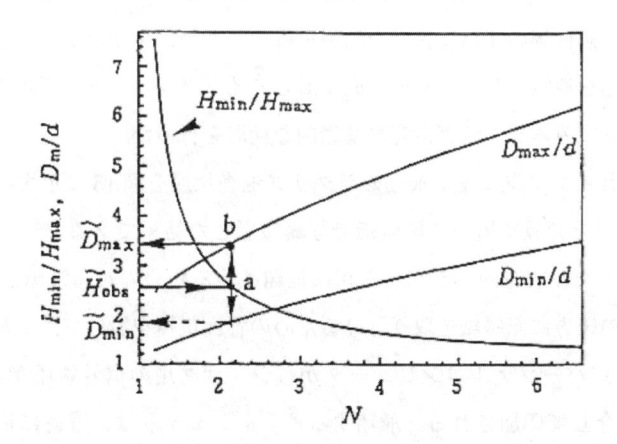

図11　インラインホログラム像解析チャート
（理論曲線[36, 37]）

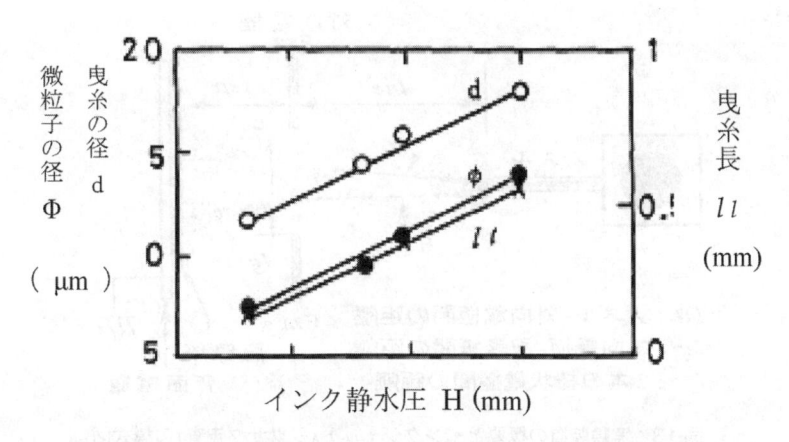

図12　曳糸の径d,微粒子の径Φおよび曳糸長l_l-インク静水圧H特性

る場合は，図中の点線に沿って同様にして d が求められる。

　曳糸および微粒子の径は，印加電圧の制御にはあまり影響を受けず測定に用いられた電圧範囲（V= 2.5kV〜3.4kV）では殆ど一定で，例えば，電圧 V=3.0kV に対してインク静圧 H=10mm の場合の粒径は約 16μm である。図12に，電圧 V=3.0kV 一定とした場合の曳糸長や曳糸径およびインク微粒子の粒径について，それらの静水圧依存性を示す。インク静水圧が高くなるに従って曳糸は長くなり，曳糸径およびインク微粒子の粒径も増大していてインク静水圧にほぼ比例して変化することが分かる。この静圧の範囲内では，曳糸径の変化率は約 0.6μm/mm である。

4　インクジェット飛翔のジグザグ走査方式

　走査方式によって記録された画像には，主走査方向に対してノズルの移動に伴う走査線の目立ちを生じる。これは画像等の記録に良好な結果を得ることが出来ないことになる。この解決方法として，ノズル先端を原点として主走査方向に対してインクジェットの飛翔を左右方向に振れ角を与えながら記録を試みるジグザグ走査の基礎的な検討を行った。

　実験装置の概要とインクジェット飛翔のジグザグ走査状態を図13に示す。飛翔状態の観測にはストロボスコープを光源に用いて顕微鏡で写真撮影した結果である。ノズル先端を原点として，インクジェットを左右方向へジグザグ状に飛翔させるための対向電極 E_{Z1}, E_{Z2} が設けられている。この電極の後方に記録紙を取り付けるための背面電極を設けて，これを接地した。対向電極 E_{Z1}, E_{Z2} には，パーソナルコンピュータからジグザグ用の信号電圧 V_{f1} あるいは V_{f2} がフリップフロップを介して印加される。飛翔するインクジェットは正電荷に帯電しており，電極 E_{Z1} が ON のとき E_{Z2} は OFF あるいは電極 E_{Z1} が OFF のとき E_{Z2} は ON とした場合，OFF と

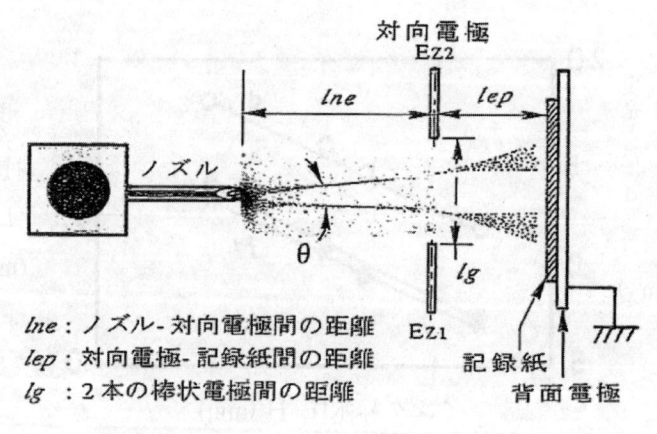

lne：ノズル-対向電極間の距離
lep：対向電極-記録紙間の距離
lg：2本の棒状電極間の距離

図13　実験装置の概要とインクジェット（ジグザグ走査）の模式図

第3章 インクジェットインクの飛翔特性と制御

なった電極の方向へ偏向される。ジグザグ走査による偏向角度θは，図に示すインクジェット（曳糸）間を測定したものである。図14に印加電圧に対する偏向角度の特性を示す。インク飛翔開始電圧は，インク静水圧Hで異なりH_1=5mmのとき約2.4kV，H_2=10mmで約2.2kV，H_3=15mmでは約2.3kVであった。この場合H_2=10mmのとき，最も低い電圧でインク飛翔開始となった。これらの結果から，静水圧によって形成されるインクメニスカスの変動量は，印加電圧に対してインク飛翔の応答性に最適値を有していることが推測される。従って，インク静水圧H_2=10mmのときインクメニスカスの変動量が最も小さくなるものと思われる。また，偏向角度θは，インク静水圧が高くなるほど増加していることが分かる。得られた結果から，偏向角度θはインク静水圧が低いほど小さくなり電圧依存性を示さないことがわかった。ジグザグ走査を応用した画像の記録などには，低いインク静水圧の方が有利であると考えられる。

ジグザグ走査は，主走査方向に対してある程度の記録幅Yを有する。記録幅Yは，インク飛翔の空気抵抗による僅かな速度減少および重力加速度を無視すると，次式から記録幅Yが求まる。$x = v \cdot t$, $Y = 1/2 \cdot (\alpha t^2)$（$\alpha$：加速度）より，$Y = 1/2 \cdot (\alpha) \cdot (x/v)2$, $F = Q \cdot E = m \cdot \alpha$より，$\alpha = Q \cdot E/m$, $Y = 1/2 \{(Q \cdot E/m) \cdot (x/v)^2\}$ 従って記録幅Yは，この式で近似される。ただし，E：電界，F：電荷中に働く力，Q：インクの電荷量，m：インクの質量，v：インクの飛翔速度，t：時間，x：ノズルと記録対象物間の距離である。ここで，v, Qおよびmは測定が非常に困難である。

インクジェットのジグザグ走査による記録物等への応用が，実際に可能であるか否かについて

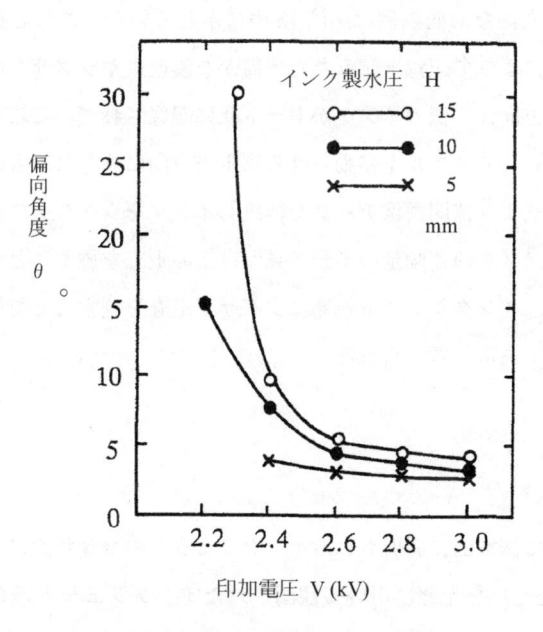

図14 偏向角度θ-印加電圧V特性

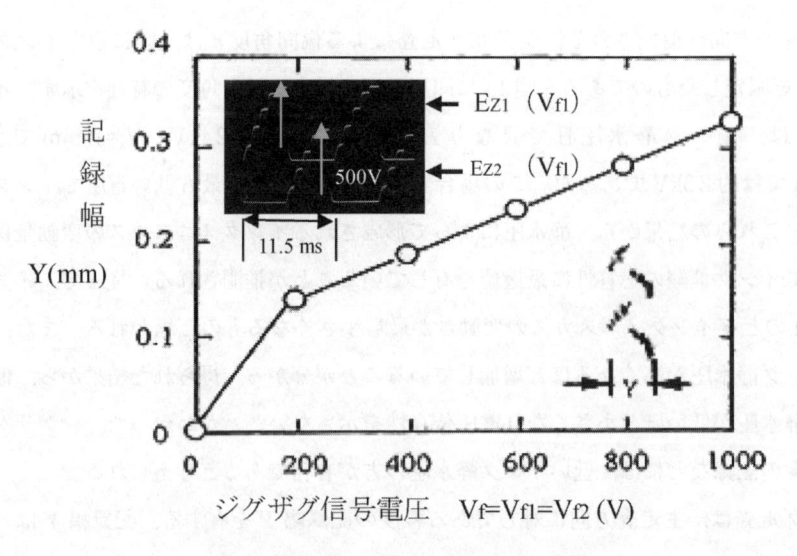

図15 記録幅Y-ジグザグ信号電圧V_f特性

調べた。図15に，ジグザグ信号電圧に対する記録幅の変化を示す。ジグザグ走査を施すために図13に示す電極E_{Z1}およびE_{Z2}に5段階の階段波形電圧V_{f1}, V_{f2}を印加した時の電圧波形である。実験条件は，電極E_{Z1}およびE_{Z2}に$V_f = V_{f1} = V_{f2} = 0$から500V，周波数90Hz一定として，ノズルには電圧$V_b = 2.54$kV（一定）を印加した場合である。得られた結果から，記録幅Yはジグザグ信号電圧が$V_f = 200$Vから1000VにおいてY=0.14mmから0.33mmへと直線的に変化していることがわかった。なお記録例は，図15中に示している。この記録結果は，顕微鏡で観察したもので，手操作によって記録を試みたため僅かな濃度斑やジグザグのピッチに誤差を生じている。しかし，走査方向に5個のインクがドット状に記録されていることが分かる。ジグザグ走査は，主走査方向に対してノズルを移動させる副走査方向に施されるものである。例えば，階調の表現は原画像データより補間画像データを作成しインクをジグザグに偏向させて記録することにより副走査方向にノズルの移動量の半分で見かけ上の走査を施すことで画質の向上が図られる。これらの結果から，インクジェット飛翔にジグザグ走査を施すことで画像の記録を始め，それ以外への応用が可能であると考えられる。

5　おわりに

誘電性インクを用いて誘電的に誘引されるインクジェットの飛翔状態について調べた。まず，He-Neレーザ光（連続光）を光源に用いて観測されたインクジェット飛翔状態の全体像について知ることが出来た。この観測結果から，インクジェットインクは，葉柄と葉身からなる"銀杏

第3章 インクジェットインクの飛翔特性と制御

の葉状"をなして飛翔している事が分かった。この結果を用いてノズルから前方に向かって飛翔するインク濃度やその分布状態が，インクに加えられた静水圧および印加電圧による変化について調べた。次に，パルスレーザ光を光源に用いて極めて短時間の観測を行い，ノズル先端から飛翔する曳糸や粒子径などの静水圧および電圧依存性を求めた。インクジェット飛翔状態は，観測の目的に応じた光源を用いることによって平均的あるいは瞬間的な振る舞いについて明らかになった。これらの結果から，インク静水圧および印加される電圧を制御することによってインクジェット飛翔の制御が可能であり解像度が高い階調性に富む画像の記録が可能であることが分かった。

インクジェット方式は，他の方式のプリンタに比べて構造が比較的に簡単で高精細な画像の記録が可能である。また最近インクジェット技術は，記録装置としてではなく多種多様な分野において応用研究の検討がなされている。これらの応用研究を考えたときインクジェットインクの飛翔状態の観測および飛翔状態の制御などに関する研究には重要な課題であると思われる。

最後に，本章を纏めるに当たり多数の文献を参照，引用させて戴きました。厚く深謝いたします。

文　　献

1) J. S. W. Rayleigh., *Proc. London Math. Soc.*, **10**, pp. 4-13 (1878)
2) C. Weber, Ztschr. f. Angew, *Math. und Mech.*, **11**, pp. 136-141 (1931)
3) 木村新ほか，画像電子学会誌，Vol. **10**, No. 3, pp. 150-156 (1981)
4) C. R. Winston, USP3060429 (1962)
5) R. G. Sweet, USP3596275 (1963)
6) R. G. Sweet, *Rev. Sci.*, Vol. **36**, pp. 131-136 (1965)
7) C. H. Hertz, USP341653 (1968)
8) E. L. Kyser, USP3946398 (1976)
9) N. G. E. Stemme, USP3747120 (1973)
10) V. G. Drozin, *J. of Colloid Sci.*, Vol. **10**, pp. 158-164 (1955)
11) 大野忠義，画像電学誌，Vol. **18**, No. 2, pp. 43-51 (1981)
12) 一之瀬進ほか，信学論 C, J68-C, pp. 93-100 (1985)
13) 三浦眞芳ほか，第4回ノンインパクトプリンティング技術シンポジウム論文集，電子写真学会，pp. 77-80 (1987)
14) 富川武彦ほか，テレビ誌，Vol. **38**, No. 6, pp. 526-532 (1984)

15) 一之瀬進ほか，画像電学誌，Vol. 18, No. 3, pp. 143-149 (1989)
16) 富田幸雄ほか，機論，Vol. 52, No. 475 (1986)
17) 石橋幸男ほか，機論，Vol. 54, No. 504 (1988)
18) 安居院猛ほか，電学論 C, Vol. 11, pp. 223-228 (1977)
19) 安居院猛ほか，電通学会技報，IE79-11, pp. 49-56 (1979)
20) 安居院猛ほか，画像電学誌，Vol. 5, No. 3, pp. 102-106 (1976)
21) 中島一浩，信学技報，Vol. 97, No. 615, pp. 29-33 (1998)
22) 三浦眞芳，写真工業出版社，電子写真学会編，イメージング，part 1, pp. 109-115 (1988)
23) C. H. Hertz et al., J. cf Imaging Technology, Vol. 15, No. 3, pp. 141-148 (1989)
24) 北原強，Japan Hardcopy' 99, 論文集，pp. 335-338 (1999)
25) 松尾一壽ほか，電学誌 C, Vol. 109-C, No. 5, p. 400 (1989)
26) 松尾一壽ほか，平成元年電気学会全国，No. 446 (1989)
27) 松尾一壽ほか，電学誌，Vol. 113-C, No. 6, pp. 452-453 (1993)
28) 佐藤允則ほか，平成 18 年電気学会全国，No. 3-021 (2006)
29) 浦川宏，染色研究，Vol. 51, No. 1, pp. 17-23 (2007)
30) 酒井真理，電通学誌，Vol. 90, No. 7, pp. 544-548 (2007)
31) 安居院猛ほか，日本印刷学会論文集，Vol. 16, No.4, pp.173-179 (1977)
32) 安居院猛ほか，画像電学誌，Vol. 3, No.2, pp.69-75 (1974)
33) 村上昭年ほか，第 16 回液体の微粒子に関する講演論文集，pp.97-102 (1989)
34) 波多野祥子ほか，昭 63 応用物理学会九州支部講演会，Aa-10 (1988)
35) 松尾一壽ほか，平成元年電気学会全国大会，No. 445 (1989)
36) 村上昭年，Vol. 56, No. 2, pp. 212-215 (1987)
37) K. Iinuma et al., Spinger-Verlag., pp. 71-76 (1987)

第4章　インクジェットインクのレオロジーと界面化学

大坪泰文[*1]，矢崎利昭[*2]

1　はじめに

インクジェット印刷において高画質と高速化を達成するためには，均一な粒径と形状をもった液滴を高い応答性で正確に吐出させることが必要であり，これを支配する重要な物性の一つがインクジェットインク（以下，インクと記述する）のレオロジーである。通常は，せん断粘度で評価されることが多いが，インクはノズル中で瞬間的な高圧を受けせん断流動して吐出した後，自由表面で分裂して液滴となる。静止状態から分裂するまで極めて複雑で高速な流動を受けることになり，非常に単純な流動場での物性でノズル内の流動と液滴形成過程を予測するということにはかなり無理があると考えざるを得ない。また，レオロジーは物質のバルクの性質であるが，液滴を吐出するためには新しい表面が形成されることが不可欠である。インクには界面活性剤溶液に微粒子が分散した系が多く，このような系における新表面形成においては界面活性剤の拡散が関係するので，表面の動力学的解析も重要になる。さらに，インク液滴が記録媒体に着弾すると，今度は固体表面との間に新しい界面形成することなり，その濡れ性も画像品質には深く係ることになる。本稿では，インクの力学物性を理解するためのレオロジーと界面化学の基礎について概説するが，実際のインクジェット技術を材料物性と関連づけて理解する際の問題点を明らかにするという観点からまとめたものである。

2　インクのレオロジー

2.1　振動流動と動的粘弾性

インクの性能を支配する重要な特性の一つが流動性であり，多くは粘度が評価の指標となっている。粘度は定常せん断場における流動抵抗として定義される。インクジェットに置き換えるとノズルから連続的にインクが吐出している状態での流動性を記述する量となる。しかし，液滴形成過程においてインクは高速振動下で流動しており，その周波数は数10kHz以上になる。通常，

---

*1　Yasufumi Otsubo　千葉大学　大学院工学研究科　教授
*2　Toshiaki Yazaki　英弘精機㈱　物性・分析機器事業部　取締役事業部長

インクは非ニュートン流動を示したとしても純粘性液体として扱われるのが一般的であるが，高振動数になると低粘度液体でも弾性応答を示すことがある。したがって，その性能評価には動的粘弾性の測定が重要となる。

弾性はひずみが加わっているときだけ，応力が発生する性質であり，フック弾性の場合，応力はひずみに比例する。一方，粘性はひずみ速度（せん断流動の時はせん断速度）に対して応力が発現するものであり，ニュートン流動の場合はせん断速度と応力との間に比例性が成立する。両者に $\gamma = \gamma_0 \sin \omega t$ なる正弦振動ひずみを与えたときの応答を考えてみる。ここで，γ_0 はひずみ振幅であり，ω は角周波数である。弾性においては応力とひずみが比例するのでひずみと同じ位相の振動応力が発生し，粘性においては応力とせん断速度（ひずみの時間微分）が比例するので位相が90°ずれた振動応力（$\cos \omega t = \sin(\omega t + \pi/2)$）が発生する。粘弾性は両者を兼ね備えた性質であるので，振動ひずみに対して位相が δ （0から90°の間の角度）だけ進んだ振動応力 $\sigma(t)$ が発現することになる。

$$\sigma(t) = \sigma_0 \sin(\omega t + \delta) \tag{1}$$

同じ物質でも σ_0，δ は与える角周波数により変化し，これが粘弾性的性質を表す。位相が δ だけずれた正弦振動は位相が0のsinの項と位相が90°進んだcosの項の和で表すことができ，前者は弾性からの応力成分であり，後者は粘性からの応力成分と考えることができる。それぞれの応力成分をひずみ振幅 γ_0 で割った値が，動的弾性率 G' および損失弾性率 G'' （動的粘性率 η' で表すと $\eta' = G''/\omega$）であり，これが物質の粘弾性的性質を記述するレオロジー量の定義となる。

2.2　インクの動的粘弾性

液体の粘弾性測定に最も広く使われている装置は回転型のレオメータであり，二重円筒型，円錐—平板型，平行平板型などのセンサーが採用されている。しかし，これらのレオメータはいずれもセンサー部が駆動する方式のため感度的に不十分であり，インクのように数mPasの低粘度の液体について動的粘弾性を正確に測定することは困難な場合が多い。図1は，二種類のインクについて毛細管型レオメータ（Vilastic Scientific 製 VE System）を用いて動的粘弾性の周波数依存性を測定した結果である。この装置は毛細管中の液体に振動流動を与えて動的粘弾性を測定するものであり，装置内における機械的可動部分が少ないため弾性成分が極めて小さい低粘度液体についても精度よく粘弾性値を求めることができる。さて，測定された二つのインクにおいて動的粘性率曲線は重なっており差はないが，高周波数においてはAインクの方が高い動的弾性率を示している。弾性応答を示すインクにパルス的な応力を印加したときの挙動を考えてみよう。純粘性液体の場合は，応力が加わっているときだけその応力と同じ方向に流動が起こり，応

第4章　インクジェットインクのレオロジーと界面化学

図1　インクの動的粘弾性

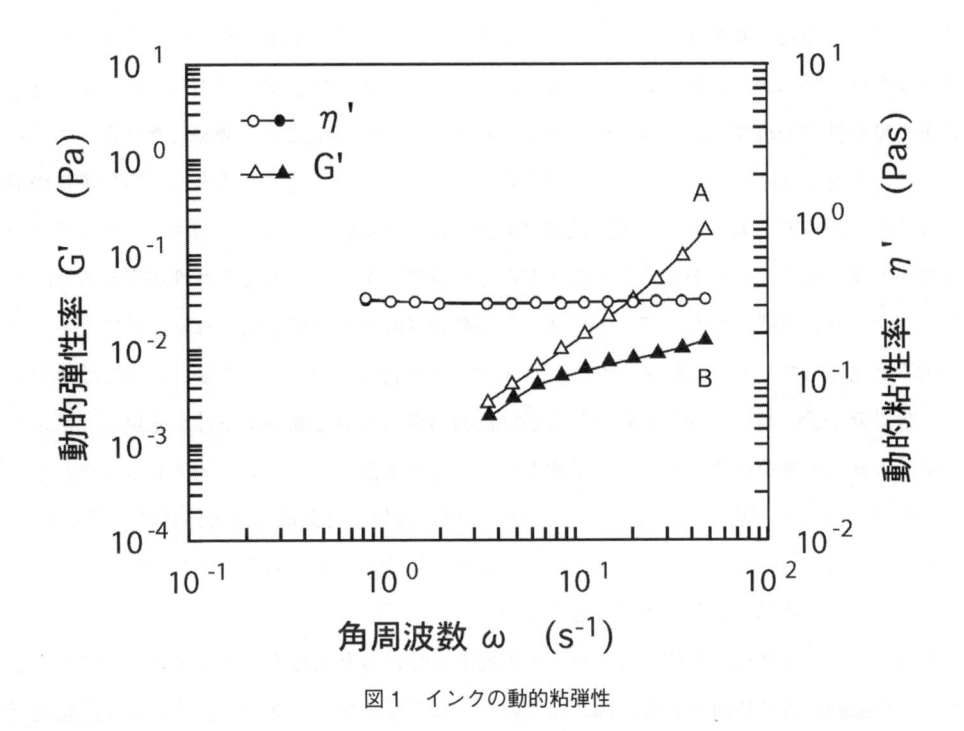

力が除去されるとその瞬間に流動が停止する。しかし，弾性的性質をもつインクにおいては，応力を除去してもバネが瞬間的に縮むように，わずかではあるが逆方向への流動が起こる。つまり，弾性は液滴の吐出を阻害するように作用すると考えられる。事実，この二つのインクの吐出性には大きな差が認められた。インクの弾性が液滴形成プロセスにどのような影響を及ぼすのかという問題についてはまだ定量的に考察するまでには至っていないが，印刷のさらなる高速化に対応したインクを設計するためには動的弾性率は重要なパラメータと考えられるところから，今後，この調整も重要になると予想される。

2.3　伸長流動

インクのレオロジー挙動は，回転型レオメータに代表されるように多くの測定装置が二枚の壁面を相対移動することにより間隙に挟まれた液体に流動を与える構造をとっているため，粘度，粘弾性ともほとんどの場合，せん断流動下で測定されている。しかし，インクはノズル内でせん断流動を受けた後，ノズル先端から吐出した瞬間に伸長流動が支配的となる。インクジェットにおいて円柱状に吐出したインクが液滴状に破壊されるのは伸長流動の不安定性に起因する。したがって，この過程を理解するためには液体の伸長粘度について測定する必要があるが，低粘度液体の伸長粘度測定には多くの困難を伴うためあまり行われていない。

高分子溶液に伸長流動を与えると糸を引くように伸び，容易に切断されないことがある。この性質を曳糸性と呼ぶが，通常，これを支配するのは高分子鎖の伸長挙動であり，分子量が高いほど顕著な曳糸性が発現する。ノズルから吐出した液柱の径が外乱により変動したとき，ニュートン流体では容易にフィラメントの切断が起こる。しかし，高分子溶液の場合は，高分子鎖の伸長によりその変形速度が大きいほど流動抵抗（伸長下における弾性効果）が増加し，フィラメントの切断が抑制される。したがって，インクが高分子量成分を含み極端な曳糸性が現れると，二個の液滴がかなり長距離にわたってフィラメントで結合された状態で吐出されることになる。せん断流動下と比較して，伸長流動下におけるレオロジー挙動は高分子の分子量に極めて敏感であるので，特に分子量の高い高分子を添加した系は液滴形成において強い曳糸性が発現し，インク液滴の形成過程に大きな影響を及ぼすと予測される。高分子溶液をインクジェットインクとして用いる場合は，その分子量が重要な因子となるが，一般に微粒子を分散すると伸長粘度が減少する。フィラメントは顔料インクでは発生しにくくなるが，現状ではせん断流動下での測定からこれを推測することは困難であると考えざるをえない。

　二枚の小さな平行平板に液体をはさみ，その間隔を拡げると液体がフィラメント状に引き延ばされ，伸長流動の後に切断される。図2はこのキャピラリーブレイクアップ法により低濃度高分子溶液の伸長破壊流動の様子を測定した結果である。ここで用いた装置（Haake 社製 CaBER）

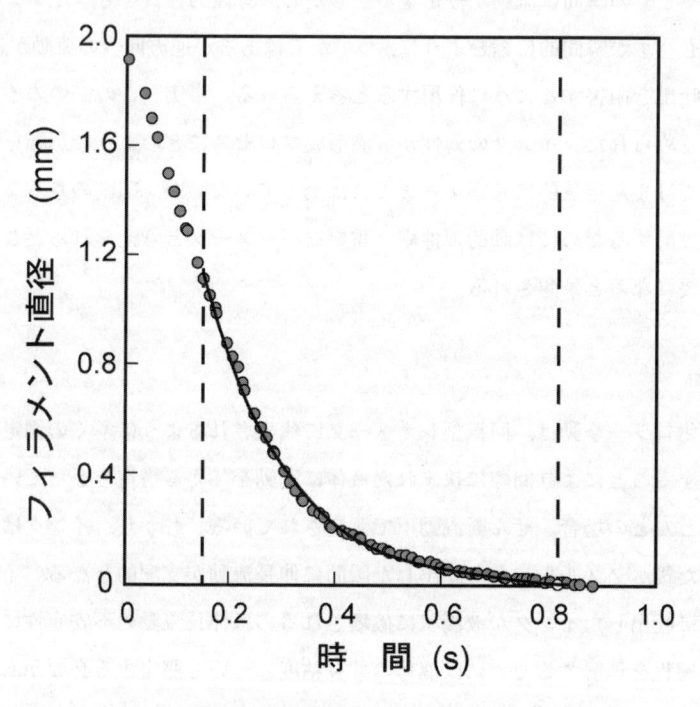

図2　高分子溶液の伸長流動過程におけるフィラメント径の変化

第4章　インクジェットインクのレオロジーと界面化学

では，二つのロッドの間に厚さ数mmではさまれた試料をステップ状に数倍引き離したときに形成されるフィラメントについて，ロッド間隙の中心部（ロッドに接した部分の半径が最も大きく，間隙中心で最も細くなる）における直径の時間変化を測定する機構となっている。ノンコントローラブルな（ひずみ，ひずみ速度，応力のいずれもが一定ではない）測定であるため，これから伸長挙動に関するレオロジー量を決定するためにはモデルを仮定する必要があるが，点線の領域のデータを単一緩和の粘弾性液体と仮定すると，この溶液の緩和時間は0.3秒程度である。インクの緩和時間はこれよりはるかに短いと考えられるので，この装置をそのまま適用して高速伸長下における物性を定量的に求めることことは難しいと思われるが，伸長流動の直接観察が可能であるので，顕著な曳糸性を示すインクの評価については有効は手段になると期待される。

3　インクの表面張力と新表面の生成

3.1　界面活性剤の拡散と動的表面張力

　液滴は他の力が働かない限り球形になろうとする。これは液体の表面には常に収縮しようとする力が働いているからであり，液体表面は内部より多くのエネルギーをもっていることを意味している。この過剰な表面自由エネルギーを単位長さ当たりの力として表したのが表面張力である。表面エネルギーを最小にする作用が液滴を球形にするという形状の変化をもたらすものである。したがって，インクジェットにおいて高速で液滴を噴射するためには，運動エネルギーだけでなく新しい表面を形成するためのエネルギーも必要となる。

　二成分以上からなる液体では，系全体の自由エネルギーを低下させる方向に物質の移動が起こるため，表面近傍の組成が変化することがある。このように表面近傍における組成が相内部と異なる現象が吸着であり，少量の添加でも液体の界面に吸着して，その表面張力を著しく低下させる物質が界面活性剤である。工業的には様々な化学構造を有する界面活性剤が合成されており，インクにおいても種々の界面活性剤が使われているが，界面活性剤分子は共通の分子構造をもっており，大きな疎水性（親油性）の炭化水素と，強い親水性の基から構成されている。一般的には，親油基は炭素数にして8〜18の炭化水素基からなり，親水基は水溶性を与えるためのカルボキシル基やスルホン基などからなっている。大きな疎水基と強い親水基からなる界面活性剤を水面上に置いたとき，その分子は親水基を水面に向け，疎水基は水から遠ざかるように配向する。

　そして，水面の面積に対する界面活性剤が適量であれば，界面活性剤分子が一定の向きに二次元的に並んで，いわゆる単分子膜を形成するようになる。単分子膜を形成するためには，親和基の水に対する親和性と疎水基相互間に働く凝集力とのバランスが重要であり，親水基の効果が強いと分子は水に溶け，疎水基の凝集性が強いと炭化水素同士で集まるので膜には展開しない。表

面上で単分子膜が形成されると液体の表面張力は劇的に減少する。

　さて，インクジェットにおいては液滴の形成とともに新しい表面ができるが，このときの表面近傍における界面活性剤の拡散挙動を考えてみよう。新表面が瞬間的に形成されたとするとその表面は液体内部とほぼ同じ組成をもっているものと考えられるが，形成直後から表面エネルギーを減少させようとして液体内部から表面へ向かって界面活性剤の拡散が起こる。液体の表面張力は界面活性剤濃度に強く依存するので，形成された表面の面積が一定に保持されると仮定すると，表面張力は界面活性剤の吸着とともに減少することになる。実際には液滴形成には時間を要するわけであり，表面積の増大速度に対して界面活性剤の拡散が追随できる場合は，表面に界面活性剤が十分に吸着した状態で単分子膜が形成されているので，表面張力は静置下と同じ値を保ったまま面積を増大させることができる。

　しかし，界面活性剤の拡散速度より高速で表面積の増大が起こると，表面張力は静置下より大きな値となる。このような状況ではもはや表面張力は液体に固有の物性値として取り扱うことはできず，表面積の変化速度にともない表面張力が変化することになるので，このときの値を動的表面張力という。インクにおいてもその性能に表面張力が重要な因子となっていることが予想され，測定がなされているが，多くは表面積が一定の条件下で得られた静的表面張力であり，この値から液滴形成（新表面形成）挙動を把握することは難しいと考えられる。

3.2　インクの動的表面張力

　液体の静的表面張力を測定する方法としては，毛管上昇法，滴重法，輪環法などがあるが，これらにおいては液体の表面積を周期的に変化させることは困難であり，動的表面張力の測定に対しては最大泡圧法が最も適している。これは，液体中に浸した毛管内に圧縮気体を送り，毛管の下に気泡を発生させながら，そのときの圧力変化を測定することにより求める方法である。空気の導入を始めたとき毛細管先端に形成される気泡の（曲率）半径は比較的大きいが，成長するにつれて減少していき，次第に圧力が増大する。そして，ある圧力以上で気泡は毛細管から離れるが，最大圧力との差から表面張力を求めることができる。気泡の生成速度が表面積の増大速度に対応するので，これを制御することによりそのときのタイムスケールと動的表面張力の関係を知ることができる。

　図3に，市販の装置（SITA社製 t 60）を用いて三種類のインクについて動的表面張力を測定した結果を示す。横軸の泡寿命とは毛細管の先端で泡が生成して離脱するまでの時間であり，この時間が長いほど表面積の増大速度が遅いことになる。これは空気の導入速度により制御される。泡寿命が10,000秒以上の長時間では（非常にゆっくり表面を成長させると）いずれも43～48mNm^{-1}の表面張力となり，大きな差は認められない。おそらく，これらのインクにおいては

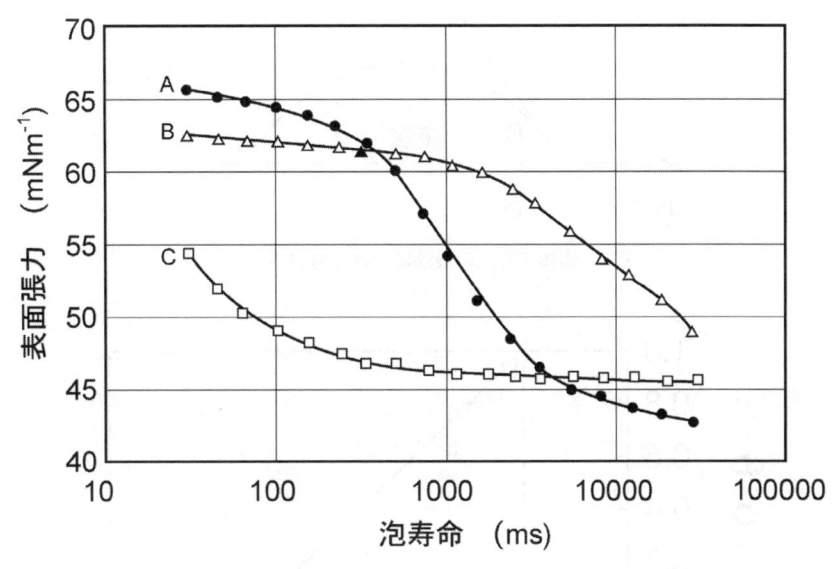

第4章　インクジェットインクのレオロジーと界面化学

図3　インクの動的表面張力

表面流動が起こっていない条件下での静的表面張力は界面活性剤により調整されているものと推察される。しかし，表面成長が高速になると，インクAとBでは，動的表面張力の値は急激に大きくなり，100ms以下の短いタイムスケールでは水に匹敵するほどの値となる。インクジェットに応用した際，この二つのインクにおいては吐出速度を上げると液滴の生成が困難になる恐れがある。また，Aインクにおける動的表面張力の泡寿命に対する変化は非常に大きく，吐出速度によりに液滴形成挙動が大きく変化するものと考えられることから，インクの吐出性がノズルの性能に強く依存するものと予想される。動的表面張力という観点からすれば，Cインクの吐出性が最もよいということになる。

4　インクのぬれ性

4.1　接触角とぬれ性

インクジェットプロセスにおける最初のステップは紙やプラスチックなどの記録媒体上に画線を形成するためにインクが転移することである。インクは液体であるので，このとき固体表面とのぬれ性が画像の品質や保存性に重要な影響を及ぼす。特に，インクジェットは印圧を用いない方式であるため，固液のぬれ性に関する界面化学を把握しておくことが不可欠となる。ぬれは固体表面が他の液体で覆われる現象であり，その挙動は固体の表面自由エネルギーおよび固―液界面の相互作用エネルギーのバランスにより決定され，そのオーバーオールとしてのぬれ性は接触

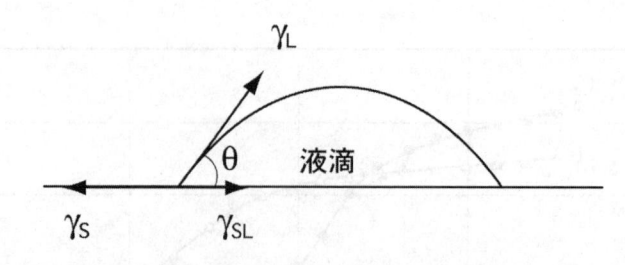

図4　固体表面上の液滴における力のバランス

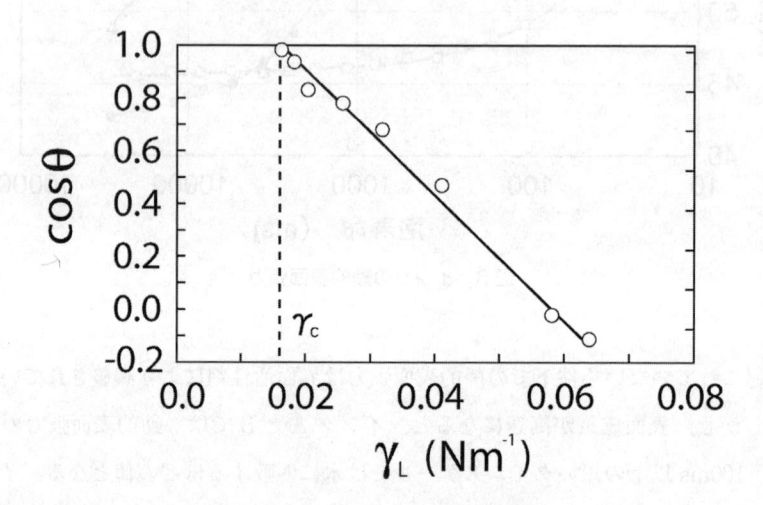

図5　Zismanプロットと臨界表面張力

角として直接観察される。図4のように表面張力がγ_Sの広い固体表面の上に表面張力がγ_Lの液体がレンズ状に接しているとき，Youngの式と呼ばれる関係が成立する。

$$\gamma_S = \gamma_{SL} + \gamma_L \cos\theta \tag{2}$$

ここで，γ_{SL}は固体と液体との間の界面張力である。γ_S, γ_{SL}の直接測定は困難であるが，その差はγ_Lとθの測定から求めることができる。$\gamma_L \cos\theta$は，ぬれ性の尺度であり，固体表面が消失して新たに固―液界面が生成する際の自由エネルギーの減少を表わしている。したがって，この値が大きいほどぬれ易いことになる。図4において，接している液体が固体表面をよくぬらす場合には，θは小さくなり，さらに全面に広がって表面を完全に覆いつくすためには$\theta = 0$でなければならない。このように簡単に把握できるという点から，ぬれ性の尺度としてはしばしば接触角そのものが使われることもある。

低エネルギー固体の表面に種々の液体をたらして，接触角を測定すると，図5のように，液体の表面張力γ_Lと$\cos\theta$との間に直線関係が成立することが知られている。Zismanは，この直線

第4章　インクジェットインクのレオロジーと界面化学

を $\cos\theta = 1$，すなわち $\theta = 0$ に外挿したときの表面張力を臨界表面張力 γ_C と名付けた。γ_C 以下の表面張力の液体であればその固体表面を完全に濡らすことができ，接触角は0となる。γ_C 以上の表面張力をもつ液体はこの固体表面上で有限の接触角をもって平衡に達するので，全面に広がることはできない。Zisman は，臨界表面張力は固体表面に特有な値であって，γ_C の大小によって固体表面のぬれ性が評価できるとした。

4.2　ジェットインクのぬれ性

インクジェットにおいてはノズルから吐出する液滴の量が解像度を決定する第一義的な因子であることは明らかであるが，固液界面における接触角が異なると同じ液滴量であっても記録媒体上でのインクの拡がり方に差が出るためその被覆面積が異なる。画質は記録媒体とインクの界面化学的性質に依存することになるので，ぬれ性について測定法しておく必要がある。図4に示した接触角は，液滴が固体表面上で静止して平衡に達していることが前提で，液滴が置かれた後，十分時間が経過してからの状態に対応している。しかし，インクジェットにおいてはインク液滴は記録媒体に着弾後，乾燥，定着される。この過程ではレンズ状のインク液滴の体積が減少していくことになるが，図4と相似の形状を保ったまま縮小するわけではない。液滴の体積が減少すると固気液が接する点が移動していくが，この時の接触角は静止状態とは異なる値となる。この

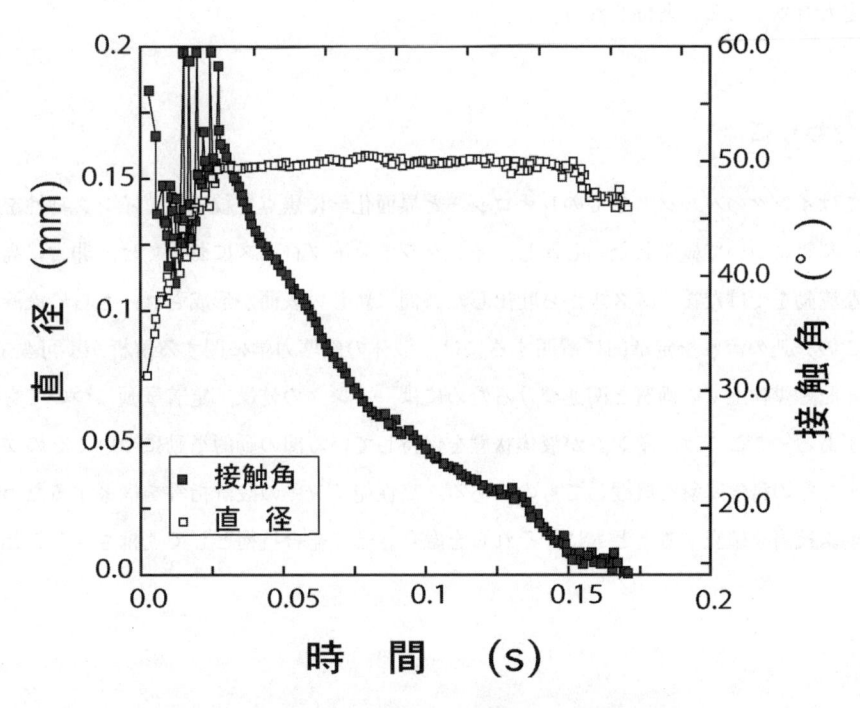

図6　水滴の浸透過程における被覆直径と接触角の変化

ように液滴の界面が動いているときの接触角を動的接触角という。液滴が大きくなり界面が前進するときと後退するときとでは接触角の値（それぞれ前進接触角，後退接触角と呼ぶ）は異なることになる。紙などの記録媒体に着弾したインク液滴は，多くの場合，その上に形成されたインク受容層に浸透することにより定着される。このときの浸透速度や浸透むらはインクと受容層との両者の物性に依存し，画質に大きな影響を及ぼすので，微小液滴の定着挙動について計測することが望まれる。図6は，顕微自動接触角測定装置（DataPhysics社製 OCA 40 Micro）により，水滴1個がジェットインク用印刷用紙に浸透していく過程を画像解析したものである。この装置は数10plの微量の液滴を吐出し，1秒当たり2,200コマの画像を取り込んで，高速浸透過程を解析することができ，図6には紙面上にある液滴の被覆直径と接触角の時間依存性を示す。測定に用いたノズルの直系は$35\mu m$であり，水滴が紙面に着弾した初期段階では振動と浸透により約30ミリ秒の間はデータがばらつくが，その後は安定なデータとなる。接触角は約0.15秒で急激に減少し，液滴が浸透していく様子が伺える。興味深いことはこの間に液滴直径が変化していないことである。液滴直径が約$160\mu m$で一定に保たれているのは，液滴は紙に浸透する際，横に拡がらずに浸透して紙面に垂直方向に浸透することを示しており，高画質の画像形成のために重要な性質と考えることができる。浸透性の記録媒体上でのインク滴の動的界面挙動は複雑であり，平衡状態を決定することが困難であるが，最終的な画質の性能評価を結び付けるにはこのような測定も有効であると期待される。

5 おわりに

本稿ではインクのバルクとしてのレオロジーと界面化学に焦点を絞って，インク物性を理解するための基礎について概説した。しかし，インクジェットプロセスにおいては，非常に高速で非定常的な流動を受けた後，ノズルから吐出した瞬間に新しい表面が形成され，さらに液滴に分裂する。この一連の流れを定量的に解明するには，液体の破壊力学に関する解析が不可欠である。さらに，記録媒体上での画質と関連づけるためには，インクの乾燥，定着挙動についても把握する必要がある。ここでは，インクが液体状態を保持している間の動的挙動についてそのプロセスを分割してその科学基盤を概観してものである。高性能インキの設計指針を構築するためには，個々の要素技術を確立するとともに，それらを融合させて総合技術として連携させることが重要となる。

第5章 インクジェットインク乾燥の計測と解析

山上達也*

1 はじめに

　近年,インクジェット技術が次世代の電子デバイス作製プロセスとして注目されている。従来の真空蒸着法やスピンコート法に比べて必要な場所に必要な量だけ材料を輸送することができる・開放雰囲気下で製造できる・塗り分けが容易である等々,材料使用率や設備コストの面で優れているからである。

　高分子系・コロイド系材料はウェットプロセスに相性が良く,ディスプレイデバイスのカラーフィルタ,有機 EL や有機トランジスタなどの製造にインクジェット技術は様々な可能性を秘めているが,その技術の中心となる液滴の乾燥過程に関してはいまだ解明されていない点が多い。近年の液滴に関する研究で重要なものとして,Deegan らのコーヒーステイン現象の研究が挙げられる[1]。これは日常的によく見られるコーヒーの染みがリング状に残ることを乾燥時に液滴内部で生じる外向流から説明したものである。外向流の原因は,接触線の固定と,接触角度が小さい場合の接触線近傍での蒸発速度増大の2つが挙げられる。Pauchard らは液滴の乾燥に伴って表面に形成されるゲル化膜(スキン層)のために,乾燥後の形状が大きく変形することを示した[2]。これはスキン層が形成されても膜を通して溶媒の蒸発は続き,内部に負圧が生じて弾性的変形(バックリング)を起こすためと考えられている。梶谷,土井らは溶液の初期濃度に依存し,乾燥後の形状が外向流によるリング状からスキン層のバックリングによるクレータ状に連続的に変化する事を測定している[3]。このようなバックリング現象は分子液滴に限らずコロイド懸濁液の系でも観測されている。

　このような乾燥後のステインの不均一性は塗布や印刷業界においても重要な問題である。しかし,液滴の乾燥過程は溶液粘度や表面張力,蒸発速度,液滴サイズ,基板条件など様々なパラメータが関係し,これらのレオロジーや物理化学的な物性が時間と共に変化する複雑な過程であるため,支配的要因がよく分かっていない。また,スキン層がどのようにして形成されるのかも課題である。液滴の乾燥後の形状を制御するためには,溶液や乾燥条件から決まる複数の無次元量と

＊　Tatsuya Yamaue　東京大学　大学院工学系研究科　物理工学専攻　助教;
　　　現・㈱コベルコ科研　技術本部　エンジニアリングメカニクス事業部

乾燥後の形状の関係を明らかにしていく必要がある。本稿では，先ず，乾燥過程の液滴の計測結果から，内部のレオロジーや溶質輸送の変化を間接的に知る為に必要となる溶液物性の測定法について述べる。続いて，微小液滴の乾燥過程の可視化と計測の方法を述べ，具体的に，接触角の大きなアニソール／ポリスチレンの乾燥後の形状の初期濃度・液滴サイズ依存性を計測し，蒸発速度と液滴サイズの関係から解析する[7]。

2 液滴の乾燥過程の計測の基礎

2.1 静滴（sessile drop）法

球帽型の液滴はR：液滴の接触面の半径，H：高さ，J：表面に対して法線方向の蒸発速度で表現でき，静滴（sessile drop）法の$\theta/2$法で幾何学的量を計算できる。

$$H = R\tan(\theta/2), \quad S = \pi(R^2 + H^2), \quad V = \pi H(3R^2 + H^2)/6$$

ここで，S，Vはそれぞれ液滴の表面積，体積である。

2.2 3段階の乾燥過程の概要

低接触角の液滴では接触線近傍での蒸発速度の増大と外向流が顕著に見られ，溶質の堆積による接触線固定（セルフピニング）とリング状ステインが一般的に見られるが，接触角の高い液滴（$\theta = 70°\sim 90°$）では様相を異にする。高接触角の高分子液滴は，一般に図1のような3つの段階を経て乾燥が進むことが分かっている[3]。

領域（I）では，接触角がある角度に減少するまで接触線はピンされたままである。このときの角度を後退角θ_Rといい，基板の凹凸や化学的不均一性によって生じると考えられる。逆に液滴の体積を連続的に増やしていったときには，ある角度に上昇するまで接触線は前進しない。この角度を前進角θ_Aといい，$\theta_A - \theta_R$を接触角履歴と呼ぶ。接触角履歴は清浄で理想的な表面には見られないものであり，基板の不均一性を表す尺度となる。領域（II）では，後退角をほぼ保ったまま一様に収縮していく。液滴が球形帽型で$\theta \sim 90°$であれば，球が収縮していく過程として

(I) ピンニング　　　(II) 接触線が後退　　　(III) セルフピンニング

図1　乾燥過程の3つの段階

第 5 章　インクジェットインク乾燥の計測と解析

考えることができて取り扱いやすい。領域（III）では，蒸発に伴って濃度が上昇し，表面でゲル化した高分子がピンニングを起こす。これをセルフピンニングと呼び，高分子液滴に限らずコロイド溶液などの溶質を含む系では同様に観察される。領域（I）と同じく，液滴の半径は変わらず接触角が減少していく過程である。以下，これらの領域を順に領域（I），領域（II），領域（III）とする。

2.3　液滴の乾燥過程を特徴づける無次元数

液滴の乾燥に関与する無次元数について考える。まず，重要となる物理量は表面張力 γ [N/m]，粘度 μ [Pa·s]，流速 v [m/s]，蒸発時間 t_f [s]，特徴的長さ R [m]，拡散定数 D [m²/s]，蒸発速度 J [m/s] などが挙げられる。これらの物理量を用いて構成できる主な無次元数は表1

表1　液滴乾燥に関する無次元数

無次元数	表式	競合する物理量
レイノルズ数	$Re = \rho vR/\mu$	（慣性力）／（粘性力）
キャピラリー数	$Ca = \mu v/\gamma$	（粘性力）／（表面張力）
ボンド数	$Bo = \rho gTH/\gamma$	（重力）／（表面張力）
マランゴニ数	$Ma = \Delta\gamma/(\mu v)$	（マランゴニ力）／（粘性力）
ペクレ数	$Pe = RJ/D$	（対流・蒸発）／（拡散）

のようになる。

微小な液滴の標準的な溶媒での値，$R, H \sim 100$ [μm]，$v, J \sim 1$ [μm/s]，$\mu \sim 1$ [mPa·s]，$\gamma \sim 20$ [mN/m]，$\rho \sim 1$ [g/cm³]，$D \sim 10^{-7}$ [cm²/s] で無次元数を見積もる。レイノルズ数は $Re \sim 10^{-4}$ となり流体の慣性項を無視し，ストークス近似が可能。キャピラリー数は $Ca \sim 10^{-8}$ となり表面張力が粘性効果に大きく打ち勝ち，球帽型を保ちながら準静的に乾燥していく。これは，乾燥時の液滴の画像から $\theta/2$ 法で形状測定することの妥当性を保証する。ボンド数は $Bo \sim 10^{-2}$ となり重力効果は無視出来る。マランゴニ数は系により大きく異なる。表1の $\Delta\gamma$ は表面の温度や濃度の不均一性による表面張力の差を表す。Ma が大きいと対流が生じ，系に擾乱を与える。ペクレ数は $Pe \sim 10$ より拡散と蒸発がほぼ拮抗していることを表す。拡散が打ち勝てば系は均一に，蒸発が打ち勝てば系は不均一になる。

3　試料と溶液物性の測定法

液滴の乾燥固化過程を解析する上で，溶液試料の特性を前もって知っておくことは重要である。高分子試料を特徴づける量としては，種々の平均分子量と分子量分布，分岐度と分岐長分布，立体規則性分布，結合様式分布，化学組成分布などがある。高分子科学黎明期（1925年頃）では，

特徴づけに用いられた物理量は浸透圧，蒸気圧，固有粘度であった。浸透圧と蒸気圧からは分子量と分子間相互作用の強さが得られ，固有粘度からは高分子の広がりが間接的に得られる。その後，レーザーが利用できるようになって光散乱測定法が確立され，平均二乗回転半径が実測できるようになった。さらに，超遠心法，動的光散乱法，小角X線（中性子）散乱法，ゲル浸透クロマトグラフィー（GPC）などが開発され，詳細な情報が得られるようになっている。

　液滴の乾燥過程の試料については，動的粘弾性測定により溶液の粘度の濃度依存性とゲル化濃度，動的光散乱測定により溶質の共同拡散定数を計測する。ここでは，動的粘弾性測定について述べる。

3.1 試料

　本稿ではモデル試料として単純なポリスチレン溶液を用いる。溶媒はplオーダーの液滴でも乾燥過程が観察できるように，比較的沸点の高いアニソールを用いている。試料の詳細は表2の通りである。

表2　液滴モデル試料（溶質：ポリスチレン／溶媒：アニソール）の詳細

試料	分子式	分子量	密度[g/ml]	屈折率	T_g, bp[℃]
ポリスチレン	$[-CH_2CH(C_6H_5)-]_n$	$Mw \sim 280,000$	1.047	1.5916	$T_g = 100$
アニソール	$CH_3OC_6H_5$	108	0.995	1.516	bp = 154

3.2 動的粘弾性測定

　粘弾性液体の動的粘弾性は，線形粘弾性の範囲内ではボルツマンの重畳原理により多数の緩和時間の和として表される。動的貯蔵弾性率 G'，動的損失弾性率 G'' は，数値の組 (τ_p, G_p) $(p = 1, 2, 3, \cdots)$ $(\tau_1 > \tau_2 > \tau_3 > \cdots)$ を用いて，

$$G'(\omega) = \sum_p \frac{G_p(\omega \tau_p)^2}{1+(\omega \tau_p)^2}, \quad G''(\omega) = \sum_p \frac{G_p(\omega \tau_p)}{1+(\omega \tau_p)^2} + \omega \eta_\infty \tag{1}$$

G', G'' は低周波数の極限ではそれぞれ ω^2，ω に比例する。

$$G'(\omega) = A_G \omega^2, \quad A_G = \sum_p G_p \tau_p^2 ; \quad G''(\omega) = \eta \omega, \quad \eta = \sum_p G_p \tau_p \tag{2}$$

　η，A_G は各々定常流における粘性と弾性を代表値である。式(2)より，低周波では粘性的で，高周波側になると G' が G'' を追い越し（クロスオーバー）弾性的に振る舞うことが分かる。これはスライムをゆっくり動かすと流れて，素早く床などに叩き付けるとはねることによく表される粘弾性液体の特徴である。

　モデル試料では30［vol%］でクロスオーバーし，ゲル化濃度は30［vol%］程度である。ゼロずり粘度 η_0 と溶液濃度依存性は冪関数型の回帰式として次のように書ける。

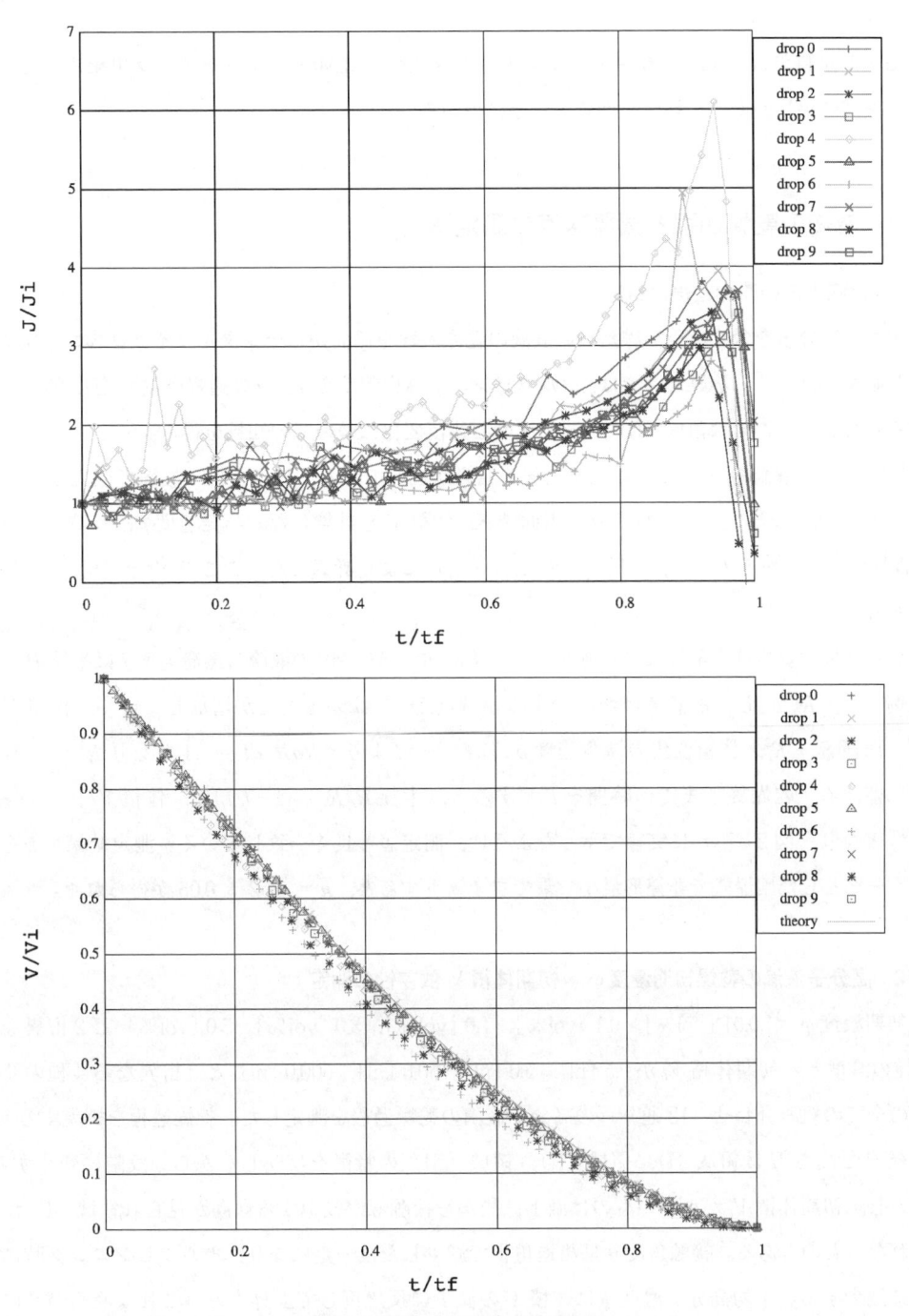

第5章 インクジェットインク乾燥の計測と解析

図2 溶媒のみの液滴の乾燥過程
(蒸発速度 J (上), 体積 V (下))

$$\eta = K_0 + K_1 c^{K_2} \qquad (3)$$

モデル試料では, $K_0 = 6.6e-3$, $K_1 = 4.74e-5$, $K_2 = 3.04$ とフィッティング出来る。この結果を液滴の平均濃度から粘度を推算する際に用いる[7]。

4 液滴の乾燥過程と蒸発速度の測定法

4.1 溶媒のみの乾燥過程の測定

先ず, 高分子を含まない溶媒だけの液滴の乾燥過程を側面からデジタルマイクロスコープで測定し画像解析する。溶媒だけでは, セルフピンニングは起こらず, 乾燥過程は領域 (I), 領域 (II) のみとなる。ここでは領域 (II) の蒸発速度と体積変化についての知見を得る。

アニソール液滴約 500 [nl] の乾燥過程の結果が図6である。ここでは, 液滴半径 R および高さ H の時系列を測定し, 接触角 θ, 表面積 S, 体積 V を計算した。蒸発速度 J は n 番目と $n+1$ 番目のデータから $J = (V_n - V_{n+1})/\bar{S}/(t_{n+1} - t_n)$ により計算した。ここで $\bar{S} = (S_{n+1} - S_n)/2$ である。

測定結果の妥当性を解析により確かめる。接触角がほぼ90°の液滴の蒸発速度 J は半径 R に反比例 ($J \sim R^{-1}$) し, 液滴半径が減少する領域 (II) では蒸発速度が増加していく。体積 $V \sim R^3$, 面積 $S \sim R^2$, 体積変化の減少速度 $dV/dt = -SJ$ より, $RdR/dt = -1$ となり $R^2 = -At + B$ と書ける。乾燥終了までの時間を t_f とすると, 半径 $R/R_i = (1-t/t_f)^{1/2}$, 体積 $V/V_i = (1-t/t_f)^{3/2}$ となり, 図2 (下) に実線で示したように, 測定値と良く一致している。測定結果を t_f をパラメータとした回帰式で非線形最小二乗でフィットすると, $n = 1.52 \pm 0.05$ が得られた。

4.2 高分子液滴の乾燥初期濃度 ϕ_i・初期体積 V_i 依存性の測定

初期濃度 ϕ_i が 0.01 [vol%], 0.1 [vol%], 1.0 [vol%], 3.0 [vol%], 5.0 [vol%] と2桁異なる3種の濃度と, 初期体積 V_i が 0.5 [nl], 5.0 [nl], 50.0 [nl], 500.0 [nl] と3桁異なる4種のサイズの全ての組み合わせ (12通り) の高分子液滴の乾燥過程を測定した。乾燥過程を概説すると, 半径 R と高さ H は領域 (I), 領域 (II), 領域 (III) の特徴を反映しながら3段階に変化する。ただし, 初期体積 V_i が小さいものは滴下直後から接触線が後退する傾向が見られ領域 (I) が見られないものもある。接触角度 θ は後退角まで減少した後一定になり, セルフピンニング時に急激に減少する。平均高分子濃度 ϕ は体積 V の減少に反比例して上昇する (これは液滴が常に均一であるとした場合で実際の濃度勾配は考慮していないことに注意)。蒸発速度 J もまた, $J \sim 1/R$ に従いセルフピンニングまで増加する。典型的な過程をとる具体例として, 図3に初期濃度

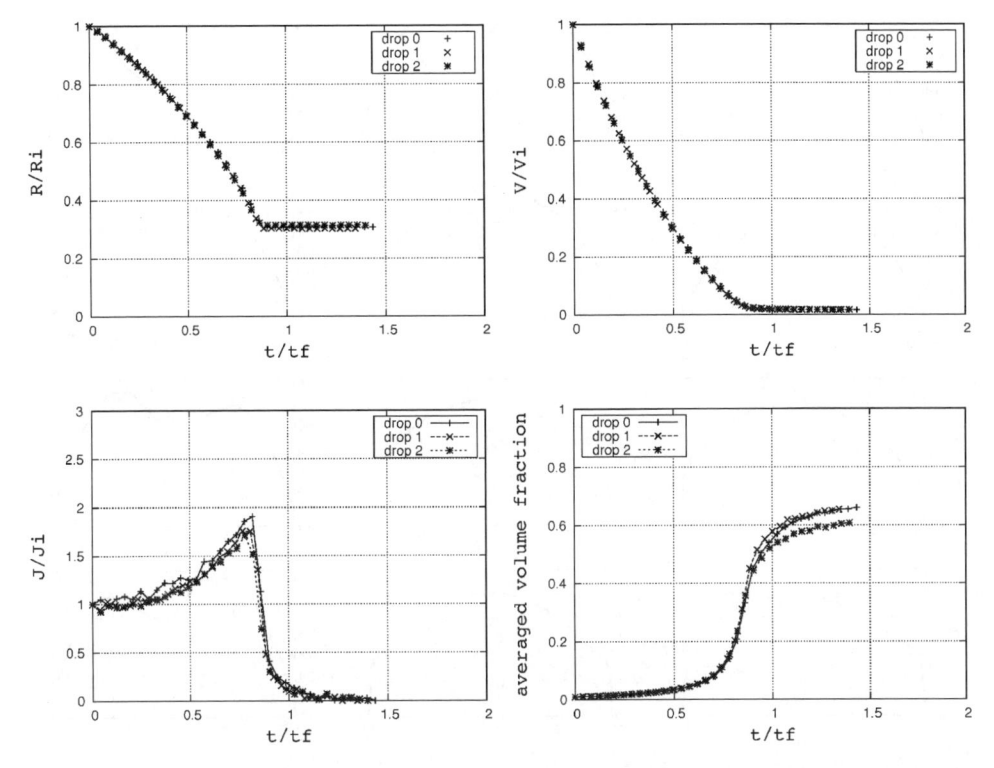

第5章 インクジェットインク乾燥の計測と解析

図3 高分子液滴（初期濃度1.0 [vol%]，初期体積50 [nl]）の液滴の乾燥過程
（R（左上），V（右上），J（左下），平均濃度（右下））

1.0%，初期体積50nlの液滴の乾燥過程における半径R，体積V，蒸発速度J，平均高分子濃度ϕの時間変化を示す。

5 液滴の乾燥後の形状の測定法と解析法

5.1 乾燥後のステイン形状の測定

乾燥後のステイン形状は共焦点顕微鏡で表面全体の形状を撮る，レーザー変位計を走査しある断面形状を取る，などが考えられる。共焦点顕微鏡とは，ピンホールやグレーティングによって同一焦点（共焦点）面からの光のみを記録し，画像解析により3次元像に再構築する顕微鏡のことである。一つの焦点面での画像は，対物レンズの開口数によって決まる厚さの光学切片像である。ピエゾ素子でz軸方向に焦点面を移動させながら，輝度が最大の点をそのピクセルでの高さとして記録する。したがって，高さ方向の分解能はピエゾ素子の分解能で決まり，光学顕微鏡よりもシャープな切片像が得られることが利点である。蛍光観察用のレーザー共焦点顕微鏡が一般

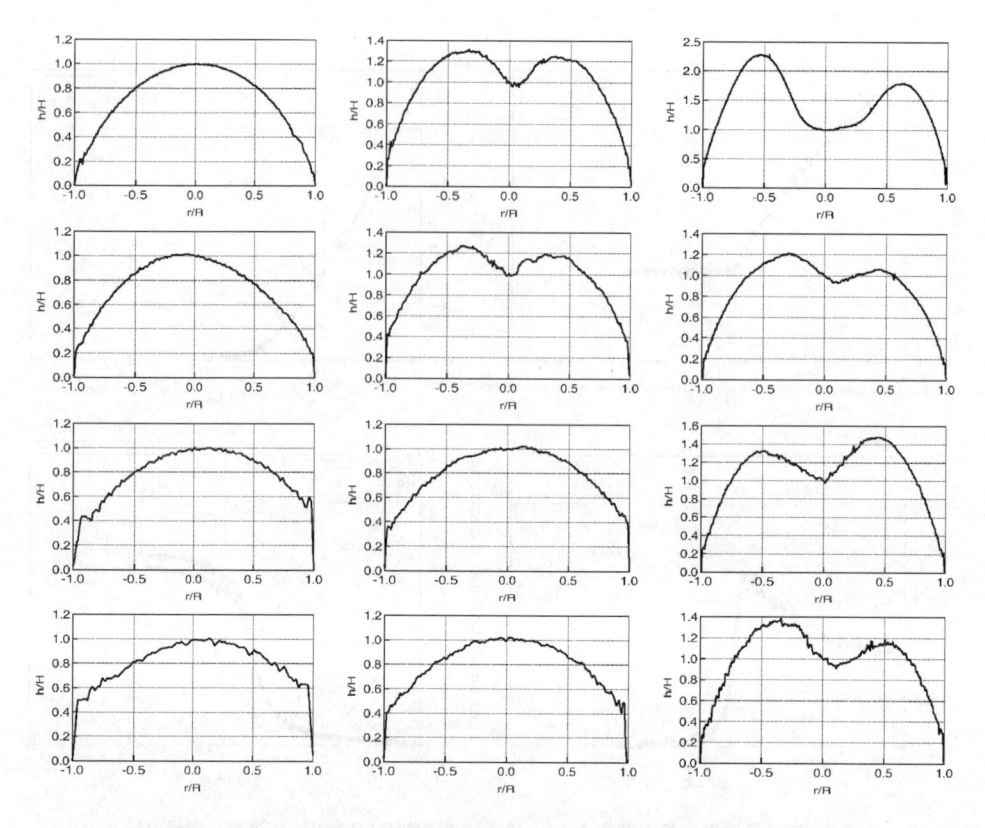

図4 乾燥後の半径 R と高さ H で規格化した樹脂形状のプロファイル
初期濃度 0.01 [vol%]（左列），0.1 [vol%]（中列），1.0 [vol%]（右列）につき，上から初期体積 500.0 [nl]，50.0 [nl]，5.0 [nl]，0.5 [nl] での結果．

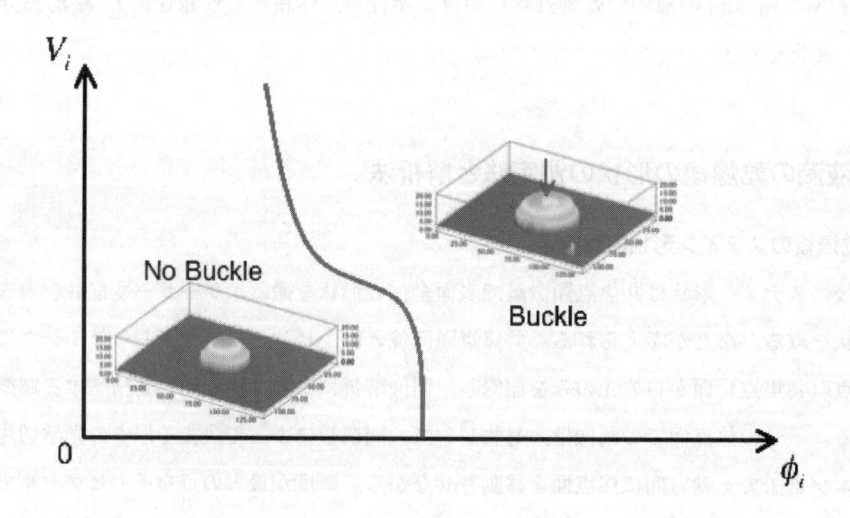

図5 ステイン形状測定の結果

第5章　インクジェットインク乾燥の計測と解析

的だが，透明な樹脂の表面形状を撮るには，レーザー光源よりも，様々な波長を含んだ白色光源を用いる方が好都合な場合がある。ここでは，透明なポリスチレン樹脂の表面形状を白色光を用いた共焦点顕微鏡で観察する。図4に，乾燥後の半径 R，高さ H で規格化した液滴形状のプロファイルを示す。初期濃度 0.01 [vol%]，0.1 [vol%]，1.0 [vol%] につき上から初期体積 500.0 [nl]，50.0 [nl]，5.0 [nl]，0.5 [nl] の結果を示している。0.01 [vol%] では初期体積を変えてもバックリングは見られず，すべてドット状であった。0.1 [vol%] では 50.0 [nl] と 5.0 [nl] の間にバックリングとドットの境界がある。それ以上の濃度の 1.0 [vol%] および図4に載せていないが 3.0 [vol%]，5.0 [vol%] では，どの初期体積でもバックリングした。これらの結果を定性的に分類したものが図5である。

5.2　乾燥後のステイン形状を決める因子の解析と考察
5.2.1　蒸発速度の液滴サイズ依存性

計測した初期蒸発速度 J_i を初期液滴半径 R_i に対してプロットすると図6のようになり，R_i が 10 [μm] 〜 100 [μm] では $J_i \sim 1/R_i$ の依存性が見られるが，100 [μm] 〜 1,000 [μm] ではほぼ一定である。この結果は，球状液滴の1次元モデルの蒸発速度 $J = D_{gas}(c_v - c_a)/R$ では説明出来ない（ここで，D_{gas} は気相の拡散係数，c_v は液滴表面の蒸気濃度，は無限遠方での雰囲気の蒸気濃度）。

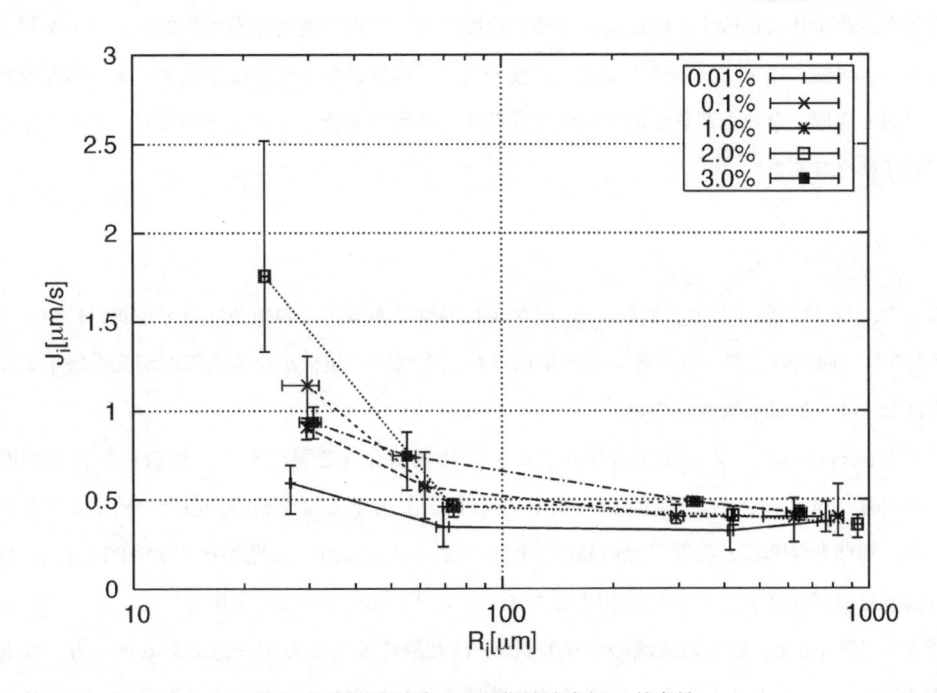

図6　初期蒸発速度 J_i の初期液滴半径 R_i 依存性

しかし，液滴表面に出来る溶媒蒸気の拡散層の厚さ l（蒸気圧や温度などの環境により定まる定数）を有限に取る事で説明できる。この場合，接触角度90度の球状液滴の中心から距離 r での蒸気濃度は，

$$c(r) = c_a + (c_v - c_a)\frac{R}{l}\left(\frac{R+l}{r} - 1\right) \tag{4}$$

よって，液滴表面での蒸発速度はFickの第1法則より，

$$J(R) = -D_{gas}\nabla c|_{r=R} = D_{gas}(c_v - c_a)\left(\frac{1}{R} + \frac{1}{l}\right) \tag{5}$$

となる。式(5)は，液滴が拡散層 l よりも大きく $R \gg l$ では蒸発速度 J は一定になり，液滴が拡散層 l よりも小さく $R \ll l$ では蒸発速度 J が半径 R に反比例する事を示し，図6を説明できる。モデル実験の系では，拡散層の厚さ l はおよそ100 [μm] であることが分かる。

5.2.2 スキン形成およびバックリング条件とペクレ数の関係

液滴表面へのゲル化したスキン層の形成は，バックリングにより樹脂の頂点が凹む事の必要条件である。ここでは，スキン層の形成条件の初期体積・初期濃度依存性からバックリング現象を解析する。スキン層形成を決める重要な無次元パラメータは蒸発速度と拡散速度との比を表すペクレ数 Pe である。Pe が大きいほど蒸発の効果が大きく表面に濃厚な溶質層が出来るが内部への溶質の拡散が遅い為にスキン層が形成されやすい。逆に，Pe が小さいと表面で濃厚になった溶質層が液膜全体に拡散するのが速いために液膜は均一に近い濃度分布で乾燥し，スキン層は出来にくい。奥園らは1次元モデルで溶液表面の高分子濃度がゲル化濃度に達するまでの乾燥時間と，表面で濃厚になった溶質が液膜全体に拡散する時間の競合より，以下の式で，スキン層形成の判断基準を与えた[4]。

$$Pe > \frac{\phi_g - \phi_i}{(1-\phi_i)\phi_i} \tag{6}$$

ここで，ϕ_i は初期の高分子濃度，ϕ_g はゲル化濃度である。この条件はモデル試料について図7で表され，曲線の上側ではスキン層が形成され，下側では緩やかな濃度勾配が乾燥終了まで続き明確なスキン層は形成されない。

モデル試料のペクレ数の初期濃度および初期体積依存性を見積もる。拡散係数は初期濃度 0.001～5.0 [vol%] でほぼ一定の $D = 1.1e-7$ [cm^2/s] である事が動的光散乱の結果より分かっている。初期蒸発速度と初期半径の積は，図6および式(5)より，初期半径 R が100 [μm] 以下の液滴では蒸発速度 J が R に反比例するため，R と J の積の RJ は一定値となる。よって，初期半径 R が100 [μm] 以下の液滴のペクレ数 Pe は初期体積に寄らず一定である。一方，初期半径 R が100 [μm] よりも大きい液滴では蒸発速度 J が一定のため，R と J の積の RJ は R に比

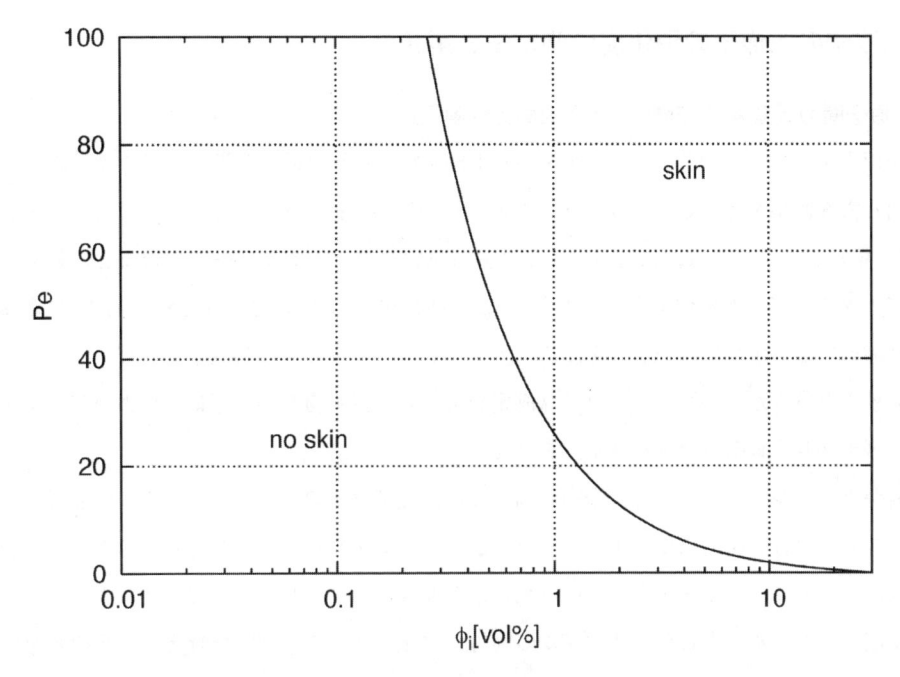

第5章 インクジェットインク乾燥の計測と解析

図7 スキン層形成条件
(ゲル化濃度 $\phi_g = 30\,[\text{vol}\%]$ とした曲線)

例し増加する。よって，初期半径 R が $100\,[\mu\text{m}]$ より大きい液滴のペクレ数 Pe は液滴の体積と共に増加する。これらの実験結果と，図7の理論曲線より，初期半径 R が $100\,[\mu\text{m}]$ 以下の液滴ではスキン層を形成する初期濃度の条件は初期体積に寄らず一定であり，一方，初期半径 R が $100\,[\mu\text{m}]$ よりも大きい液滴ではスキン層を形成する初期濃度の条件は液滴の初期体積の増加と共に図7の曲線に沿って減少する事が分かる。この結果は，図5に示したバックリングの生成条件の実験結果と定性的に一致する。このように，乾燥後の樹脂形状が無次元量の Pe で見積もれることが分かった[7]。

スキン層形成の見積もりとバックリングの分布の傾向が一致するということは，バックリングがスキン層の形成によるものであること，スキン層の形成が無次元量の Pe で見積もれることを表している。これは，接触角度が90度に非常に近い液滴で有効な結果である。接触角度が小さい液滴では外向流による接触線への溶質堆積が重要となってくる。また，バックリングがスキン層によることは確かだが，スキン層が形成されたからといって必ずバックリングが起こるわけではない。スキン層の厚さとバックリング様式の関係ついては，次節で述べる。

6 液滴の乾燥後の硬化度の測定法と解析法

6.1 原子間力顕微鏡（AFM）による表面弾性率測定

原子間力顕微鏡（AFM）とは，微小な探針と試料表面との様々な相互作用を探針の変位として検出し表面観察を行う走査プローブ顕微鏡（SPM）の一種である。探針をつけたカンチレバー（片持ち梁）をサンプル表面に近づけると，静電気力やファンデルワールス力などの相互作用によってカンチレバーが変位する。このように，表面を叩いて可視化するため，AFM は表面の固さや摩擦力を測る手段にもなる。中嶋らはカンチレバーの反りと試料直下でのピエゾ素子の移動距離の校正を行うためのフォースカーブ測定を応用し，試料自身の変形量像および弾性率像を得る手法（ナノレオロジーマッピング）を開発した[5]。

試料がカンチレバーに対して十分固い場合には，変形はそのままカンチレバーの変形となり，フォースカーブは直線的に変化する。一方，試料とカンチレバーが同じぐらいの固さの場合は，両方変形するので，フォースカーブはなだらかな曲線を示す。したがって，同じカンチレバーに対して固いサンプルと柔らかいサンプルの両方でフォースカーブ測定を行えば，その差を取ることにより表面近傍での変形と応力の関係が得られる。

移動量を $z-z_0$，カンチレバーの反りを Δ，試料の変形量を δ とすると，$\delta = (z-z_0) - \Delta$ と表せる。このときカンチレバーに働く力は，$F = kc\,\Delta$（ここで，kc はカンチレバーのバネ定数）なので，試料の変形量とそのときの試料が感じる力の関係が分かる。さらに弾性率を求めるには適当な力学モデルを立てて解析する。最も単純なモデルとしてヘルツ接触を考える。簡単のため探針先端形状を円錐と仮定し，その半頂角を α，試料のヤング率とポアソン比をそれぞれ E，ν とすると，

$$F = \frac{2E\tan\alpha}{\pi(1-\nu^2)}\delta^2 \tag{7}$$

が導かれる。したがって，実験で得られた $F-\delta$ のデータを式(7)でフィッティングすることにより E が得られる。

6.2 高分子液滴の表面弾性率の分子量 Mw 依存性の測定

分子量をパラメータとして，バックリングを起こした液滴についてフォースカーブ測定を行う。モデル試料では分子量は $Mw = 9,000$，$100,000$，$1,000,000$ の3種類を用いた。いずれも単分散の試料で $Mn/Mw \sim 1.02$ である。初期濃度 0.5 [vol%]，初期体積 $V_i = 0.5$ [nl] の試料で測定した。図8にバックリングを起こした液滴の白色共焦点顕微鏡での全焦点画像を示す。

$Mw = 9,000$ のものは至る所で内側に凹んでおり，$Mw = 100,000$ では中心に大きな凹みがあ

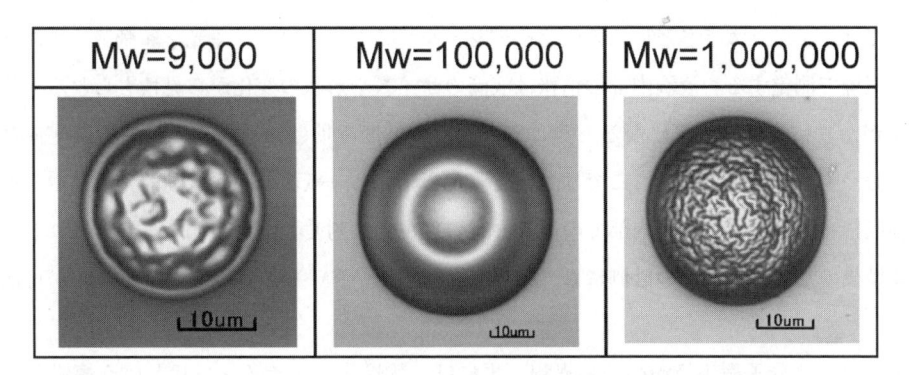

第5章　インクジェットインク乾燥の計測と解析

図8　バックリングの分子量依存性
（初期体積 $V_i \sim 0.5$ [nl]）

表3　液表面の弾性率の分子量依存性の解析結果

分子量 Mw	弾性率 E [MPa]
9,000	1.7e2
100,000	1.8e2
1,000,000	2.3e2

る。$Mw = 1,000,000$ のものは凹みというよりもひび割れしたようにクラックが走っている。

　半球殻構造をした弾性膜のバックリングのシミュレーションにより，接触角やスキン層の厚さによってバックリングのモード（凹みの数）が系統的に変化し，スキン層の厚み h と曲率半径 ρ の比 h/ρ が小さいほどバックリングのモードが大きい（凹みが多い）ことが分かっている[6]。この結果によると，バックリングモードの大きい $Mw = 9,000$ の方が $Mw = 100,000$ のものよりスキン層の厚みが薄いことが推測される。このようにして得られた液滴の中心付近でフォースカーブ測定を行い液滴表面のヤング率 E を計測した。

　フォースカーブ測定の結果をフィッティングし，各試料の表面における弾性率は表3となった。フィッティングはどこを零点に取るかによって10％程度の誤差を生む。また，変形量が大きくなるとヘルツ接触の仮定が適用できなくなるので，フィッティング範囲も影響を与える。よって，この弾性率の値はおおよその目安として考えるのが良いと考えられる。

7　おわりに

　高分子微小液滴の乾燥過程の計測法を紹介した。高分子微小液滴の乾燥過程は，直接触れて粘度変化などを測定出来ないために，如何に工夫し可視化を進めて行くかが重要である。乾燥過程

の計測では，主に，大きさと形状の変化をデジタルマイクロスコープや光学顕微鏡，または，共焦点顕微鏡で測定する。液滴内部の情報は液滴のサイズや形状の変化から見積もられる平均濃度等を手がかりに推算する事になる。そこで，試料の粘度や拡散係数などの物性の濃度依存性を知っておく事は必須である。ここでは，粘度測定を紹介し，紙面の関係で動的光散乱や，蛍光試料の強度分布測定による液滴内部での溶質分布の可視化は割愛したが，そちらも学ばれたい。一方，乾燥後の形状や弾性率の計測には，共焦点顕微鏡や AFM など様々なアプローチが可能である。

本稿では，高分子微小液滴の乾燥過程，更には，乾燥後のステイン形状という複雑な現象であっても，それを決定する支配因子は幾つかの無次元量のスケーリングの関係に帰する事が出来ると考えている。ここでは，接触角度が 90 度に近い高分子液滴の乾燥後の形状やスキン層形成はペクレ数でスケーリング出来る事を示した。これは，高分子液滴の乾燥形状を決める支配因子解明に向けた第一歩に過ぎない。同様に，電子デバイス作成でよく用いられているバンク上での接触線を固定した液滴の乾燥後の形状はペクレ数とキャピラリ数で，また，接触線の運動とセルフピニングを含む，一般的な接触角度の液滴では，更に，接触角度と外向流に関する何らかの無次元量を合わせて現象の支配因子が記述されると考えており，今後の研究の更なる発展を期待する。

文　　献

1) R. D. Deegan, O. Bakajin, T. F. Dupont, G. Huber, S. R. Nagel and T. A. Witten, "Capillary flow as the cause of ring stains from dried Liquid drops", *Nature*, **389**, 827-829 (1997)
2) L. Pauchard and C. Allain, "Buckling Instability Induced by Polymer Solution Drying", *Europhys. Lett.*, **62**, 897-903 (2003)
3) T. Kajiya, E. Nishitani, T. Yamaue and M. Doi, "Piling-to-Buckling Transition in the Drying Process of Polymer Solution Drop on Substrate Having a Large Contact Angle", *Phys. Rev.*, **E73**, 11601 (2006)
4) T. Okuzono, K. Ozawa and M. Doi, "Simple Model of Skin Formation Caused by Solvent Evaporation in Polymer Solutions", *Phys. Rev. Lett.*, **97**, 136103 (2006)
5) H. Nukaga, S. Fujinami, H. Watabe, K. Nakajima and T. Nishi, "Nanorheological Analysis of Polymer Surfaces by Atomic Force Microscopy", *J. J. Appl. Phys.*, **44**, 5425-5429 (2005)
6) D. A. Head, "Modeling the Elastic Deformation of Polymer Crusts Formed by Sessile Droplet Evaporation", *Phys. Rev.*, **E74**, 21601 (2006)

第 5 章　インクジェットインク乾燥の計測と解析

7)　山本昌，"高分子液滴乾燥過程のレオロジー"，東京大学大学院 工学系研究科 物理工学専攻 修士論文，2007 年 2 月

第6章 インクジェットの流動解析

日出勝利*

1 はじめに

　時代はペーパーレス社会に向かって進んでいるはずであるが，パーソナルコンピュータやデジタルカメラの普及に歩調を合わせるかのように，市場ではインクジェットプリンタのニーズは増加を続けている。さらに，インクジェット技術は電子デバイスの製造プロセスなど，微小領域下における高精度な液体のパターニング技術としても注目されており，現在でも精力的な研究・開発が行われている。インクジェット装置（プリンタ）の設計において，液滴の吐出速さ，吐出方向，吐出量，吐出のタイミングあるいは着弾状況（位置，挙動など）は重要な要素である。これらに関する情報を得るために多くの実験が行われているが，近年の目覚しいコンピュータ技術の発達に伴いCAE（Computer Aided Engineering：コンピュータ支援エンジニアリング）も広く活用されている。流動解析はCAEの中の一分野でCFD（Computational Fluid Dynamics：数値流体力学）と呼ばれているが，今日では広く工業分野で活用されている。

　本稿では，流動解析を実施する必要のあるインクジェット関連の技術に携わる読者に対して限られたページ数で有益な情報提供をする，ということを念頭に置いた。これからインクジェット関連の流動解析を実施する技術者にとって，最短時間・最小コストでこれを実施するためには，現在インクジェット分野で最も使用されている実績のある市販CFDコードを使用することが最善であると考えている。従って，ハウスコードの開発などに携わる読者は対象外と考えている。インクジェットのような微小液滴は，気体と液体が混在する気液混相流問題（自由表面問題）となるが，この分野で最も定評のある市販CFDコードはFLOW-3D（商標登録）[1,2]である。よって，本稿ではFLOW-3Dの紹介とインクジェット問題に対する適用例を中心にインクジェット流動解析への取り組みを述べることにしたい。

2 要求されるCFD機能の要点

　インクジェット関連の問題に対する流動解析を実施する場合に必要と思われる主なCFD機能

＊ Katsutoshi Hinode　㈱テラバイト　第二技術部　グループリーダー

第6章 インクジェットの流動解析

を下記に列挙する。ここで挙げた項目の大部分の問題に FLOW-3D は適用可能である。

＜流動モード＞
- 自由表面（気―液界面）を有する混相流を高速・高精度に解く。
- 気泡のトラップや生成・消滅（気泡を含めた挙動変化）。

＜多様な液物性・状態を精度良く取り扱う＞
- 温度依存を含む表面張力，及び壁付着（動的な接触線・接触角）。
- ニュートン流体および非ニュートン流体。
- せん断速度依存，温度依存および時間依存の粘性，粘弾塑性。
- 気―液―固の相変化。
- 乾燥と物性値変化（コーヒーステイン問題）。
- 液体の圧縮性―音響波（圧力波）の伝播。

＜各種連成計算＞
- 熱との連成解析（熱伝達・熱伝導）。
- 構造との連成解析（構造物の移動，変形）。
- 電磁場との連成解析（電場による制御など）。
- 粒子との連成解析（質量・荷電）。

＜その他＞
- 拡張性（新機能開発，必要な場合のカスタマイズなど）に優れている。

3 FLOW-3D について

3.1 歴史

　FLOW-3D は，米国 Flow Science 社で開発されている汎用 3 次元 CFD ソフトウェアである。特筆すべきは，大多数の市販 CFD コードが自由表面流れを取り扱えるようになってきたのが 1990 年代後半からであるのに対して，FLOW-3D は 1985 年の初期リリース版の時点で既に自由表面を精度良く取り扱える CFD コードとして世に出たことであろう。よって，自由表面分野においては，他の市販 CFD コードと比較して実績面においても十年以上の開きがあるために，インクジェット[3,4]やコーティング[5,6]，MEMS[7]，撹拌[8]，半田実装，タンクスロッシング，環境水理，あるいは鋳造湯流れといった自由表面を取り扱う問題に対してはデファクトスタンダードな CFD コードとなっている。

　FLOW-3D は，ALE[9]法や VOF法[10]あるいは SOLA法[11]などの開発者である C.W. Hirt らが中心になって開発した CFD コードである。Hirt は，米国 Los Alamos 国立研究所の理論研究部

T-3研究室（理論流体力学研究室）の室長を務めた科学者である。特に1950年代後半〜80年代前半にかけて，この研究室はMAC法[12]やVOF法等をはじめとする革新的な数々の技術を開発し，今日使用されているCFDに関する多くの基礎・基盤技術を世に送り出している。それらの代表的なものを下記に列挙する。

- 自由表面を表現するための技術：MAC法，SMAC法，SOLA法，VOF法，etc
- 圧縮性―非圧縮性流動問題の両方を解く技術：ICE法
- 格子と幾何形状の新手法：PIC法，FLIC法，スタガード格子，ALE法，etc
- その他：k-εモデル（乱流モデル），渦度―流れ関数法，PAF法，etc
- 派生コード：SOLAシリーズ，SALE, RICE, K-FIX, KIVAシリーズ，etc

FLOW-3Dは，このT-3研究室における数々の研究成果が盛込まれている市販の汎用CFDソフトウェアである。

3.2 概要

FLOW-3Dは，コントロールボリュームによるFDM（Finite Difference Method：有限差分法）に基づいて流動方程式を過渡的に解くことが可能な汎用3次元CFDソフトウェアである。非圧縮性，擬似圧縮性，および圧縮性を考慮した1次元/2次元/3次元の熱流動問題を取り扱い可能であり，自由表面および二流体界面を精度良く解くことができる。プログラムの拡張性に優れているために比較的容易にカスタマイズが可能であり，また様々な物理モデルの開発や改良・拡張が今日においてもなお精力的に継続して行われているので広範な流動現象，最先端の問題に対して適用可能である。

SOLAシリーズとして知られているベースコードの開発から今日に至るまで四半世紀以上の歴史があり，様々な問題に対する実験（実測）データとの比較検証に耐え得る実績を持ち，信頼性の高いコードとなっている。特に，自由表面問題においては世界最高水準のCFDコードとして今日に至っている。

3.3 機能特徴
3.3.1 基礎式

使用している基礎式として，質量保存式，運動量保存式およびVOF移流式をそれぞれ(1)〜(3)式として順次示す。非圧縮性，擬似圧縮性，圧縮性，ニュートンおよび非ニュートン流体に適用可能とするため，これらの式をSOLA法およびICE法に立脚して発展させた解法を用いて解いている。下記の方程式以外に，例えば圧縮性流体にはエネルギ方程式や状態方程式を追加するなど必要に応じて基礎方程式群が追加されている。

第6章　インクジェットの流動解析

$$\partial \rho / \partial t + \nabla \cdot \rho U = 0 \tag{1}$$

$$\partial U / \partial t + (U \cdot \nabla) U = -1/\rho \nabla P + G + S \tag{2}$$

$$\partial F / \partial t + \nabla \cdot FU = 0 \tag{3}$$

ここで，

ρ：流体密度，t：時間，U：流速ベクトル，P：圧力，
G：体積力の加速度，S：粘性力の加速度，F：VOF 関数

3.3.2 FAVOR 法

FLOW-3D はコントロールボリューム法に基づいたスタガード格子を用いているが，体積率手法の一種である FAVOR 法（Fractional Area/Volume Obstacle Representation method）を用いることにより物体形状に対して高精度な表現を実現している。このため，複雑な物体形状を有する流れ場においても精度の良い流動解析が可能である。Hirt らによって開発された FAVOR 法は，その名前が示す通りに直交メッシュ内に FAVOR 関数と呼ばれる開口面積率／体積率を使用して物体を表現する手法である。この手法では，物体は直交格子内に埋め込まれ，部分的に切断された多面体格子を生成する。

FAVOR 法を使用する主な利点を①〜⑤に示す。

① 物体の幾何形状表現精度が高いので流動および熱伝達の計算が正確である
② メッシュ作成が容易である
③ メッシュと物体の生成を独立に設定可能である
④ 移動物体の取り扱いに有利（再メッシュ不要，簡単設定，高速・高精度の計算）
⑤ 多孔質体のモデル化に優れている，など。

FAVOR 法の特徴を概念的に言い表すならば「直交格子の持つ単純性に有限要素格子の持つ柔軟な特性を適合させた手法である」と言えるであろう。

3.3.3 VOF 法および TruVOF 法

FLOW-3D は，自由表面のモデル化に VOF 法（Volume-of-Fluid method）をさらに高精度化した TruVOF 法（True Volume-of-Fluid method）を用いている。VOF 法は，自由表面の大変形を伴う流動問題，さらには任意の場所において液体が任意の数に分裂あるいは合体をする場合も含めた非常に複雑な自由表面の非線形現象を高速・高精度に解くことに優れており，今日においてもなお多くの改良手法が研究されている。

VOF 法は開発者の指摘によると大きく分けて次の 3 項目を満たしていることが重要である。

① VOF 関数（または F 関数）と呼ばれる流体率 F を関数として定義し，自由表面の形状および位置を決定する。

② 質量保存を厳密に満たす手法で VOF 移流式(3)を解く。このとき明確な界面を保存するための特別な移流アルゴリズムを適用することが肝要である。

③ 自由表面における境界条件を適用して計算する。

これら基本的な3項目を満たしていない改良手法は単に擬似的な VOF 法に過ぎず，この手法が本来持っている計算精度や計算速度を期待することは困難となろう。特に，FLOW-3D における②および③の具体的な取り扱いは非公開技術となっており，FLOW-3D 以外の市販 CFD コードにおける VOF 法の計算精度および計算速度が向上しない原因は，この部分の技術的欠如によると思われる。

VOF 法は論文公開後も開発者である Hirt の指導のもとに改良が進められており，今日では Split Lagrangian 手法を加味して改良した VOF 法が最新となっている。これが TruVOF 法である。FLOW-3D は TruVOF 法を有する唯一の CFD コードである。

3.3.4 人工知能的エキスパートシステム

実際に CFD コードを用いて流動計算をする際には，一般に積分時間の大きさや収束パラメータについて検討する必要がある。FLOW-3D においては，解法の安定性理論を基盤にした精度と収束に対する自動制御機能をプログラミング化して装備しているので，ユーザが積分時間や収束パラメータの設定について悩まずに，計算精度を保ちながら効率の良い計算を自動実行することが可能である。

さらに，従来は初級的な CFD ユーザでは困惑することも多かった数値解法オプションの選択などについて，熟練した CFD 技術者が持つノウハウ（ソルバの実行状態を把握して適切な数値解法オプションを選択する等）をプログラミング化してソフトウェアのシステム内に組み込んでいる。

このような人工知能的エキスパートシステムが組み込まれているので，CFD の専門技術者でなくとも容易に高度な流動解析を実施することが可能となってきている。

4 インクジェットの適用例

4.1 連続方式によるインクジェット滴の吐出

インクジェットの工業利用目的では連続方式が多く用いられている。この技術の基礎研究は，既に19世紀後半における Rayleigh の液柱破断理論[13]に見出すことができる。Rayleigh の研究では軸対称の非粘性流れという制限下ではあるが，液柱を破断させて液滴を生成するために加える擾乱の波長に対する指標を与えてくれる。この液柱破断の原理に基づいて工業利用に応用した技術が連続方式のインクジェットである。

第6章　インクジェットの流動解析

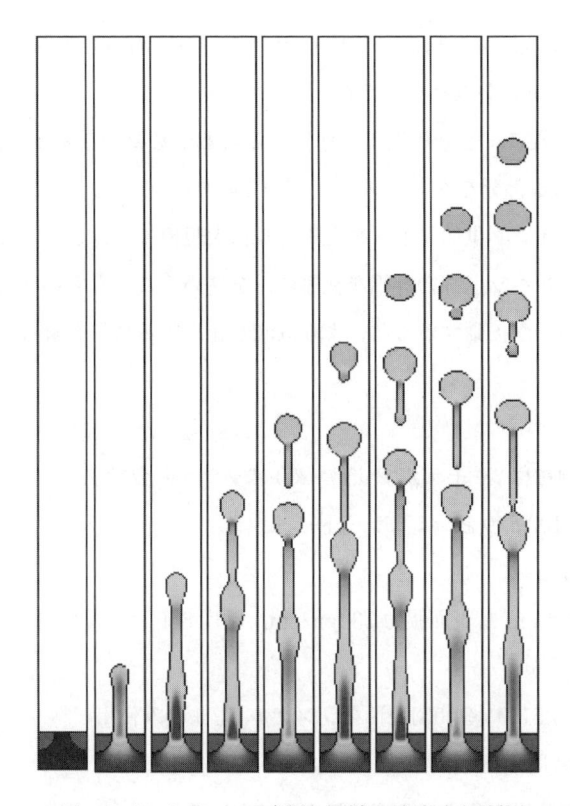

図1　インクジェット（連続方式）の液滴吐出計算

　この方式では連続的な加圧振動を与えることで連続的にインクジェット滴を吐出する（計算例を図1に示す）。この例では，最初に吐出される一つ目のインクジェット滴のタイミング，吐出量や吐出速さなどがその後に吐出されるインクジェット滴とは異なっているが，二つ目以降に吐出されているインクジェット滴は，吐出量，速度あるいはタイミングなどはほぼ一定となっている。

4.2　オンデマンド方式によるインクジェット滴の吐出（ピエゾ方式）

　連続方式では常時連続的に液滴を生成しているが，オンデマンド方式では基本的に一つの液滴を生成するために，与える擾乱はパルス波形となる。

　ピエゾ方式では，圧電素子に印加する電圧波形として正・負のパルスを組み合わせた Push/Pull 駆動により，ノズル先端部のメニスカスを制御してオンデマンドに液滴を生成する。この問題を流動解析するときは，一般にインク供給系を含めてノズルヘッド部の詳細解析をする。このとき，圧電素子の振動により音響波（圧力波）が発生するが，この音響波の伝播特性は重要な働きをする。通常 CFD 解析において液体は非圧縮性流体として取り扱われるが，音響波は液体の圧縮性による現象であるので，この場合の計算では圧縮性を考慮した流体として計算する必要が

ある。つまり，音響波の伝播を精度良く取り扱うことが液滴の吐出量や吐出のタイミングをCFD解析する場合にも重要な点となってくる。

　実験をする場合は一般に一通りの環境を準備することが必要となるが，CFD解析のメリットの一つとして興味のある部分をクローズアップして取り扱えるということも挙げられる。CFD解析を実施する場合，インク供給系も含めたモデルは大規模モデルとなることが多いために，影響の度合いが高いノズルヘッド部の詳細な検討のみを進めることも多い。ここでは，ノズルヘッドの直下にある圧電素子が振動することにより液滴が吐出する様子を解析した例を図1に，条件などを下記に示す。

　計算条件：

　　メッシュ分割：軸対称2Dモデルで45×230メッシュの合計10,350メッシュ

　　現象時間：0秒～100μ秒をシミュレート

　　ノズル直径：60μm

　　液物性：密度1.0 g/cm^3，表面張力73dyn/cm，粘度8cP，ノズル内壁との静的接触角15°

　計算仕様：

　　CPU：Intel® Xeon 5160［3.00GHz］をシングルCPUのみ使用

　　計算時間（CPU時間）：58秒

　インクジェット滴が吐出するまでの液柱形成時において，ノズル内壁と液体との接触線および接触角は動的な変動をする。つまり，表面張力，重力，ガス圧，液体圧，慣性力，粘性力の局所バランスによって動的に接触線・接触角は決定される。表面張力によりもたらされる固―液間の付着性は分子レベルのプロセスによるものであり，時間的にも空間的にも流動プロセスよりもはるかに高速かつ微小スケールの現象であるので壁付着の相関力は基本的には静的な状態で特性付

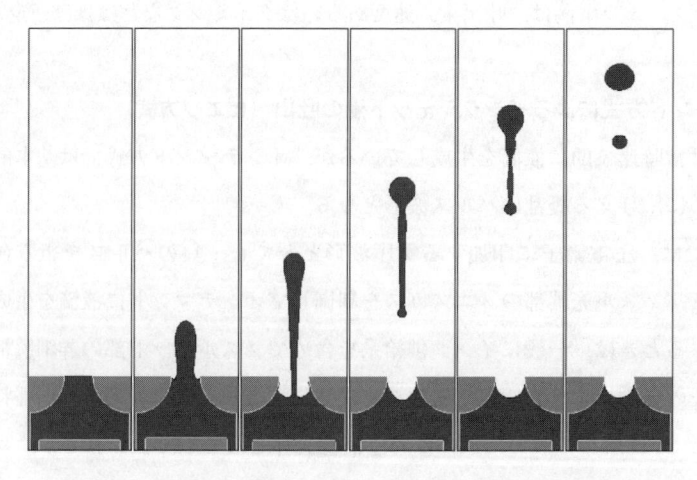

図2　インクジェット（オンデマンド方式）の液滴吐出計算

第6章 インクジェットの流動解析

けられると考えることができる。従って、静的接触角に基づいて動的接触角を考慮する計算アルゴリズムが研究開発されてFLOW-3Dのプログラム内に組み込まれている。この機能により液滴の吐出やコーティング問題の過渡現象を精度よく計算することができる。

図2中に示されているように、この計算例ではノズル先端部においてインクジェット滴吐出時に形成されるメニスカスが動的接触線・接触角に基づいて計算されている様子が見て取れる。液滴の挙動として、吐出時は長い尾を引いた液柱状態であるが、液柱破断後は表面張力による表面積最小化の作用により球形状を形成しようとして、主滴と一つのサテライトを生成している。

4.3 オンデマンド方式によるインクジェット滴の吐出（バブルジェット方式）

バブルジェット方式によるインクジェット滴の吐出に関してピエゾ方式と異なる点は、熱利用による気液の相変化を考慮することである。この方式では、通常ノズル先端部に近い場所にヒータを設置して安定した気泡である膜気泡を生成させる必要があるので、瞬時に膜沸騰に達するように急加熱する。生成された膜気泡は高い圧力を持つために急速に膨張してノズル先端部へインクを移動させて液柱を形成させていくが、その後に気泡内の圧力は急速に負圧となるために気泡は収縮に転じて液柱を破断させる作用として働く。破断後の液柱は慣性力によってインクジェット滴として吐出していく。このように膜気泡は発生してからすぐに収縮して消滅するというパルス状の擾乱を起こすので、膜気泡の適切な制御をすることでオンデマンドなインクジェット滴を実現する技術に応用されている。

ノズル先端部近傍で膜気泡を発生させるとインクジェット滴の吐出するタイミングは膜気泡の

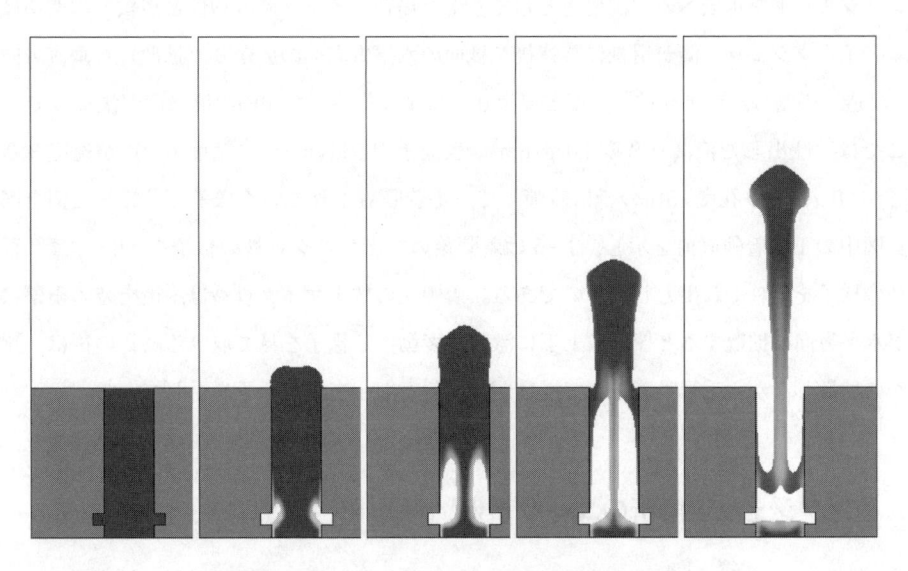

図3 バブルジェット方式による液滴の吐出計算

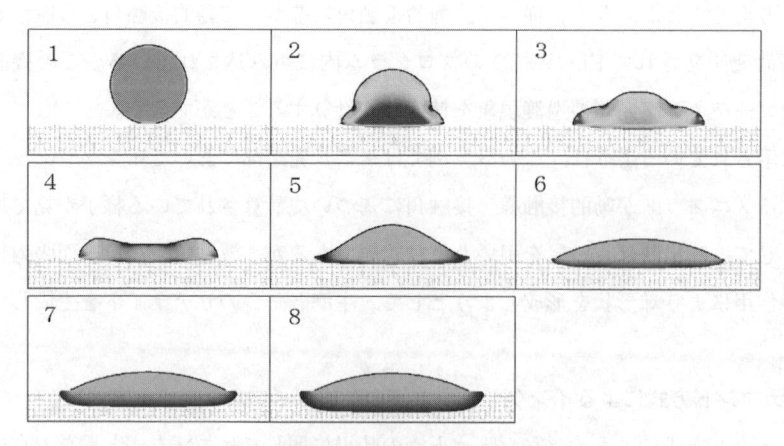

インクジェットプリンターの応用と材料Ⅱ

図4　液滴の紙面への衝突と毛管吸着の時系列図
（1～8の順番で時系列を表している）

生成・消滅とほぼ同時に起こることになるが，この様子をCFD解析するためには，熱伝達や熱伝導など熱との連成計算に加えて膜気泡の生成・消滅という気液間の相変化が計算可能でなければならない。

ここでは，バブルジェットによる液滴吐出時の膜気泡の生成・消滅を計算した様子を図3に例として示す。この例では，ヒータはノズル下部にある凹部に設置されている。

4.4　液滴の吸着

インクジェットを用紙への印刷用途として考えた場合，インクの液物性と用紙との関係は重要である。インクジェット滴が用紙に着弾後，紙面の水平方向への広がり（拡散）と垂直方向への吸着（浸透）の割合，つまり拡散速度と浸透速度により最終的な印刷の解像度が決まってくる。

ここでは，吐出した液滴（密度1.0 g/cm^3，表面張力65dyn/cm，粘度1cP）が速度300cm/sで厚さが20μm，多孔度15%の紙に着弾して，毛管吸着されていく様子を計算した例を図4に示す。図中の1は着弾直前を示し，2～5は着弾後の数十マイクロ秒の様子を，6～8は数百マイクロ秒の様子をそれぞれ出力したものである。着弾後の数十マイクロ秒は，衝突時の衝撃により液滴が水平方向に拡散すると伴に，上下に激しく変動する様子を見て取れる。その後は，比較的緩やかに拡散しながら毛管吸着されて浸透が支配的となっていく様子を示している。

5　インクジェット解析のユーザ事例

インクジェット分野は，企業中心に精力的な研究・開発が進められており多くの特許出願件数

第6章 インクジェットの流動解析

があるが,これに比較すると研究論文や技術公開の発表は非常に少ない。それ故,盛んにCFD解析が行われているにも関わらず,公開可能な適用事例は少ないのが現状である。ここでは,FLOW-3Dユーザの好意による公開可能な発表資料の内から2社の例を紹介する。

5.1 Océ Technologies 社の適用事例[1]

ここではOcé Technologies社（蘭国）から提供された解析例を紹介する。この会社は,研究開発をする上でFLOW-3DによるCFD解析を積極的に利用しており,非常に多くの適用実績を持っている。解析テーマとしては,①液滴の特性（速さ,方向,量,形状）,②生成するサテライト,③ノズル圧力,④音響波の伝播特性,⑤ピエゾと熱応力,⑥液滴の衝突,などに取り組んでいる。これら多くの解析実績の中から,ここではサテライトの形成と液柱テール部破断の解析例を示す。

図5に示されているのは,主滴とサテライトが形成される様子の実験結果と計算結果の比較を表わしている。吐出した液滴のヘッド部とテール部の長さや速度を研究するためにノズルの寸法

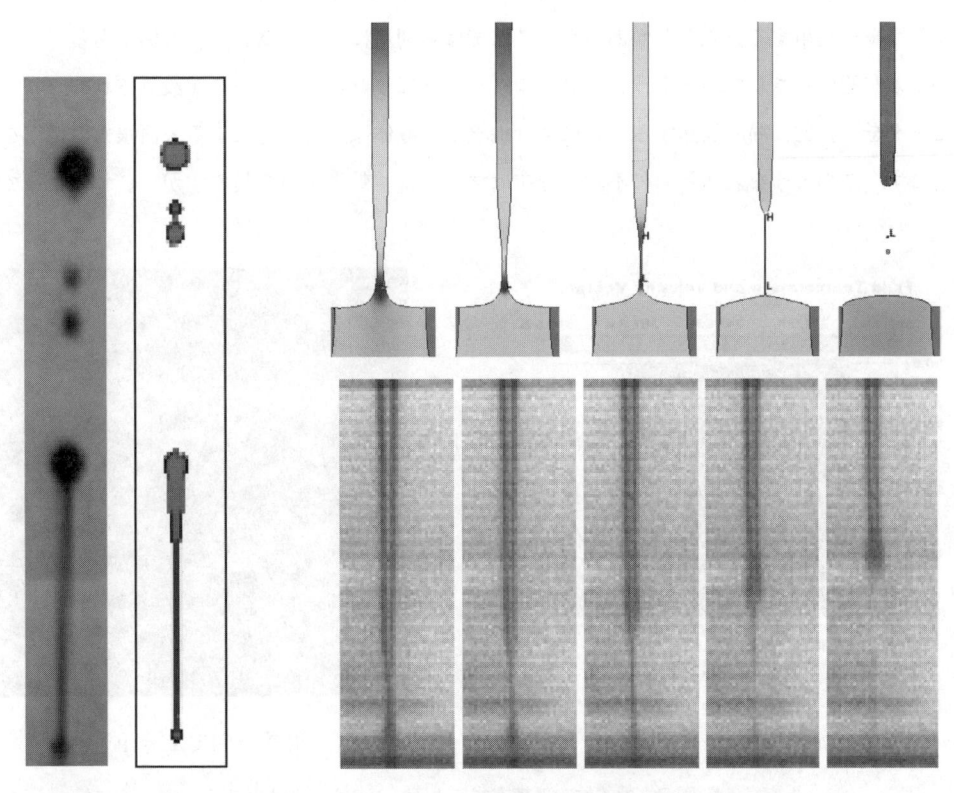

図5　主滴とサテライトの形成
（左:実験結果,右:計算結果）

図6　液滴吐出時のテール部の破断
（上:計算結果,下:実験結果）

や圧力に対して膨大なケースについてパラメトリックスタディを実施している。また，図6は液滴吐出時のテール部の破断に対する実験と計算結果の比較を表わしている。この問題に対しても多くのケースについてパラメトリックスタディを実施している。

上記の例で示されているように，いずれの問題に対しても FLOW-3D の計算結果は実験と良い一致を示しており，液滴挙動を解析的にとらえる上で解析結果から非常に多くの有益な情報が得られており，開発に役立てている。

5.2 Eastman Kodak 社の適用事例[1]

ここでは Eastman Kodak 社（米国）から提供された解析例を紹介する。この会社も長年にわたる FLOW-3D ユーザであり，液滴の形成，制御，衝突および吸着などの解析テーマに利用しているが，これらの中から2つの熱利用例を紹介する。

5.2.1 熱的偏向連続方式によるインクジェット

図7に示されているのは連続方式により液滴を吐出させるノズル先端部の計算結果と実際に飛翔している液滴の実験結果を表わしている。連続方式では，印字に用いられる液滴を制御するために静電場を利用する方式などがあるが，ここでは熱利用により制御している例である。

図7の左側に示されているように，ノズルヘッド部にリング状のヒータが設置されており，このヒータを選択的に局所加熱することにより加熱部の液体は温度上昇による表面張力の低下を引き起こす。このような表面張力の不均一分布はマランゴニ効果を引き起こすが，これによって液

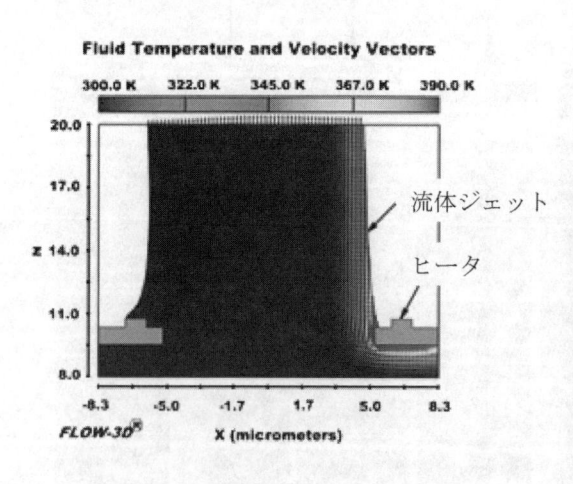

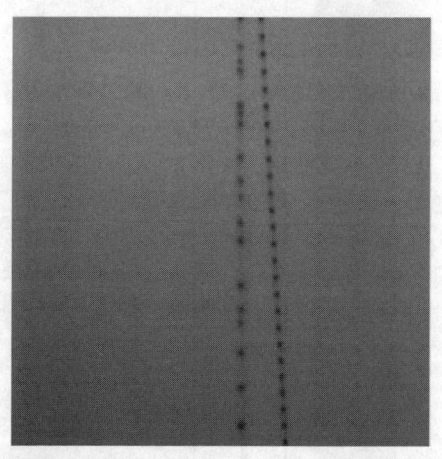

流れ方向：下→上　　　　　　　　　　　　飛翔方向：上→下

図7　熱的偏向連続方式によるインクジェット
（左:ノズル先端部計算結果，右:液滴の飛翔の実測結果）

第6章 インクジェットの流動解析

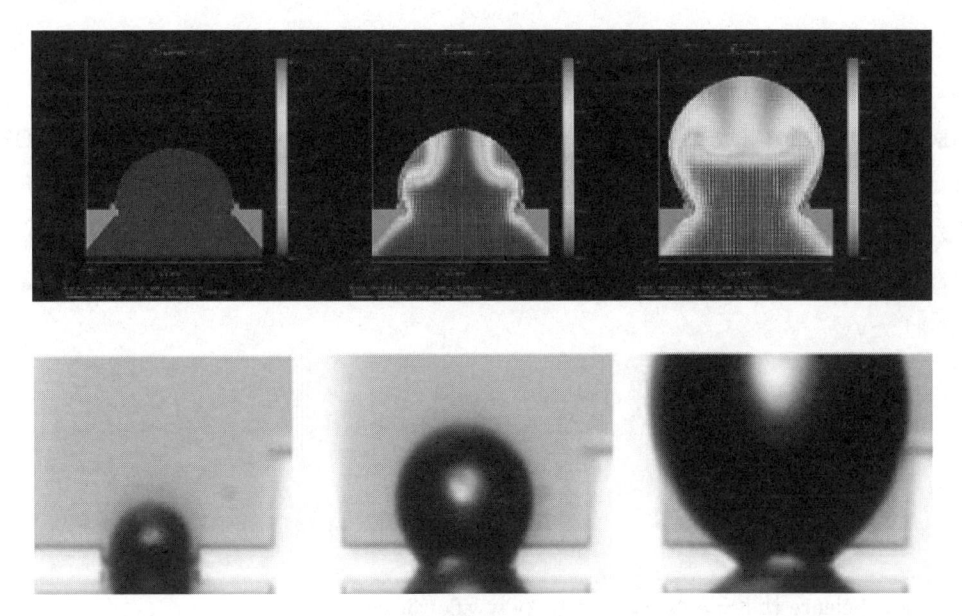

図8 熱毛管力駆動による液滴の形成
（上：計算結果，下：実験結果）

滴の吐出方向が偏向される．また，加熱制御としてヒータ全体をパルス状に加熱することにより引き起こされる表面張力の擾乱によってインクの液柱流れは破断して個々の液滴を形成する．

5.2.2 熱毛管力駆動による液滴の形成

印刷の高分解能化に対して，一般により小さな液滴の形成が要求されることになるが，小さなスケールになるほど表面張力や粘性力が卓越してくるために機械的な制御だけでは液滴の形成が困難となってくる．このため不均一加熱技術についての研究に取り組んでいる．ここでは，微小液滴に対して表面張力勾配をつくり熱毛管力が液滴の形成を引き起こす解析例を図8に示す．液滴形成時にインクが破断する機構がノズルから液滴を推進させる直線的な力を生み出している．

6 おわりに

近年，インクジェット技術は単純な印字用途に限らず写真に匹敵する高画質を実現するようになってきた．そして適用分野自体も広がりをみせており，例えば有機ELディスプレイの製造や極小サイズの回路基板プリントなどのように機能性液体を使用したパターニング技術としてインクジェット技術が応用されている．

このように技術応用の広がりを見せるインクジェット流動解析をする場合，複雑な物性値変化をより広範にモデル化する機能，あるいは装置自体の微小化に伴う構造強度の低下を考慮するた

めに構造物変形とインク流動を連成して解析する必要も出てきている。長年に渡り精力的な機能拡張が成されているFLOW-3Dではあるが，このような問題に対して実現象をより正確に，より速く解析するためにはまだ多くのプログラム開発課題も残っているのが現状である。FLOW-3Dはこれらの課題に向けてさらに機能強化をするためにプログラム開発を進めている。

最後に，本資料がインクジェット関連技術に携わる技術者にとって有益な情報となったのであれば幸いである。また，引用資料を提供いただいたFLOW-3DユーザならびにFlow Science社に感謝したい。

文　献

1) Flow Science社ホームページ：http://www.flow3d.com/
2) ㈱テラバイトホームページ：http://www.terrabyte.co.jp
3) 日出勝利，インクジェット技術とその応用徹底検証，Electronic Journal 144th Technical Symposium，電子ジャーナル，**12**, pp.197-227 (2006)
4) Flow Science/テラバイト：2007インクジェット技術大全，電子ジャーナル，6, pp.238-245 (2007)
5) 日出勝利，(超)精密塗布・塗工技術全集，技術情報協会，**1**, pp.57-70 (2006)
6) 日出勝利，コンバーティング・テクノロジー便覧，加工技術研究会，**12**, pp.438-446 (2006)
7) Flow Science/エス・イー・エィ：マイクロマシン/MEMS技術大全，電子ジャーナル，**2**, pp.217-221 (2006)
8) 日出勝利，菊池俊彦：コンバーテック，6月号，pp.90-96 (2007)
9) Hirt C. W., "An Arbitrary Lagrangian-Eulerian Computing Technique," in "Proc. Int. Conf. Numer. Methods Fluid Dyn. 2nd," Berkeley, California, September 15-19 (1970)
10) C. W. Hirt and B. D. Nichols, "Volume of Fluid (VOF) Method for the Dynamics of Free Boundaries", Journal of Computational Physics, **39**, pp.201 (1981)
11) Hirt C. W., Nichols B. D. and Romero N. C., "SOLA-A Numerical Solution Algorithm for Transient Fluid Flows," Los Alamos Scientific Laboratory report LA-5852 (April 1975)
12) Harlow F. H. and Welch J. E., "Numerical Calculation of Time-Dependent Viscous Incompressible Flow," Phys. Fluids, **8**, 2182 (1965)
13) Rayleigh L, Proc., of. London Math. Soc., **10**, 4 (1879)

第7章　インクジェットヘッドの技術動向
― ヘッドの種類及び応用用途別動向 ―

太田徳也*

1　はじめに

　2006年度のインクジェット市場は，オフィス・ホーム向けのデスクトッププリンターが270億ドル，ワイドフォーマットやパッケージ，テキスタイルなどの産業用プリンターが130億ドル，合計で400億ドルと見込まれている。

　この内，オフィス・ホーム向けのデスクトッププリンター市場は成熟期に入り，ほぼ90％のマーケットシェアーが大手4社（HP，エプソン，キヤノン，Lexmark）により寡占化されている。プリントヘッドはHP，キヤノン，Lexmarkのバブルジェット（サーマルインクジェット）とエプソンのピエゾジェットに二分される。いずれの方式のプリントヘッドも，デジタルカメラの出力プリンターとして，従来の銀塩写真に負けない高い解像度と階調性を実現し，技術的にはほぼ完成の域に到達している。

　これに対し，産業用インクジェット市場は2003年頃から急成長しており，応用分野も大判カラーグラフィックス，パッケージ印刷，テキスタイル印刷，コマーシャル印刷等の商業印刷分野に進出している。更に，ディスプレイ半導体，バイオチップなど，従来のフォトレジストの代替としてのプリンテッドエレクトロニクス分野への拡大が見込まれている。このような分野で使用されるインクは，オフィス・ホーム向けのデスクトッププリンターのような低粘度の水性インクと異なり，より粘度の高いUV硬化型インク，有機溶剤型インク，油性インクなどが使われる。従って，これらのインクを安定して吐出させるには，プリントヘッドに於いて，高粘度インクを吐出させるのに適した設計が必要となる。

　また，産業用はオフィス・ホーム用と違って24時間連続で操業することが多いので，プリントヘッドに対する耐久性，吐出安定性に於いて，より信頼性の高いものが要求される。このような観点から，各種プリントヘッドの吐出原理とその特徴を考察し，用途別に使用されているプリントヘッドの現状と技術動向について述べる。

---

　*　Tokuya Ohta　ザール・ピーエルシー　日本事務所　在日代表，日本事務所長

2 各種インクジェットヘッドの吐出原理と特徴

インクジェット記録方式は，プリントヘッドの構造や吐出原理の異なる各種の方式が提案されてきた。記録方式の分類を図1に示す。この中で現在主流になっている方式は，バブルジェット（サーマルインクジェット）方式と，電気機械変換式（一般的には圧電方式とかピエゾ方式とか云われる）である。

バブルジェット（サーマルインクジェット）方式は，1978年にキヤノンで発明され，その後Hewlett Packard社，Lexmark社，Xerox社，Eastman-Kodak社等にライセンス供与がなされ，オフィス・ホーム用のデスクトッププリンターのおよそ80％がこの方式のプリントヘッドを採用している。バブルジェット方式は，高密度化，小型化が容易でヘッドの製造コストが極めて安価であるという特長を持っている。従って，オフィス・ホーム用デスクトッププリンター用のプリントヘッドとしては最適な方式と云える。バブルジェット方式の吐出の仕組みを図2に示す。

泡でインクを吐出させるため，低粘度のインクしか吐出できない弱点がある。また，ピエゾ方式に較べて，ヘッドの寿命の点で劣るので，24時間連続吐出をするような産業用インクジェットには最適とは云えない。

これに対して，圧電方式（ピエゾ方式）は，ヘッドのコストはバブルジェットより高くなるが，寿命が永く，多様なインクを吐出可能である。従って，産業用途には適した方式である。

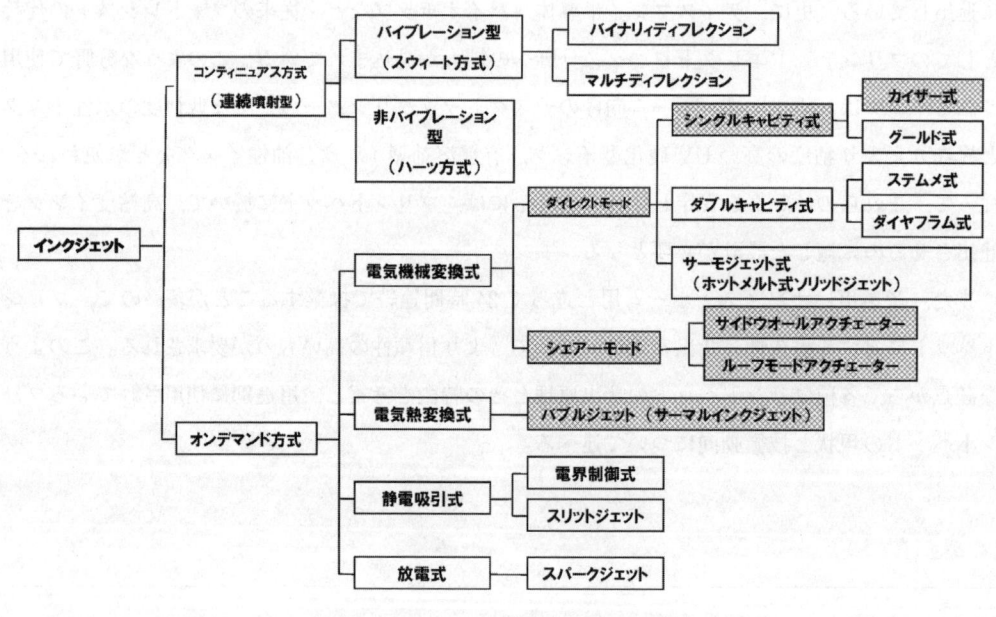

図1　インクジェット記録方式の分類

第7章　インクジェットヘッドの技術動向

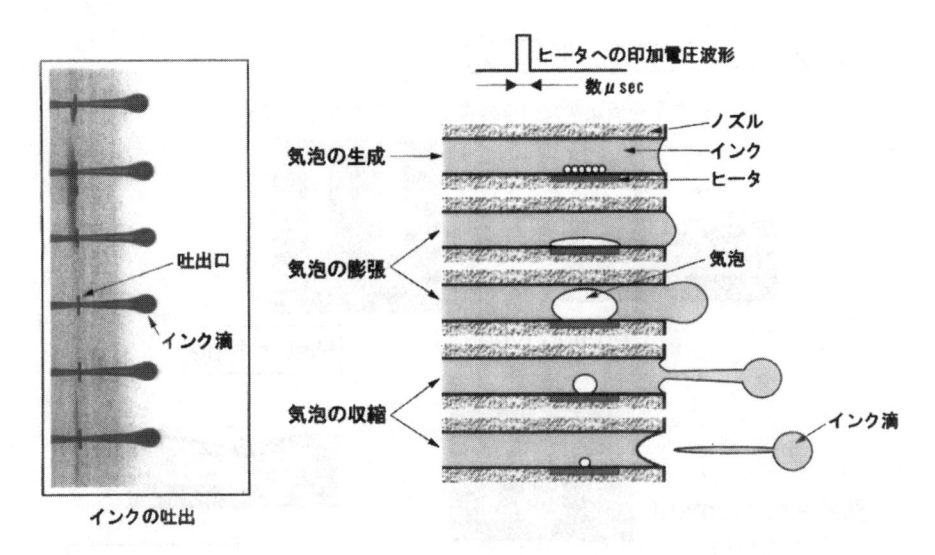

図2　バブルジェットのインク吐出の仕組

ピエゾ方式は，ピエゾ素子の変形の原理によっていくつかの方式に分類される。ピエゾ方式の分類とその変形の様子を，図3，図4に示す。

各方式にはそれぞれ一長一短がある。

- Bend Mode：解像度に限界（変位量はスパンの3乗に比例，圧電素子厚みの2乗に反比例—薄くするとコンプライアンス大で圧低下）
- Push Mode：変位量・電圧が大きい。静電容量が大きくなるため駆動効率が悪い。圧力室とアクチュエータの分離が可能

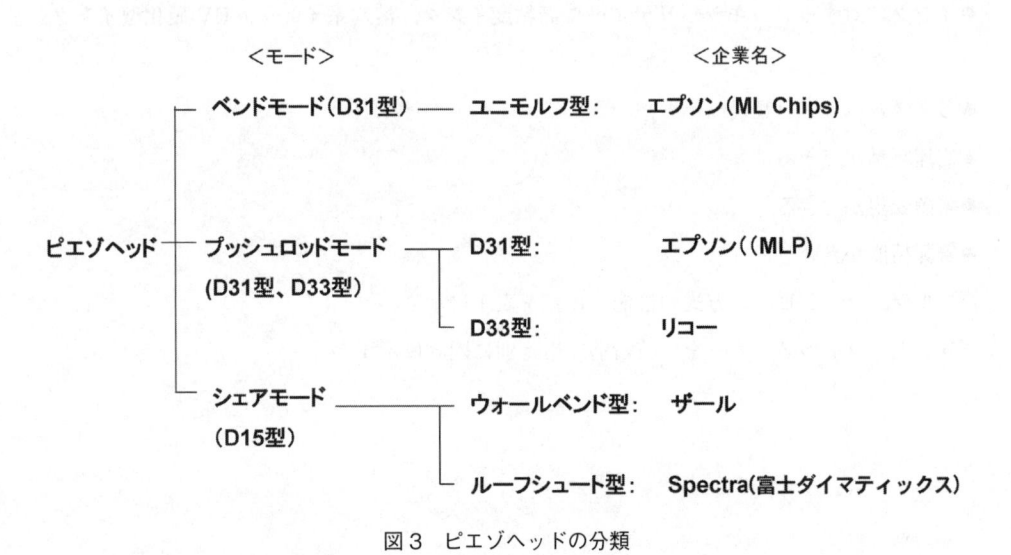

```
                  ＜モード＞                              ＜企業名＞

              ┌─ ベンドモード(D31型) ─── ユニモルフ型：   エプソン(ML Chips)
              │
              │
ピエゾヘッド ─┼─ プッシュロッドモード ┬─ D31型：       エプソン((MLP)
              │   (D31型、D33型)      │
              │                        └─ D33型：       リコー
              │
              └─ シェアモード ────────┬─ ウォールベンド型： ザール
                  (D15型)              │
                                        └─ ルーフシュート型： Spectra(富士ダイマティックス)
```

図3　ピエゾヘッドの分類

79

Piezo IJの主な加圧方式

わずかな変形量を活かすために様々な方式が開発されてきた

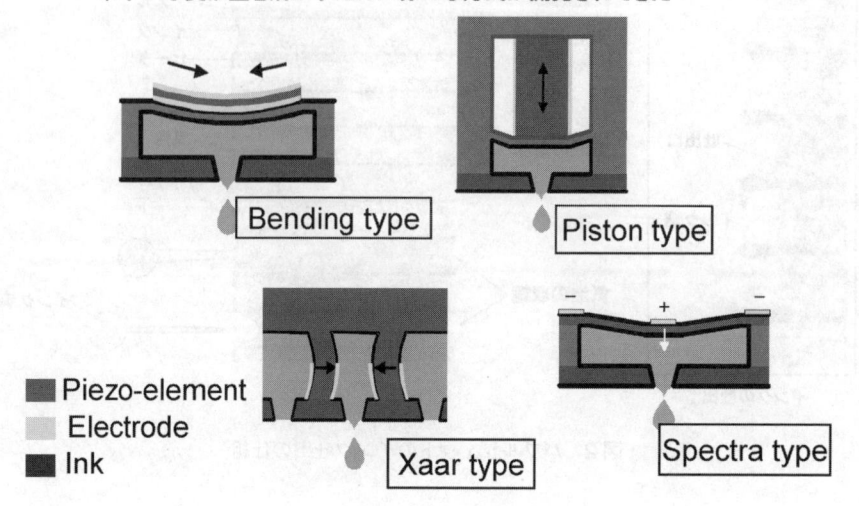

図4 ピエゾ方式の変形の様子

- Shear Mode：駆動効率がよく，多チャンネル化に有利。高解像度化には圧電材料の高電界性の向上が必要。

インクジェットヘッドに要求される性能は，
- 高解像度（小ドットが吐出できる）
- 高耐久性／信頼性：長寿命，タフネス
- インクに対するフレキシビリティー：高粘度インク，溶剤系インク，UV硬化型インク，油性インク
- 多ノズルヘッド（長尺ヘッド）
- 高速駆動ができる
- 階調表現ができる
- 着弾精度が良い

バブルジェットとピエゾ方式の性能の比較を表1に示す。

プリントヘッドのメーカーを，技術別，用途別に図5に示す。

第7章 インクジェットヘッドの技術動向

表1 各種ヘッドの性能比較

方式	ピエゾジェット								バブルジェット		
各社ヘッド	スペクトラ		Xaar Xaar ファミリー	エプソン		リコー (ジェルジェット)	パナソニック	ブラザー (最新ヘッド)	ソニー	キヤノン	HP
	薄膜 MEMS	従来品		マッハ	ML チップス						
高解像度 (少ドットpl)	△ 5pl	× 30pl	○ 3pl	◎ 1.5pl	○ 3pl	△〜○ 5pl	○ 3pl	○ (3pl)	○ (2.5pl)	◎ 1pl	△ 5pl
高密度化 (dpi)	× 180dpi	× 50dpi	○ 360dpi	× 180dpi	× 180dpi	△ 300・2列	△ 400・2列	○ 600・16列	○ 600dpi	◎ 1200dpi	◎ 300・6列
ヘッド小型化	×	×	○	×	×	△	△	○	○	◎	◎
グレースケール (ドット変調)	○	×	◎	◎	○	◎	×	◎	△ (面積階調)	×	×
駆動電圧 (消費エネルギー)	△〜○	×	○	○	○	○	○	○	○	○	○
ヘッド寿命 (パルス数)	○	○ $10^{10〜11}$	○ $10^{10〜11}$	○	○	○	○	○	× (〜10^8?)	△ $10^{8〜9}$	△ $10^{8〜9}$
広巾ヘッド	○	○	○	△	△	○	○	○	○	◎	◎
インク選択性	◎	◎	◎	◎	○	◎	○	○	×	×	×
製造コスト	○	○	○	○	○	○	△	○	△	◎	◎
度量レベル	×	○	○	○	◎	○	×	×	×	◎	◎

◎:Excellent ○:Very Good △:Good ×:Poor
＊ザールファミリー：東芝テック, コニカミノルタ, セイコープリンテック…

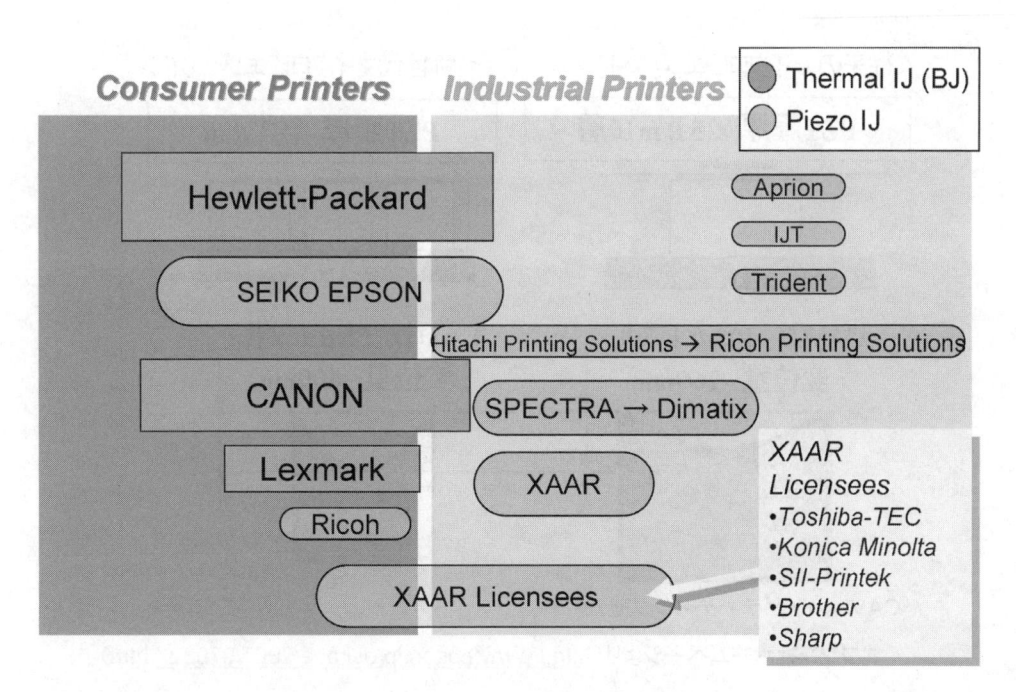

図5 インクジェットヘッドのメーカーマップ

3 用途別プリントヘッドの現状と技術動向

3.1 オフィス・ホーム用デスクトッププリンター用プリントヘッド

(1) エプソン

　エプソンには，ベンドモードの ML-Chips とピストンモードの MLP ヘッドがあり，用途によって使い分けられている。

　最近，従来ヘッドに較べて駆動効率を著しく改善したマイクロピエゾヘッドは，PZT の厚みが薄くなり，変位量が大きくなった（図6）。

(2) キヤノン

　キヤノンのヘッドは，以前はプラスチックで成型したヘッド部品をエキシマレーザーで穴を開け，ノズルプレートとし，インクチャネル部をバネで圧接する方式であったが，現在は，フォトレジストを使った，精密なノズルの製法に変わっている。

(3) HP

　従来のヘッドは Ni ノズルプレートを使用していたが，最近のヘッドは，キヤノンと同様，エポキシ系のフォトレジスト剤を使い，ノズル数，解像度共に向上している。

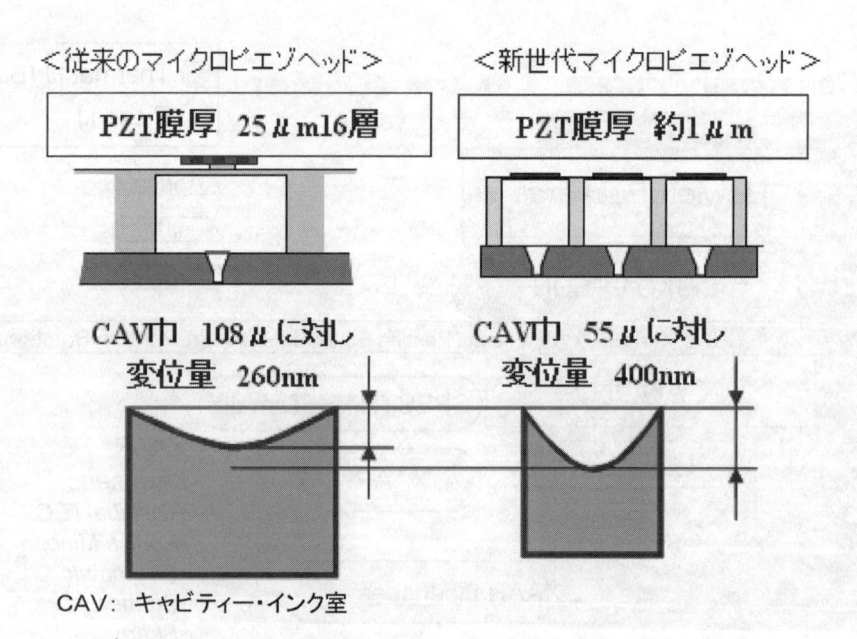

＜従来のマイクロピエゾヘッド＞　　　＜新世代マイクロピエゾヘッド＞

PZT膜厚　25μm16層　　　　　　　　PZT膜厚　約1μm

CAV巾 108μに対し　　　　　　　　CAV巾 55μに対し
変位量 260nm　　　　　　　　　　　変位量 400nm

CAV：キャビティー・インク室

エプソン社ホームページより（http://www.epson.jp/osirase/2007/070327.htm）

図6　薄膜ピエゾの歪み量

第7章　インクジェットヘッドの技術動向

3.2　産業用プリンター用プリントヘッド

　近年，インクジェット技術は，オフィスデスクトッププリンターのみならず，ワイドフォーマット印刷，パッケージ印刷，バリアブルデータ印刷，ラベル印刷，テキスタイル印刷などの商業印刷の分野に広く採用されている。更には，液晶やELなどのディスプレイ，有機TFT，RFID印刷，バイオチップ印刷などのエレクトロニクス或いは医療の分野への応用が盛んに行なわれている。これらの産業用途に於いては，プリントヘッドに対する要求性能がオフィス用途とは若干異なり，ヘッドの高耐久性／信頼性（超寿命，タフネス）及びインクに対するフレキシビリティーが最も重要となる。

　産業用として市販されているプリントヘッドの実例を表2に示す。

　ディスプレイや有機TFTなどのエレクトロニクス用途へは，一層細密な着弾精度が要求される。そのため，この用途には，ノズル毎に電圧を調整可能なヘッドが，Dimatix（Spectra）社とコニカミノルタ社から商品化されている。

　コニカミノルタ社の製品の仕様を図7に示す。

　XAAR社では，産業用途として，顧客の多様で高度な要求に答えるべく，新しいヘッド，XAAR 1001を2007年度から供給を開始した。その特徴と仕様は以下の通りである（図8）。

表2　産業用インクジェットプリントヘッドの実例

メーカー／ヘッド名／性能	Dimatix (Spectra)		(日立プリンティングソリューションズ社) リコー		XAAR(ザール)ファミリー						XAAR社	
					SIIプリンテック社		コニカミノルタ社		東芝テック社			
	SE-128	SX-128	GEN3S	GEN3E1	IRH1513	IRH1514	318	203WT	CB1	CA-4	XJ128	XJ500
ノズル数	128	128	384	96	510	510	512	512		318	128	500
解像度 (dpi)	50	50	600	300	180	180	360	360	150		200 /360	200 /360
インク吐出量 (pl)	30pl	12pl	35~65ng	60~90ng	12~35pl	12~35pl	42pl	6.5	6~42 8値(7drop)		40	40/80
吐出周波数 (kHz)	40	10	10	20	12.8~7.0	12.8~7.0	7.6	10.8	6.2~28.0		8.3	4.0/8.0 110
ノズル長 (mm)	64.5	-	100	120	71.8	71.8	78.6	65.0	53.6 カバーなし カバー付		37.2	
		Proto type	32ノズル 12例 推奨インク粘度 10~13mPa/s	96ノズル 1列	油性インク用	溶剤インク用	マルチパーバスヘッド，オイル系UV系，ソルベント系に対応，3階調可能	水生インク用高速高画質ヘッド	マルチドロップ6,12,18,24,30,36,42plの8階調による階調制御		優れた着弾精度(0.7)UVインク油性インク，ソルベントインクに対応，マルチドロップによる多階調可	

インクジェットプリンターの応用と材料 II

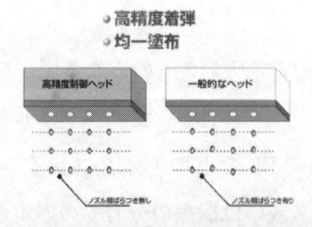

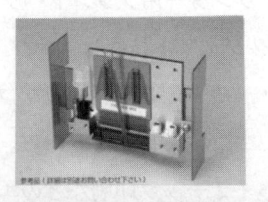

KONICA MINOLTA 128ノズル インクジェットヘッド 主な仕様		
	中液滴タイプ	小液滴タイプ
適合インク	PEDOT, LEPs, Electric fluid, その他水系, 非水系インク	
駆動方式	オンデマンドピエゾ駆動	
ノズル数	128	
ノズル解像度	282.2 um ピッチ (90dpi相当)	
液滴量	12 pl	6 pl
駆動周波数	10 kHz	
推奨駆動電圧	24 V以下	
印字巾	36 mm	
液滴速度	6.0 m / sec. (Nominal)	
外形寸法	95w X 60h X 20d mm	
重量	150 g	
筐体	ステンレス製	

図7 コニカミノルタ高精度制御ヘッド

(1) **高粘度インクが吐出できる（常温で30〜50 cps）**
  ・ インク流路が太く，ノズル近傍にある
  ・ 壁の変形による圧力波による振動が，吐出口下のインク流路の両側で起こる
  ・ パリレンによる内面コート
(2) **高速駆動ができる（バイナリーで150 kHz）**
  ・ ノズル近傍の太いインク流路の両側からインクが補給されるので，吐出後のインクレフィル（補充）時間が短い
  ・ インク循環によりPZTの放熱効果が大きい（空冷式→水冷式）
(3) **高い信頼性：4時間以上メンテフリーの連続吐出**
  ・ 泡（アワ）やゴミがノズル内へ入りにくい構造（インク循環）
  ・ ノズル保護プレート配置
(4) **使い易さ**
  ・ セルフアライメントマウンティング
  ・ 各解像度に応じたプリントバー（360, 600, 720 dpi）

第7章　インクジェットヘッドの技術動向

Description	Value	Unit
Active nozzles	1000	-
Print swathe width	70.5	mm
Ink Inlets / Ink Outlets	1/1	-
Nozzle pitch	141	μm
Nozzle density (nozzles per inch)	360	npi
Drop velocity	6	m/s
Printhead weight (dry)	122	g
Dimensions (W x D x H)	130x30x50	mm
Drop placement @ 3 sigma	14	mrad
Binary		
Drop Volume	6	kHz
Minimum drop size firing frequency	TBC	kHz
Greyscale		
Maximum number of levels	8	-
Sub drop volume	6	pl
Maximum drop volume	42	pl
Maximum drop size firing frequency	6	kHz

図8　XAAR 1001（HSS1）

4　おわりに

　インクジェット技術は他に例を見ないほどの複合技術であり，物理，機械，化学，電気，ソフトウェアーの統合技術である。
　プリントヘッドに対する顧客の要求はますます高度化し，より小さい液滴を正確な着弾精度で長期間安定して吐出させることが望まれている。これを達成するためには，プリントヘッドのみならず，インクやプリンターとしてのメンテナンス，クリーニングシステムを含めて，統合システムとして最適化を追求していくことが重要である。このため，ヘッドメーカー，インクメーカー，プリンターメーカーがお互いに情報を開示し，システムとしての信頼性を高めるための戦略的な提携関係の構築が不可欠である。

材料・ケミカルス編

〈インクジェット用インク〉

第8章　UV硬化型インクの最新動向

野口弘道[*]

1　はじめに

UV硬化性材料をインクとするIJ印刷装置（以下UVIJ装置と略記する）は広く普及してきている。オンデマンドIJの特徴と紫外線硬化インクの特徴を併せ持つ印刷装置として各要素技術の進歩が目覚ましい。表1はこのUVIJ装置の特徴を整理している。このような発展をもたらした技術的要因としては

① UVインクとの化学的な調和を実現したプリントヘッドの開発
② 安定な動作を生み出すプリントプロセス制御の技術
③ ヘッドの特性と制御プロセスに合致したUVインクの開発

表1　UVIJプリンタの特徴

インクジェットプリンタの特徴
非接触なので基材の厚さの制約が小さい。
デジタルデータ処理できる。
無版印刷で版の保管の必要がない。
印刷基材のサイズの制限が広い。
紫外線硬化樹脂の特徴
速い重合によって高分子化し，すばやく液体から固体へと相変化して乾燥する。
さまざまな素材が開発され技術蓄積があるインク系である。
インク層の透明性が高く，優れた色彩性を有する。
十分な樹脂を含むので，顔料層の耐候性が高い。
紫外線硬化型インクを用いるインクジェットプリンタの特徴
易揮発成分を含まないので，油性顔料インクのような溶媒に由来するVOC問題が回避される。
易蒸発成分がないインクなので，印刷作業者の環境保護に優れている。
易蒸発成分がないインクなので，基材幅を広げる際に，めづまりに不安が少ない。
溶媒がなく，硬化しているので，印刷後に次加工工程にすばやく移行できる。
オンデマンドであるので，インクの利用効率が高い。
クリアインクに代表される特殊効果印刷が同時に可能である。
インク層の厚さを利用した凹凸面の形成，凹凸面への印刷が出来る。
表面の硬度を高くすれば，改竄防止性の高いセキュリティー印刷にも用いられる。
紫外線硬化インクなので，既存印刷で印刷された印刷物に後工程で，可変データをオーバーレイできる。
付着性の高い白色顔料インクを搭載でき，サイン用途のニーズに活用できる。

---

*　Hiromichi Noguchi　フュージョンUVシステムズ・ジャパン㈱　リサーチフェロー

④　大サイズの基材印刷のための精密な位置制御の技術
⑤　小型でシステム構築に合ったUVランプの開発
を挙げなければならない。

2　UVIJ印刷応用の現在

　UVIJ装置は電線，金属缶など，産業資材に多いインクを吸収する性質の無い基材への可変データ印刷用に主として，コンティニュアスIJヘッドが適用されて20年以上の歴史がある。これらの印刷応用は現在でも重要な分野でありオンデマンドヘッドの採用によって高画質化，多色化が進み，近年はトレーサビリテイー情報を印字するカラーUVIJプリンタも登場している[1]。ワイドフォーマット基材への高画質のグラフィックスの印刷用UVIJ装置は，2000年に登場して以来多数の商品が市場に投入されてきた。最も普及した用途は商用のサイン＆デイスプレイ，屋内・屋外の大型看板製作である。ナローフォーマット分野では，カラーラベル，タグ，カードの印刷である。これらの適用はUVIJの特徴からUVスクリーン印刷分野のかなりの部分を置き換え，業態変革を速めている。インクの品質が上がり電子部品へのカラーコード印刷にも適用が進んでいる[2]。近未来には，定着性を生かしたジャンルではDM印刷やパッケージ用素材への高画質印刷，固形分の高さを生かしたジャンルではラピッドプロトタイピングによる3次元モデル製造，高度に架橋された膜の特性を生かしたエレクトロニクス関連のパターン加工などの分野が伸びていくと見られる。

3　製品インク技術

　表2には，UVIJプリンタの歴史的な歩みを特徴づける製品技術を挙げた。中にはそのまま製品として発展していない技術もあるが，今後の技術の発展方向の路線上にあることには変わりがない。これらの開発を裏づける特許技術の検索の助けとして表3，表4，表5の特許公開年表を参照されたい。現在市場にあるUVIJインク製品のほとんどは100％反応性成分からなるラジカル硬化系アクリル樹脂インクである。

第8章 UV硬化型インクの最新動向

表2 特徴的な製品と技術の歩み

	製品,技術のジャンル	特徴	製品名,技術開発を進めた会社名
1	フラットベッドUVIJプリンタ	安定性と硬化性を実現	Inca Digital Printers Inca Eagle 44(UK)
2	フラットベッドプリンタ用各種基材対応性	付着性改良,基材表面処理	Sericol, Sunjet(UK)
3	Roll to RollタイプUVIJプリンタ	各種フィルム素材用インクの開発	Durst Rho/Durst(Italy)
4	固定ヘッド／固定ランプのUVIJプリンタ		The. Factory(Dotrix Belgium)
5	ワックスタイプインク	ポーラス基材への浸透抑制による画質改善	Sunjet Inc(UK)
6	プリンタの高速駆動化	低粘度化,ヘッドの常温駆動用インクの開発	UVインク供給の各社
7	白色UVIJインク	白色インクの開発	Aellora Digital(USA)
8	UVハイブリッド印刷	高速印刷対応のインク	Heidelberg/Spectra(DE & USA)
9	画質向上	顔料分散による高彩度化	UVインク供給の各社
10	印刷速度向上,臭気レスの硬化	UVC,窒素置換,光開始剤量の少ないインク	Dotrix(ベルギー)
11	UVLEDを搭載したUVIJプリンタ	UVLED対応のインク開発	Inca Digital Printer(UK)
12	画質向上	特色インク（フォト顔料インク 特色顔料インク）	
13	カチオン系顔料UVIJインク用増感剤の工業化	長波長への増感による重合感度向上	アデカ㈱,川崎化成工業㈱
14	UVIJラピッドプロトタイピング	カチオン系UVIJインクと超コンパクトUVランプ	OBJET GEOMERY社(イスラエル)
15	水性UVIJインク	水性UV黒色インク	Xennia Technology(UK), HP(USA)
16	カチオンUVインク	カチオン系インク	Konica-Minolta IJ(Japan)
17	フィルム素材の品質向上	柔軟素材用インクの性能向上	UVインク供給の各社
18	環境対応性	低毒性,硬化皮膜物性に優れたビニルエーテルの発明	東芝テック㈱

表3 ラジカル系UVインク

	1980(S55)	1990(H02)	
	US 4303924(1978) Mead Corporation Jet Printing Process 油溶性染料,導電性成分溶解に少量の有機溶媒	EP 511860 Sericol Ltd (1991) エポキシアクリレート含有ポリオレフィン接着性UV硬化型 IJインク	US 5275646 特開平05-214279(1993) Domino Printing Science UV硬化型 IJインク 導電性成分が溶媒なしで溶解
	US 4228438 (1980) (Bell Telephone Lab) UV硬化型インク 紫外線硬化性プレポリマーをアルコールに溶解	GB 2256874 Sericol Ltd (1992) ポリウレタンアクリレー含有PVC接着性UV硬化型 IJインク	US 5270368(1993) VideoJet プリント基板用エッチングレジスト 用UV硬化型 IJインク
	特開昭62-64874 大日精化工業 紫外線硬化性樹脂,熱可塑性樹脂,顔料,導電性付与剤,光反応開始剤,及び,溶剤を必須成分とする	特開平02-307733 ブラザー工業 インクジェットを用いた立体モデル形成用光硬化型樹脂 メッシュシートを併用	
	特開昭52-142516 三菱電機 プラスチックへの画像形成方法 紫外線硬化成分と昇華性染料の使用		
	US4303924(1981) Mead Corporation Jet Drop Printing Process Utilizing a Radiation Curable Ink 有機溶媒を含むUVインク		
	特開平03-43292 US 376349 (1989) Hewlett Packard インク組成物及びその使用方法 紫外線硬化接着剤を含む有機溶媒溶液	特開平6-200204 ブラザー工業 熱溶融性,常温で固体,熱溶融性のUVインク	
装置,ランプ,方法に関連する発明	特開昭60-132767 精工舎 インクジェットヘッドと紫外線ランプで構成されたインクジェットプリンタ	特開平5-254117 ビデオジェット サテライトを抑制するため,2つの周波数特性のチャンバーを有し 高解像度の印刷を可能にする	
	特開昭62-49880 グラフィコ シリアルインパクトプリンタにおいて印字後,光ファイバーからのUV光にてインクを硬化させる		

第8章　UV硬化型インクの最新動向

1995(H07)	2000(H12)	2001(H13)
WO97/31071 Coates Brothers PETなどへの印刷に,アルコキシあるいは、ポリアルコキシレートアクリルモノマーの使用		
	特開平08-319305 東洋インキ製造 光重合開始剤組成物,スルホニウム有機ホウ素錯体,及び電子供与性,受容性増感剤からなる	
	特開平11-279468 大日本塗料,日本触媒 金属,ガラス,プラスチック用ラジカル重合型UVインク	
	特表2000-504778 コウツ・ブラザース 放射線硬化性インク組成物 多官能アルコキシアクリレート単量体の使用 低粘度化	
	特開2000-44857 ブラザー工業 熱溶融性UVインクバインダー中に色材,定着後バインダーは粒子状態	
	US 6092890(2000) (Eastman kodak) キャリッジの横に稼動UVランプを配置したインクジェット装置	
	EP 0842051(2000) (Coates Brothers) 色ごとのUV照射タイミングを一定にするための個別UVファイバーランプを備えた装置	

93

インクジェットプリンターの応用と材料Ⅱ

	2002(H14)	2003(H15)	2004(H16)
		Inkjet Ink (Dotrix) WO2003-044106 開始剤フリーのUVインク及び UVCリッチなランプ，酸素量少ない	Curing (Inca Sericol) WO2004-056581 90%のUV光が50nmの幅の中に含まれ(UVLED)，不活性ガス環境で照射を行う。
	特開2002-187343 東洋インキ製造 印刷物の製造方法 合成樹脂基材の表面処理による均一なドット径を得る		特開2004-18656 東洋インキ製造 有機色素骨格，あるいは複素環を有する顔料分散用化合物
	特開2002-179967 大日本インキ化学 UV顔料インクの製造方法 特定構造の高分子とそれを溶解するモノマーで顔料を分散する。		特開2004-59857 大日本インキ化学 白色インク組成物，アルミナ処理量の多い酸化チタンと酸性の極性基を吸着基として有する高分子分散剤を用いる
	特開2002-80767 大日本インキ化学工業 水性UVインク		特開2004-124077 大日本インキ化学 白色インク組成物，シリカとアルミナで表面処理された2酸化チタン塩基性極性基ポリマーを用いる
		特開2003-327873 コニカミノルタ アミノ基含有多官能アクリレートを含有する活性光線硬化インク	特開2004-55122 コニカミノルタ 溶存酸素濃度を規定したUVインク
			特開2004-67991 日本触媒 活性エネルギー線硬化型IJインク メタアクリロイル基とビニルエーテル基を併有するモノマー
		特開2003-221532 （富士写真フイルム） 特定構造フタロシアニン系油溶性染料，重合性モノマーを含有する放射線硬化性インク	WO2004-56581 Inca Digital Printers LEDアレーを用いる UV硬化型インク
装置, ランプ, 方法 に関連 する発明		WO03/044106 (Dotrix) 不活性ガス環境にて，光開始剤を含まないインクとUVCを含む紫外線を用いた硬化の方法	

94

第8章 UV硬化型インクの最新動向

2005(H17)	2006(H18)		2007(H19)
特表2005-509719 Agfa 比較的光開始剤を含まないインクを用いて硬化させるインキ，装置	特開2006-169420 東洋インキ製造 ポリカーボネート用UV硬化型インキ ポリカーボネートを溶解する成分と溶解しない成分を含む	特開2006-298952 東洋インキ製造 特定構造のウレタンアクリレート 合成樹脂基材の硬化皮膜の耐溶剤性，密着性に優れる。	特開特許公開2007-51244 コニカミノルタ 脂環式エポキシ環の連結基に，エステル結合を少なくとも3個有する多環式エポキシ化合物を含有
US 6,849,668 Sun Chemical Co. Food Packaging のためのマイグレーションが抑制された光開始剤化合物	特開2006-307167 セイコーエプソン ポリエステル変性ポリジメチルシロキサンを含有する		特開特許公開2007-15241 コニカミノルタ UV硬化型インクを中間転写媒体7に付与し，次いで該中間転写媒体7を押圧して該UV硬化型インクを最終基材2へ転写
	特開2006-137183 セイコーエプソン 色材と内部硬化性の光開始剤のインクと重合性化合物と表面硬化性の光開始剤のインクを使用	特開2006-176734 セイコーエプソン 色材を含まない紫外線硬化インクと色材を含む紫外線硬化インクの2液を用いる	特開特許公開2007-112117 富士フイルム 第1と第2の紫外線硬化開始剤と光源 中間処理によって画像転写
	特開2006-181801 大日本インキ化学 クリアUVインク組成物 画像形成方法 重ね塗り性に優れたインク下層のインクと上層のインクの表面張力の規定	特開2006-282757 大日本インキ化学 スキャンタイプのUVIJプリンタにおいて，薄膜インクと厚膜インクの内部硬化と表面硬化に優れる開始剤セットの系	特開特許公開2007-231082 大日本インキ化学 低濃度の薄膜部分と高濃度の厚膜部分の硬化性，接着性，フルカラー印刷物の色再現性
特開2005-248007, -248008, -248009 -248010 コニカミノルタ 分子内に2以上のチオール基を有する化合物を含有するUVインク	特開2006-160876 富士フイルム ラジカル，カチオン重合型UVインク ラジカル重合性基，カチオン重合性基を有する重合性化合物		
特開2005-279992 コニカミノルタ マレイミド骨格を含む化合物を含有する化合物を含有するUVインク	特開2006-160824 富士フイルム チオエーテル，ジスルフィド基を有するラジカル重合性モノマー	特開2006-169294 富士フイルム 自己会合性を有する重合性化合物	
	特開2006-274207 富士フイルム 酸素捕捉機能のイオン性塩基化合物，ラジカル重合性化合物，共増感剤としてのアミン，チオールを含む	特開2006-160916 富士フイルム 染料，脂環式アルキル置換基を有するアクリレート	
US 6,913,352 東洋インキ製造 2種の特定のラジカル開始剤を含有するUV硬化インクジェットインク			
特開2005-254560 セイコーエプソン 断面形状が多角形のLED素子隙間なく配列したプリンタ	特開2005-254560 セイコーエプソン 半導体発光素子を集積した紫外線照射装置		

表4 カチオン系UVインク

1980(S55)	1990(H02)
特開昭58-32674 Anerican Can 粘度 1.5〜2.5cps, 4000オームcm よりも小さい抵抗, 80〜2500m/sec の間の音速を持つ。ビスフェノールジグリシジルエーテルルイス酸を発生させる光開始剤, 着色剤からなるジェットインク	

第8章　UV硬化型インクの最新動向

1995(H07)	2000(H12)	2001(H13)

- EP 1165708（1998）
  Sun Chemical
  カチオン重合型
  水性UVインク
  水を含む均一相を利用

- 特開平09-183928
  日本化薬
  カチオン重合型UVインク
  カチオン重合物質と光カチオン
  重合開始剤からなる

- 特開平09-176537
  Xerox
  可視光で硬化可能なUV硬
  化型インク水，エポキシ樹
  脂，ビニルエーテルを含む

- 特開平10-324836
  オムロン
  エポキシ樹脂を含む，UV硬
  化型インク脂肪族系希釈剤，
  低揮発性溶媒で低粘度化

2002(H14)	2003(H15)	2004(H16)
特開2002-188025 東洋インキ製造 オキシラン, オキセタン, ビニルエーテルを使用		特開2004-18656 東洋インキ製造 有機色素あるいは複素環を有する顔料分散用化合物
	特開2003-327884 (コニカミノルタ) 光酸発生剤を用いたUVインク 重合性化合物としてオキセタン化合物のみを含む	特開2004-137172 コニカミノルタ 新規な芳香族スルホニウム化合物 これからなる光酸発生剤 重合速度, 保存安定性が改善
		特開2004-34545 コニカミノルタ 記録方法 インク温度, 記録媒体の温度
WO2004-55122 コニカミノルタ 溶存酸素濃度を規定した UVインク		特開2004-25479 コニカミノルタ 画像形成方法 2種のオキセタン化合物の使用
		特開2004-244498 コニカミノルタ 画像形成方法 光酸発生剤としてスルホン酸発生剤を少なくとも1種含有
特開2002-317139 理想科学工業 活性エネルギー線硬化型インキ 脂環式エポキシ樹脂とオキセタン化合物の使用	特開2003-105077 ブラザー工業 活性エネルギー線硬化組成物 オキセタン化合物の使用	

第8章 UV硬化型インクの最新動向

2005(H17)	2006(H18)	2007(H19)
特開特開2005-060462 コニカミノルタ マレイミド骨格を有する化合物を含有	特開2006-232889 コニカミノルタ 330nmよりも長波長に紫外線の吸収がある増感剤を含有する	特許公開2007-112970 セイコーエプソン カチオン重合性化合物とラジカル性光重合開始剤を含有するインク組成物Aと，ラジカル重合性化合物と光酸発生剤を含有するインク組成物Bとからなる紫外線硬化インクセット。
特開2005-113042 コニカミノルタ 増感剤としてカルバゾール，チオキサントン誘導体を含有する	特開2006-232968 コニカミノルタ 重合開始剤として，オキシムエステル基とスルホニウム基とを同一分子内に有するカチオン重合開始剤を含有する	
特開2005-41961 東芝TEK テルペノイド骨格を持つ新規なエーテルあるいはエステルを含有するインク	特開2006-232990 東芝TEK 平均粒子径300nm以下の粉体と2種の分散剤を用いる。	
特開2005-154734 東芝TEK 酸素含有置換基を有する環構造のビニルエーテルを含有するインク	特開2006-37022 東芝TEK 塩基性末端を有する樹脂を吸着した顔料を含有するインク	
特開2005-120201 コニカミノルタ 特定構造のフッ素系界面活性剤を含有する	特開2006-160876 富士フイルム ラジカル，カチオン重合型UVインクラジカル重合性基，カチオン重合性基を有する重合性化合物	
特開2005-139425 コニカミノルタ 活性光線照射によりベンゼンを発生しないオニウム塩	特開2006-282764 （富士フイルム） カチオン重合基を有する分岐ポリマー	
特開2005-213286 大日本インキ化学 光カチオン型インクジェットインク 粘度，吐出の安定性を与えるためにモノアミン化合物を含有する	特開2006-282873 （富士フイルム） 光開環重合性基と含窒素ヘテロ環構造とを有するモノマー	
	特開2006-282875 富士フイルム フルオレン骨格と2つのカチオン重合性モノマー及び光重合開始剤	
	特開2006-282877 富士フイルム 光によって重合可能な重合性基を有するイオン性化合物	

表5 水性系UVインク

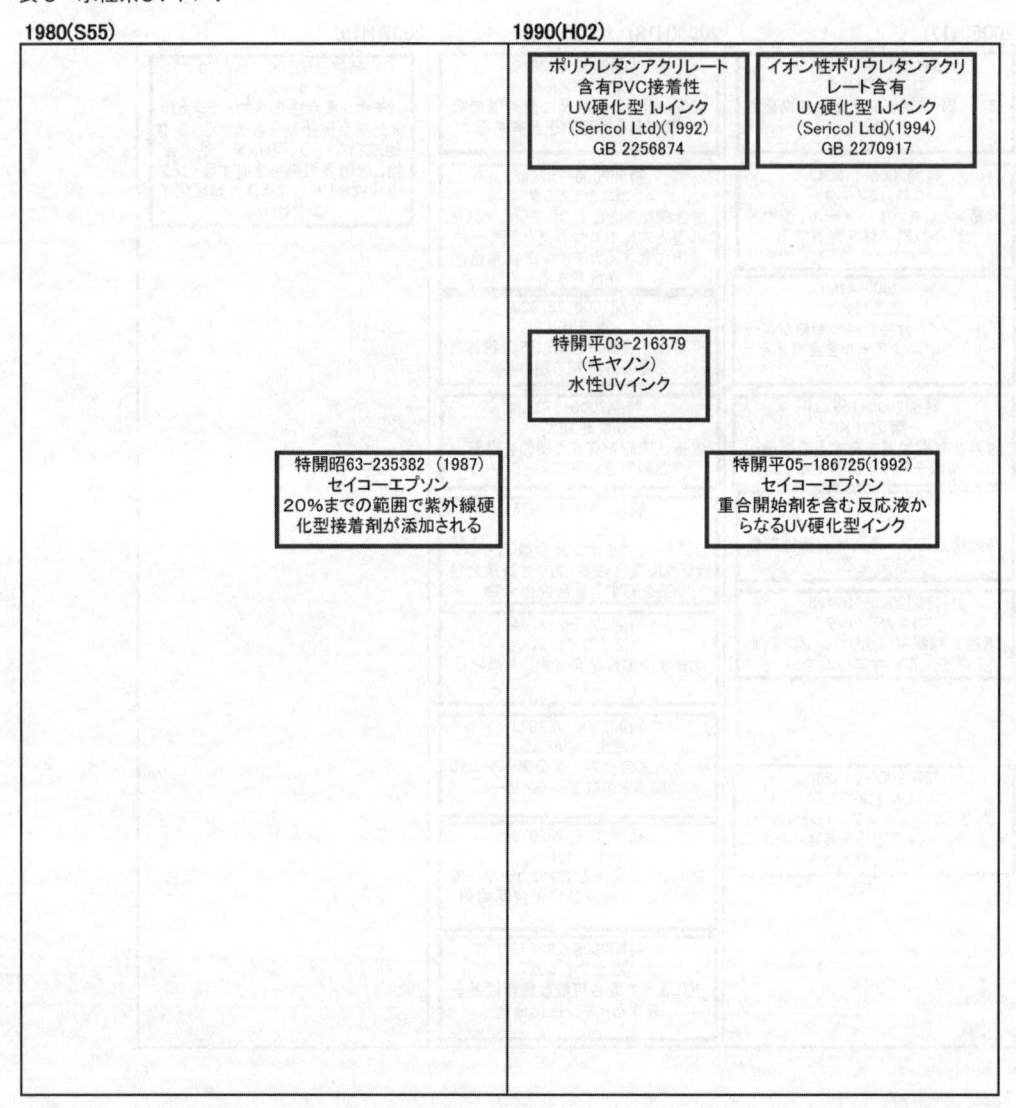

1980(S55)	1990(H02)
	ポリウレタンアクリレート含有PVC接着性UV硬化型 IJインク (Sericol Ltd)(1992) GB 2256874 — イオン性ポリウレタンアクリレート含有UV硬化型 IJインク (Sericol Ltd)(1994) GB 2270917
	特開平03-216379（キヤノン）水性UVインク
特開昭63-235382（1987）セイコーエプソン 20％までの範囲で紫外線硬化型接着剤が添加される	特開平05-186725（1992）セイコーエプソン 重合開始剤を含む反応液からなるUV硬化型インク

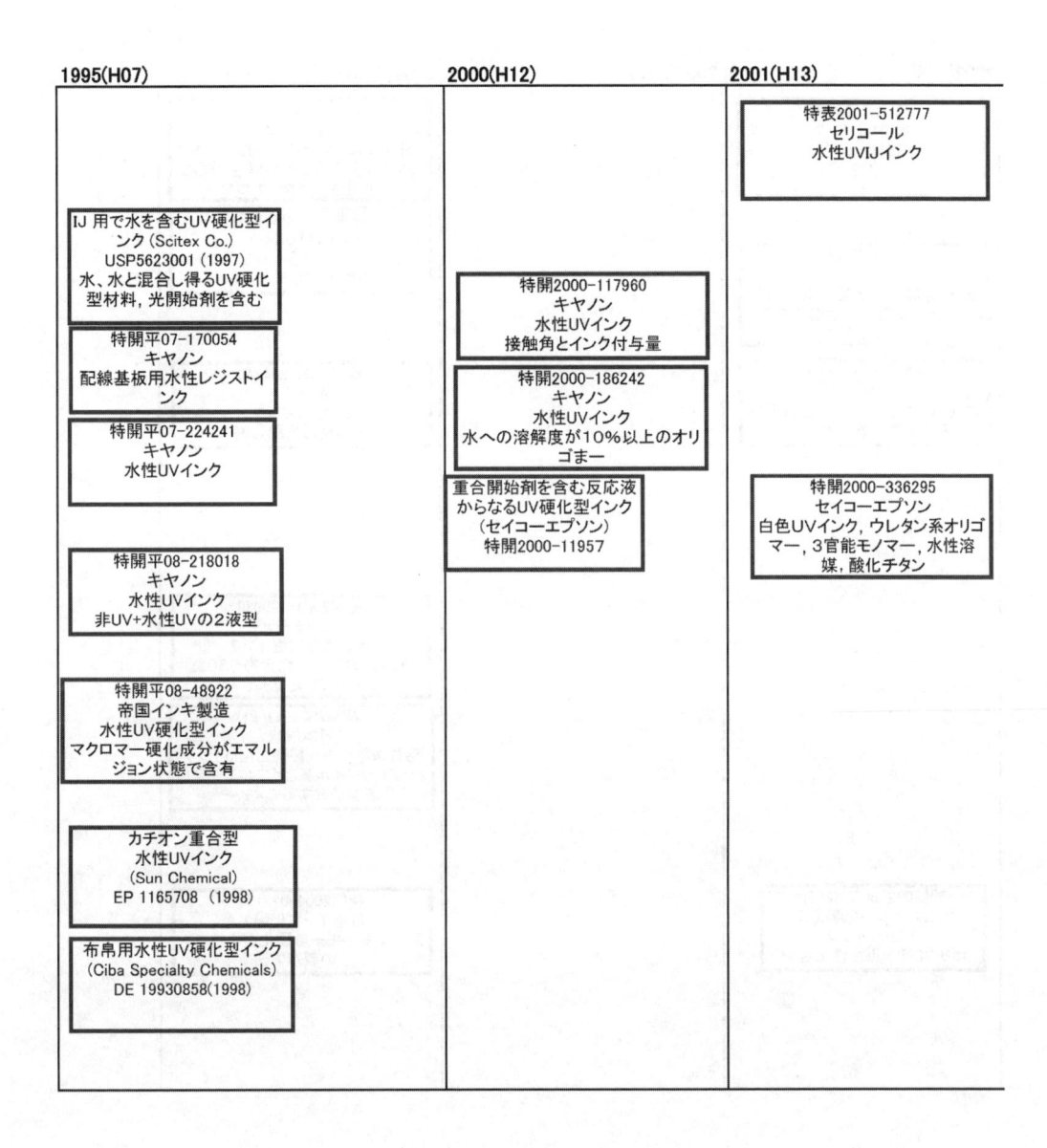

第8章 UV硬化型インクの最新動向

1995(H07)

- IJ用で水を含むUV硬化型インク (Scitex Co.)
  USP5623001 (1997)
  水、水と混合し得るUV硬化型材料, 光開始剤を含む

- 特開平07-170054
  キヤノン
  配線基板用水性レジストインク

- 特開平07-224241
  キヤノン
  水性UVインク

- 特開平08-218018
  キヤノン
  水性UVインク
  非UV+水性UVの2液型

- 特開平08-48922
  帝国インキ製造
  水性UV硬化型インク
  マクロマー硬化成分がエマルジョン状態で含有

- カチオン重合型
  水性UVインク
  (Sun Chemical)
  EP 1165708 (1998)

- 布帛用水性UV硬化型インク
  (Ciba Specialty Chemicals)
  DE 19930858(1998)

2000(H12)

- 特開2000-117960
  キヤノン
  水性UVインク
  接触角とインク付与量

- 特開2000-186242
  キヤノン
  水性UVインク
  水への溶解度が10%以上のオリゴマー

- 重合開始剤を含む反応液からなるUV硬化型インク
  (セイコーエプソン)
  特開2000-11957

2001(H13)

- 特表2001-512777
  セリコール
  水性UVIJインク

- 特開2000-336295
  セイコーエプソン
  白色UVインク、ウレタン系オリゴマー, 3官能モノマー, 水性溶媒, 酸化チタン

2002(H14)	2003(H15)	2004(H16)
ラジカル重合型 水性UVインク (Sartomer) US		特開2004-323753 日本触媒 1分子中に2以上の(メタ)アクリルアミド基を有する加水分解性に優れた水溶性多官能オリゴマー
特開2002-274004 リコー 画像形成方法, 光開始剤の塗布と活性化, 重合性化合物はエマルジョン		特開2004-285135) T&KTOKA 分子中にアミド結合を有するエチレン性不飽和モノマー
特開2000-187918 キヤノン 水性UVインク, アニオン官能基を有する多官能オリゴマー		特開2004-204240 キヤノン 水性UVインク 水溶性の光開始剤
		特開2004-189930 コニカミノルタ 水系光硬化性インク 水溶性の重合性化合物を30質量%〜70質量%含む
		特開2004-67991 日本触媒 活性エネルギー線硬化型IJインク メタアクリロイル基とビニルエーテル基を併有するモノマー
特開2002-80767(2000) 大日本インキ化学工業 水性UVインク ポリウレタン系水性化合物		特開2004-027154 大日本インキ化学工業 活性エネルギー線硬化型水性インクの製造方法

第8章 UV硬化型インクの最新動向

2005(H17)	2006(H18)	2007(H19)
	特開2006-8849 富士フイルム マイクロリス顔料を用いた水性紫外線硬化インク	特開2007-182513 コニカミノルタ 活性エネルギー線を照射することにより，側鎖間で架橋結合可能な高分子化合物を用いたインク
		特許公開2007-091911 コニカミノルタ 側鎖間で架橋結合可能な高分子化合物を用いたインクを用い，活性エネルギー線照射手段と，前記インクが吐出された記録媒体を乾燥する乾燥手段を有する装置
特開2005-307198 キヤノン 水性UVインク，アクリルアミド系水溶性の多官能モノマー		特許公開2007-070604 コニカミノルタ 光架橋性高分子化合物A及び非光反応性の水溶性高分子化合物Bを含有する
	特開2006-274029 特開2006-176734 セイコーエプソン 2液型水性紫外線硬化インク	特許公開2007-084636 コニカミノルタ 白色顔料と，水及び活性エネルギー線照射により架橋結合または重合可能な高分子化合物を含むインクジェット用インク。
US 6,846,851 Gregory Nakhmanovich 硬化性のhumectant が5～50%である水性UV硬化インク		

3.1 光開始剤の改良

　UVEB塗料，インキ，接着剤として利用されてきた光開始剤は，環境調和という意味で，徐々に改良が進められている。それ自体も揮発しうる低分子化合物であるが，重合後の膜からも，加熱や液体の接触があれば系外に拡散し易い。とりわけ光開始剤の分解物の毒性が主題になっている。ラジカル系光開始剤では，図1に例示するように分子サイズを大きくし，かつ単純な芳香環が生成しないようにする方向で改善された商品が上市された。これらの光開始剤を用いて硬化

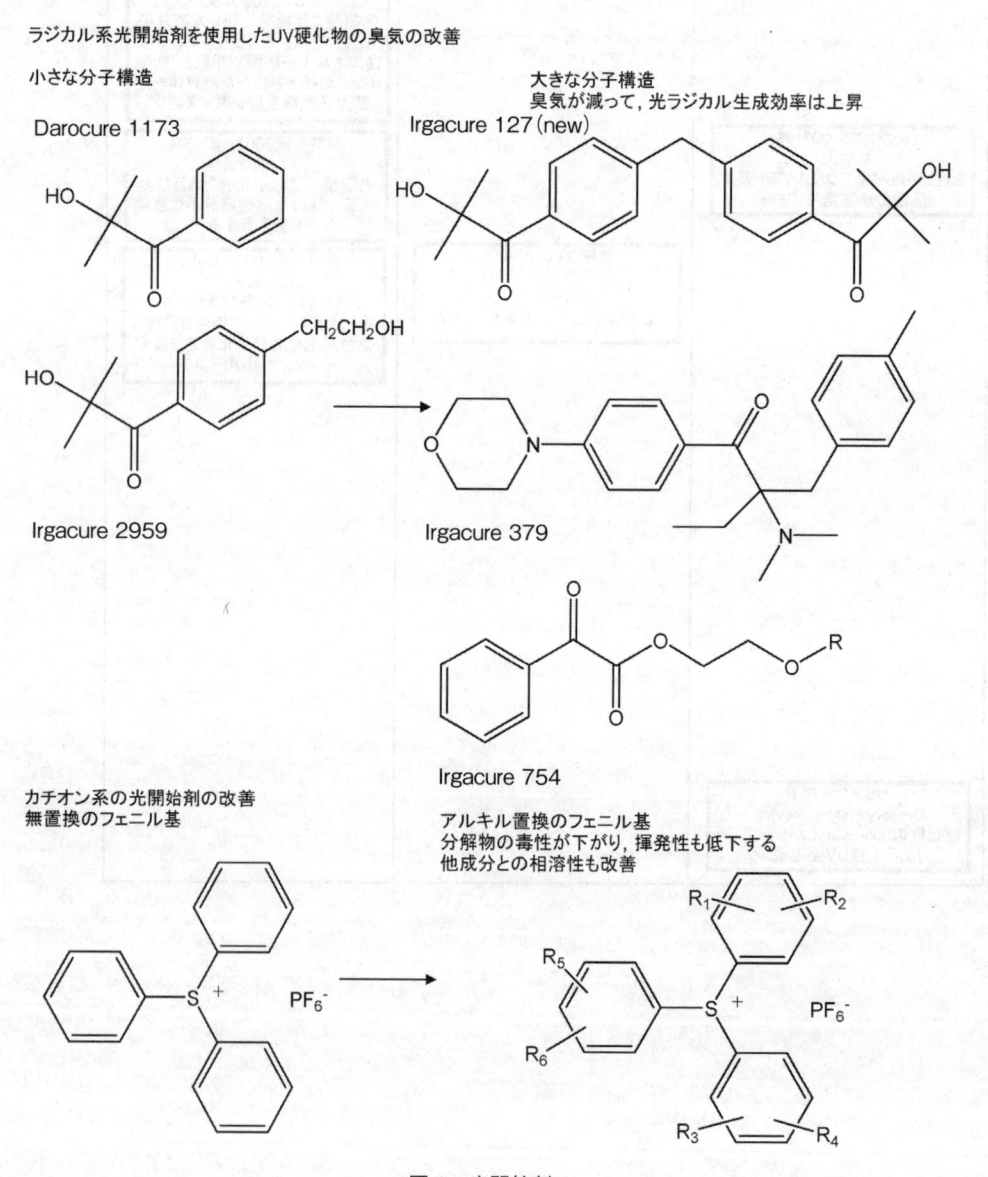

図1　光開始剤

第8章　UV 硬化型インクの最新動向

Novel Photoinitiators – Odor Rating

- Epoxyacrylate based varnish
- 6 μm draw down
- Card board substrate
- 2x120 W/cm m.p. Hg lamp, tack free state

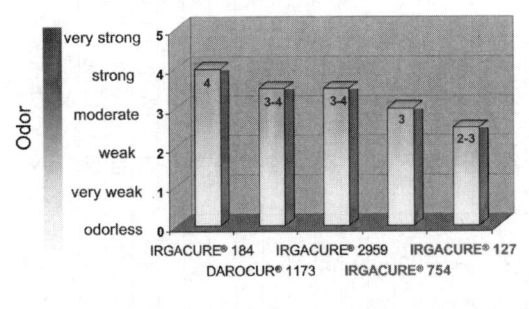

光開始剤が原因となる臭いの官能試験結果
分子構造が大きな新規な化合物が臭いが少ない。
光開始能も高い。

図2　光開始剤の改良と臭気
チバ・スペシャルティ・ケミカルズ Inc. 御提供データ

物の臭気の官能試験を実施した結果が図2である。カチオン系光開始剤でも，置換基付与による分解物の毒性の改善が置換基を増やす思想で提案されている[3]。UVIJ インクでもこうした光開始剤の採用が進むものと見られる。

3.2　新規なモノマーの開発

　現在市場にあるピエゾヘッドに用いるインクは吐出時に概略 3～20mPs 以下の粘度であることが必須である。しかし IJ インク用の多官能で重合性に優れた化合物はこの値の範囲にあるものは小さい分子に限られていて少ない。表6は，比較的低粘度のアクリルモノマー製品の性質をまとめた。常温で 20mPs 以下の組成物を調製するためには，表6にある1から2官能の分子量の小さい重合性化合物を多く用いることとなる。その結果初期重合速度は遅く，固体化も遅く反応は完結しにくい。従って UVIJ では低粘度でより硬化速度の速い，硬化後の物性に優れた化合物は常に望まれている。1分子内にアクリロイル基とビニルエーテル基を併せ持つ新規開発品化合物（VEEA, VEEM）は，粘度が低く架橋反応性にも優れており UVIJ に適した物質として実用されている[4]。環状構造を有し，窒素原子を含むモノマーであるアクリロイルモルフォリン，2-ヒドロキシエチルアクリルアミド，ビニルフォルムアミド，などは光重合性，希釈性，溶解能にすぐれた特徴を持つ化合物として使用されている[5]。表7に示す多数の官能基を有するハイパーブランチ型の化合物は粘度が低く，硬化特性，重合物の固体物性に優れたものとして上市されている[6]。多官能であっても，球状に官能基が分布している特異な構造がこれらの特徴の源泉である。ビニルエーテル類一般は毒性において良好な化合物が多く，カチオン系に用いられてい

インクジェットプリンターの応用と材料 II

表6　低粘度アクリルモノマー

化合物の名称	アクリロイル基の数	P.I.I.	水溶性 1:1(重量)混合	表面張力 (mN/m)	粘度 (mPa·s)	前進接触角(度) PETフィルム	前進接触角(度) PPフィルム	測定に使用した商品の名称	メーカー
メトキシポリエチレングリコール(n=3)アクリレート	1			34.8	5	5	46	AM-30G	A
メトキシポリエチレングリコール(n=9)アクリレート	1		○	38.7	25	13	53	AM-90G	A
フェノキシエチレングリコールアクリレート	1	1.5		38.9	10	11	46	AMP-10G	A
フェノキシジエチレングリコールアクリレート	1			39.7	15	6	53	AMP-20GY	A
フェノキシヘキサエチレングリコールアクリレート	1			41.1	50	14	56	AMP-60G	A
メトキシポリエチレングリコール(n=2)メタクリレート	1	0.7		31.6	2	<5	32	M-20G	A
メトキシポリエチレングリコール(n=4)メタクリレート	1	1		35.0	7	<5	45	M-40G	A
メトキシポリエチレングリコール(n=9)メタクリレート	1			37.7	23	14	53	M-90G	A
3クロロ2ヒドロキシプロピルメタクリレート	1			35.9	32	7	49	トポレンM	A
β-カルボキシエチルアクリレート	1	8		48.6	255	24	65	β-CEA	C
アクリロイルモルフォリン	1	0.5	○	47.2	12	15	63	ACMO	G
ダイアセトンアクリルアマイド(注1)	1		○	48.6	3	30	64	DAAM	F
ビニルホルムアミド	1	0.7	○	36	4	21	42	ビームセット770	H
N-ビニルピロリドン	1	0.4	○	39.1	2	<5	54	NVP	E
ネオペンチルグリコールジメタクリレート	2	0		29.9	3〜8	<5	20	NPG	A
2PO ネオペンチルグリコールジメタクリレート	2		unknown	32.0	15			SR9003J	S
ポリエチレングリコール(n=4)ジアクリレート	2	2.5		38.7	24	14	57	A-200	A
ポリエチレングリコール(n=9)ジアクリレート	2	0.4	○	41.1	27	14	62	A-400	A
エチエチレングリコールジメタクリレート	2			31.4	3	<5	29	1G	A
ナノエチレングリコールオールジメタクリレート	2		unknown	38.0	35	17	45	9G	A
ポリプロピレングリコール(n=2)ジアクリレート	2			32.8	10			SR508J	S
ポリプロピレングリコール(n=4)ジアクリレート	2	1		31.8	12	5	32	APG-200	A
ポリプロピレングリコール(n=9)ジアクリレート	2	0.8		31.4	27			APG-400	A
テトラエチレングリコールジアクリレート	2			37.2	30〜135	11	58	M-240	B
グリセリンジメタクリレート	2	0.6		34.2	40	8	46	701	A
グリセリンジメタクリレートメタクリレート	2	3.4		35.9	44	11	55	701A	A
変性エポキシ化ポリエチレングリコールジアクリレート	2			52.3	53	31	73	試作品	D
アクリル酸2-(2-ビニロキシエトキシ)エチル アクリロイル+ビニル	2			33	4			VEEA	N
エトキシ化トリメチロールプロパントリアクリレート	3			43.6	101	15	54	A-TMPT-9EO	A
エトキシ化グリセリントリアクリレート(EO20モル)	3		○	42.1	200	22	65	A-GLY-20E	A
EO変性トリメチロールプロパントリアクリレート	3			45.9	65〜90	11	55	M-360	B

注1　DAAMは固体物質で表の値は水：DAAM = 25：50 の混合物
メーカー名略記号 A：新中村化学工業, B：東亜合成化学, C：ダイセルUCB, D：ナガセケムテックス, E：BASFジャパン, F：協和発酵, G：興人, H：荒川化学, S：Sartomer, N：日本触媒
粘度の値はカタログ値を含む。表面張力と接触角の測定条件は、25°C RH

第8章　UV硬化型インクの最新動向

表7　ビニルエーテル類

ISP㈱の製品　数値は製品カタログから引用

化合物の名称	ビニル基の数	皮膚刺激性	沸点 ℃	融点 ℃	粘度 mPa.s (25℃)	引火点 ℃
ヒドロキシブチルニニルエーテル	1	mild	243	−39.0	5	85
トリエチレングリコールジビニルエーテル	2	minimal	120-126	−8	2.67	119
シクロヘキサンジメタノールジビニルエーテル	2	moderate	257	6	5	110
プロピレンカーボネートのプロペニルエーテル	1	noniritant	155	−60	5	165
ドデシルビニルエーテル	1	no data	120-142	−12	2.8	115
シクロヘキサンジメタノールモノビニルエーテル	1	no data	148	<−20	no data	260
シクロヘキサン ビニルエーテル	1	no data	55-60	no data	no data	95
ジエチレングリコールジビニルエーテル	2	no data	198	−24	no data	160
2-エチルヘキシル ビニルエーテル	1	no data	177	−85	no data	126
ジプロピレングリコール ジビニルエーテル	2	no data	no data	no data	no data	no data
トリプロピレングリコール ジビニルエーテル	2	no data	no data	no data	no data	no data
ヘキサンジオール ジビニルエーテル	2	no data	205	no data	no data	180
オクタデシルビニルエーテル	1	no data	147-187	28	no data	350
ブタンジオールジビニルエーテル	2	no data	62-64	−8	no data	145

日本カーバイド㈱の製品　数値は製品カタログから引用

化合物の名称	ビニル基の数	皮膚刺激性	沸点	融点	粘度	引火点
イソプロピルビニルエーテル	1		56			<−20.0
アリルビニルエーテル	2		67			
1,4ブタンジオールジビニルエーテル	2		168			54
ノナジオールジビニルエーテル	2		122			114
シクロヘキサンジオール ビニルエーテル	2		81(0.3kpa)			
シクロヘキサンジメタノール ビニルエーテル	2		104(0.4kpa)			120
トリエチレングリコール ジビニルエーテル	2		97(0.1kpa)			136
トリメチロールプロパントリビニルエーテル	3		88(1.2kpa)			
ペンタエリスリトールテトラビニルエーテル	4			48		

東芝TEK㈱の開発品
ONB

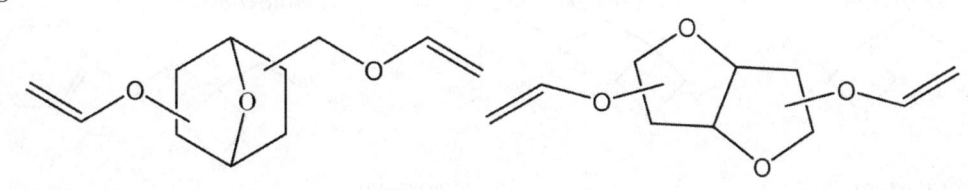

日本触媒㈱の開発品

	沸点(℃)	融点	粘度	引火点
VEEA アクリル酸2-(2-ビニロキシエトキシ)エチル	115〜116(13.3hPa)	−70.9	3.65	118.6
VEEM メタクリル酸2-(2-ビニロキシエトキシ)エチル	122〜123(13.3hPa)	−70.9	3.19	129

表8 ハイパーブランチ型多官能アクリル系モノマー　　サートマー社開発品

多官能オリゴマー	Number of acrylate groups	Functional Group Equivalent weight	Viscosity in 50% alkxylated NPGDA @temperature	Mn	Mw
Hyper-brached polyester acrylate	14	157	200 @20C	2200	2900
Conventional polyester acrylate	2	1300	1500 @75C		
Urethane acrylate	3	375	10,000 @25C		
Epoxy acrylate	2	250	1500 @25C		

ハイパーブランチ型は14の官能基を持つが、低い粘度を有する。

表9 オキセタン系モノマー　　東亜合成化学㈱の上市製品

化学品名	3-エチル-3-ヒドロキシメチルオキセタン	1,4-ビス「((3-エチルオキセタン-3-イル)メトキシ)メチル」ベンゼン	3-エチル-3-「((3-エチルオキセタン-3-イル)メトキシ)メチル」オキセタン	3-エチル-3-(2-エチルヘキシロキシメチル)オキセタン	3-エチル-3-(フェノキシメチル)オキセタン
略号	OXA	XDO	DOX	EHOX	POX
製品名	OXT-101	OXT-121	OXT-221	OXT-212	OXT-211
分子量	116.2	(主成分)334.4	214.3	228.4	192.3
沸点(℃)	105℃/7mmHg	未測定	119℃/5mmHg	133℃/10mmHg	130℃/5mmHg
融点(℃)	−37℃	41 44℃	<−20℃	<−20℃	<−20℃
比重	1.024(20℃)	1.07(25℃)	0.999(25℃)	0.892(25℃)	1.046(25℃)
粘度(mPas)	22.4(25℃)	150〜185(25℃)	12.8(25℃)	5.0(25℃)	13.8(25℃)
表面張力(mN/m)	36.3	40.1	35.0	29.0	38.3
引火点(℃)クリーブランド開放式	110	220	144	130	145
皮膚刺激性	0.2	2.6	1.0	3.1	1.9
AMES試験	陰性	陰性	陰性	陰性	陰性

第8章 UV硬化型インクの最新動向

表10 環状脂肪族エポキシモノマー

	基の数	皮膚刺激性	沸点	融点	粘度	表面張力	引火点
Celloxide 2000	1	軽度	169	−43	1.7	28.5	53.2
Celloxide 3000	2	irritant	228	no data	7.1		106
CYRACURE UVR-6015	2	1.6	354	−20	220-250		
CYRACURE UVR-6128	2	0.25		9	530-750		

る[7]。一般的にはビニルエーテル類はエポキシ樹脂類と比べると硬化後の固体物性においてやや劣るとされてきた。これに対して東芝テックは，新規な2官能ビニルエーテル化合物を開発した[8]。表8はビニルエーテル系モノマー，表9はオキセタン系，表10は環状脂肪族エポキシ系の反応性化合物製品・開発品である。

3.3 白色インク

酸化チタンの白色インクは，溶剤系インクに塔載され，ついでUV系にも塔載された。UVオフセットでは，白色インクの前に，専用のキュア装置を入れないと前段のカラーインクと重ねることが出来ないが，UVIJでは1対の硬化装置で済むメリットがある。インク粘度の制約からインク中の濃度の制約があり，また隠蔽性を高くしピンホールを無くすため，複数パスによって所望の濃度を得ることが多い。一般のグラビアやフレキソ印刷でもラベル印刷のハイライト，背景，バックライト用ポスターの背景などで白色インキは必須であり，同様の用途でのUVIJ印刷の需要が増えている。白色インクは色相を変えずに明度を上げるインクとしての利用も増えている。画像ではなくデザインされたパターンをフィルムに付けて調光インテリア素材や，デイスプレイデザイン素材として白色を利用する用途も生まれている。刷物としてみた時，白色インクとしての濃度，色相など改良すべき基本性能の課題はまだ多い。

3.4 顔料分散の安定性

IJ用顔料分散体は沈降安定性の観点から平均で50～150nmまでの前後の微粒子が望ましい。無機顔料，酸化チタン，シアニングリーンのような密度の高い顔料では沈降は避けられず，静置すれば濃度勾配は不可避で生じる。ゆえにこれを前提に，高粘度状態での保存，攪拌装置，ろ過装置付きで，プリンタ上で問題が生じないように使いこなしている[9]。UVIJインクにおける一般の有機顔料分散における安定性は沈降よりも長期の保存と吐出の安定性であり，分散剤設計と助剤選択がキーである。ビヒクルはここではモノマーであるから，モノマーに対する溶解性を持つ物質を分散剤として選ぶか，顔料にモノマーとの親和性の高い原子団で表面処理をする。次いでモノマー中で顔料は分散処理される。印刷適性上，硬化適性上の理由でインク中に選択するモノマーが先にあるならば，そのモノマーに適する分散剤が設計される。近年は，耐光性の高い難分散性の顔料を樹脂で混練してマスターバッチ粉体として供給する場合もある[10]。マスターバッチを形作る樹脂は媒体となるモノマー，あるいは水に溶解し顔料は容易に媒体中に分散する。

3.5 UVインクとプリンタ

ラジカル重合系UVインクは酸素の非存在下での暗反応の高い確率は一般のUVインクと同

第8章 UV 硬化型インクの最新動向

様であり，密閉した容器，インクの細いチャンネル内に長く留めることは避けるように動作プロセスと装置は設計される。IJ プリンタの安定動作に重要なプリントヘッド表面を清浄に保つためのクリーニングと回復の方法は，インクの特性に合わせて設計される。トラブルの別の要因は，ランプから発する熱による印刷基材搬送部材と基材自体の異常，紫外線の反射と散乱光のプリントヘッド表面に滞留するインクの硬化である。UV ランプからの光と熱の制御には最大の注意が払われているが，これらは今後においても大きな課題である。

4　アクリル系 UVIJ インクの開発動向

　アクリル系 UV インクは，大きく分けて液状とペースト状の2種類がある。室温で低粘度のインクとすることは安定性の観点からは理想である。市場の UVIJ プリンタでは，ピエゾプリントヘッドは室温よりも高い温度に保持されており，どちらのタイプのインクであっても一定の程度，吐出される際にインクは温度が上がり粘度が下がった状態にある。インクはヘッドの吐出特性に合う物性になるように調整される。この温度差を積極的に利用して，インクが基材に到着したときに増粘状態になるように設計したものがペースト状インクである[11]。すなわちペースト状の UVIJ インクは，固体インクと類似してポーラス基材上でも過度の浸透，にじみを起こさないことが意図されている。こうした印刷適性上の事情があるものの，UV 材料を高温に保持して物性を一定に保持するには危険を伴うのでインク側での改良を進めてヘッド昇温なしにすることが望ましい。

　アクリル系 UVIJ インクに対して現在の日本市場において印刷業者が求めるものを列挙するならば，①基材との密着性の向上，②ロングランの色の安定性，③フレキシブル基材用インク，④白色インクの隠蔽性，⑤黒色インクの隠蔽性，⑥高速化対応：常温で低粘度なインク，⑦臭気低減，⑧不均一なインク膜厚の解消，⑨断裁性，⑩多様な基材への画像品質の確保である。これらはすべてインクが鍵を握るニーズである。これらの中でインク技術として難解な課題は以下である。

① 　グロスの均一性：スクリーン印刷など一般の UV インクは，グロスの高いインク皮膜が出来る。しかし UVIJ ではグロスの高いインク皮膜が得られていない。

② 　酸素阻害：インクジェット画像のハイライト部などではインク量が少ない孤立したドットとなる。この時液体としてのインク層厚さは数ミクロンであり，インク層の上層から酸素阻害を受け重合不完全な状態となる。酸素阻害の解消には非酸素存在下／不活性ガスの存在下での硬化が最も有効であり製品技術としての試みは続く。インク技術としては，層の薄さによる酸素阻害を解消する材料的な研究が広く深く成されている。エンチオール反応[12]，酸素

補足剤[13]，自己会合性[14]，マレイミドの光重合性の利用[15]，カチオン重合系とのハイブリッド[16]などが提案されている。装置によって酸素阻害を克服することは大きな品質メリットを生むが，コストの制約とどう調和させるかが依然として課題である。

③ 特色：インクジェットインク一般の特徴として，インクは，使用するプリントヘッドに最適化され専用インクが供給される。信頼性の関係から同じヘッドで複数のインクセットは準備されていないことが普通である。しかし用途によっては，厳密に色を合わせた特色を製造し，少ないヘッドから高速で印刷をしたい場合がある。プロセスカラーでカスタマーの要求を十分に満足することは難しい場合があり従来印刷法では，特色インクを使用することはごく普通のことであった。そうした習慣，ないし印刷業者が顧客に行ってきたサービスを失わないためにも特色印刷は必要である。印刷会社にとって，UVIJでもこのような対処が出来ることは非常に価値あることである。

④ インク層厚さ：インクの100％が固体化してインク層となるので，油性とくらべて同じインク量でも顔料分をたくさん盛れる。結果として省インク高濃度印刷が可能となる大きな特徴となっている。油性顔料インクとUV顔料インクでは，固形分がまったく異なるのである。しかしインク層が厚く，DM用の積層圧着はがき，ラミネートで好ましくない質感となる。

⑤ フレキシブル素材対応付着力と柔軟性に優れたインク：IJではない印刷機用のUVインク向けに開発された多官能アクリルモノマー，ポリエステル骨格，ポリウレタン骨格，エポキシ樹脂由来のオリゴマーなど多彩な素材は粘度が高くUVIJインクでは極くわずかしか添加できない，そして代替となる素材開発が少ない。それにも関わらず付着力，耐溶剤性，など硬化インクの品質要求は加速度的に高くなっている。

⑥ 有機溶媒の完全な排除：有機溶媒は低粘度化，素材どうしの相溶性の改善，濡れと付着の改善に添加される場合がまだある。有機溶媒を使用せず真のVOCレスインクを達成することが期待される。

⑦ 光開始剤量の低減：UVIJインクでは，光開始剤の添加量がかなり高い場合がある。これはハイライトドットのような薄いインク層の酸素阻害のある条件下での硬化を促進するために，やむを得ず選ばれている手段である[17]。光開始剤量の低下には，効率的な硬化を行えるUVランプと照射条件の選択が基本であり，不活性ガス雰囲気下での硬化だけが解とするのでなく，酸素存在下での硬化の材料技術の追求が望まれる。

⑧ 顔料分散の安定性：顔料はUV領域の光も強く吸収し，ランプの発光，光開始剤の吸収の3者を考慮してUVインクは設計される。通常モノマーを媒体とする分散系となるが長波長UV（360〜420nm）への感受性増加のために添加される活性水素供与性アミノ基含有化合物と，アニオン性官能基を含有する分散剤との相互作用が系の安定性に影響を与えることが知

第 8 章　UV 硬化型インクの最新動向

られている。光開始における長波長への増感とイオン的な作用から生ずる顔料分散体の安定性，そして暗反応による重合反応物質の安定性は付きまとう課題である。

5　カチオン系 UVIJ インクの開発動向

日本市場でも，カチオン系 UVIJ プリンタの研究は素材レベルから深く成されている[18]。カチオン系 UVIJ インク処方の基本的な考え方は，従来のエポキシ樹脂の光重合の素材と処方設計技術に基づくが，①粘度を低くする，②安定性のレベルとその維持保障期間が長い，③印刷用なのでなるべく少ない UV エネルギーで速い重合速度が必要，④顔料が配合されているということが前提となる。とりわけ熱，水分からの影響に敏感なオニウム塩系光開始剤配合系を長期に保存することは容易ではない。光開始剤を構成する成分以外の酸は重合を促進し，塩基は重合を抑制する。分散剤は，塩基を末端官能基として持つ高分子を用いることが分散安定性において基本的な選択である。アミノ系高分子分散剤は顔料表面にアミノ基が吸着して安定化する。一方光開始剤は光によって解離してルイス酸を生成するが，発生したルイス酸を捕獲する塩基は続くカチオン重合を著しく阻害する。そこで特定アミンを暗反応抑制のために添加することが研究されている[19]。この系の別の課題は水分の影響である。大気中の水分の濃度がインクの吐出特性と硬化反応性のゆらぎに関係していることが経験されており，インクの製造から装置上での管理に注意が払われて設計される。

　製品から見た特徴：イオン重合一般の特徴として，ラジカル系のような空気中の酸素によるラジカル捕獲による表面硬化性の問題はない。これによってインクジェットで一般的な低いインク付与量の領域における表面硬化の悩みが基本的に解消される利点がある。コニカミノルタは，同社の狭幅ラベルプリンタで実際にロールフィードのラベル印刷で印刷→硬化→巻き取りといった工程設計が可能であることを実証した[20]。ラジカル系ではすぐに巻き取ると UV 硬化インクであるにも関わらず，裏移りや，ブロッキングを起こす危険があった。カチオン重合系の低い重合収縮はこの系の第 2 の基本的な特徴であり，事実金属，ガラス，セラミクスなどへの良好な印刷に成功している。接着力は収縮応力だけの結果ではないので，基材ごとの表面の性質とインク素材の選別と管理，処方の最適化は必要である。近年の発明ではラジカル系とのハイブリッド系の提案も多くなり，両システムの良さを取り入れることも探求されている[21]。こうした各要素を克服してカチオン重合系 UVIJ インク製品は設計，製造され，①ラジカル系に劣らない印刷速度と，②難接着性の基材への印刷性を実証しラジカル系と独自の領域を開拓している。カチオン系の今後の方向としては，高画質プリンタに向かうであろう。その際に，高画質印刷に向く，低粘度素材の準備，毒性安全性への懸念を無くす努力が必須であろう。光開始剤の安全性はまだ改良の途

上にあるし，増感剤，安定剤，にじみ・濡れの制御剤，顔料分散剤などの各種素材も機能面，安全性の両面を睨んだ性能アップがさらに必要と考えられる。

6 水性UVIJインクの開発動向

水性のUVIJインクは，表5の特許出願動向でみる限り，日本を中心に研究開発が活発な分野である。しかし近年UK，USAから製品発表がある[22]。そのインクは，黒インクとして，高速でさまざまの素材に印刷する特性を活用してフォーム印刷などを中心に応用されている[23]。従来から水性のUVIJには，水を含むインクへ紫外線照射ということで硬化速度と硬化膜物性においてその実現性に対する疑念がある。水性はVOCレス作業環境の良化という環境調和する系であると同時に，いくつもの独自の特徴を生むので依然として期待される。現在の100％反応性のUVIJインクとの対比で，以下の種々の特徴点が期待されている。

① 環境：親水性，水性の極性の高い不揮発性素材を使用するので臭気がなく，環境汚染の要素がより小さくなる。
② 素材：選択範囲が広がる。とくに反応性物質をエマルジョン形態で用いる場合には高粘度素材の利用がしやすくなる。
③ 質感：固体インク層の厚さが減少して印刷素材の質感を損なわれない。
④ 高画質：高解像度で小液滴のプリントヘッドに適合させ得る。紙への印刷の場合，表面張力が高いインクを設計できるので，ドットゲインが小さく，ドット形状が良好となる。
⑤ 結果として，UVインキでは規制を満足させることが難しいとされている，包装材，屋内装飾，写真，ドキュメントなど一般印刷並みに人の手にふれるものなどへの適用にも用途が拡がる。
⑥ インク吸収性素材へのUV印刷適性

水性のUVIJインクは，オフィスプリンタ用水性インク並に概略50重量％以上水を含む場合と，粘度調節のため水を概略50重量％以下の必要量だけ含む場合に分類することが出来る[24]。また，pHを酸性に調節したタイプ[25]とpHを塩基性に調節したタイプ[26]がある。これは顔料分散体の設計が第1義的にあるからであり，また，アクリル酸エステル系の材料の水中での安定性を得る手法の違いから来る。水性系は，水で希釈されるので，高粘度の光重合性化合物が適用可能となる。水性のフォトレジストに用いられたような水溶性の光重合性高分子もその範疇に入る[27]。さらに1液で完結させるタイプと2液に分割して記録時に記録素材上で，同時に着弾させて混合，光重合を行わせしめる思想もある[28]。水性UVIJインクに期待される上記の特徴を実現するには，プリントプロセスへのコンセプトに基づく処方中の素材の準備が必要であろう。

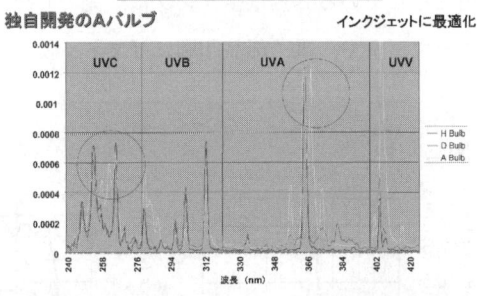

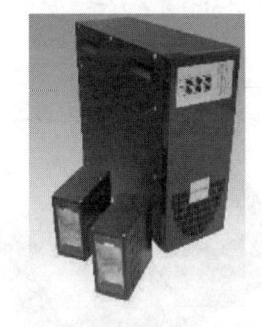

第8章　UV硬化型インクの最新動向

7　UVIJ用ランプの開発動向

UVIJ に用いられるランプには，以下のような要請がプリンタユーザーから出されている。

① ランプの輻射熱の低減（ランプの冷却風の基材側への遮断）：輻射熱は，キャリッジ構造体を常時加熱しており，熱の蓄積によるキャリッジの温度上昇，印刷基材の温度上昇があり，変形位置ずれ搬送むらが生じる場合がある。特に低速での印刷の場合に顕著なトラブルとなる。隣接しているピエゾプリントヘッドとは熱的な遮断が比較的問題なく出来ている。

② 用紙幅にわたる照度の均一性：幅が大きいロール紙への高速印刷において光の強度の均一性をなるべくコンパクトな装置レイアウトで実現すること。これは今後のより高速のUVIJプリンタを展望したときに重要な要素となる。

以下は信頼性と安全性に関する事項

図3　UVIJに使用されるUVランプ

① プリントヘッドの吐出孔面へのUV光の影響を遮断しやすい構造
② 作業者がUV光による障害を起こさない安全設計
③ 印刷と搬送の運転トラブルに際して，ランプの遮断と復帰のダウンタイムが短く安全性が高い。
④ きめ細かい消費電力設計
⑤ より高いレベルでのオゾンレス

こうした要望の中で，現在市場で使用されているUVランプは，オンキャリッジ型，およびNarrow Formatプリンタでは，有電極型水銀アークを搭載する小型，軽量のものが普及している。高出力が要求されるUVIJプリンタでは，マイクロウエーブ励起水銀ランプが選ばれている。図3は，市場で採用されているUVランプを掲載した。UVIJの顔料系インクの硬化性を上げる目的で405nm領域の発光を強化したUVA出力が得られるバルブが開発され使用されている[29]。発光スペクトルに特徴があり，表面硬化に寄与するとされるUVC，内部硬化への寄与が大きいUVA，白インクに寄与するUVV，いずれの波長領域でもエネルギーが大きい特徴がある。プリンタは特性の異なるインクの硬化に対して，単一のランプで対応する必要があり，その意味で幅広いスペクトルを有するランプが有用となっている。無電極ランプは，光の収斂性が良く，高強度の照射ができるので，グランドフォーマットや，電子部品印刷に好ましく使われている。

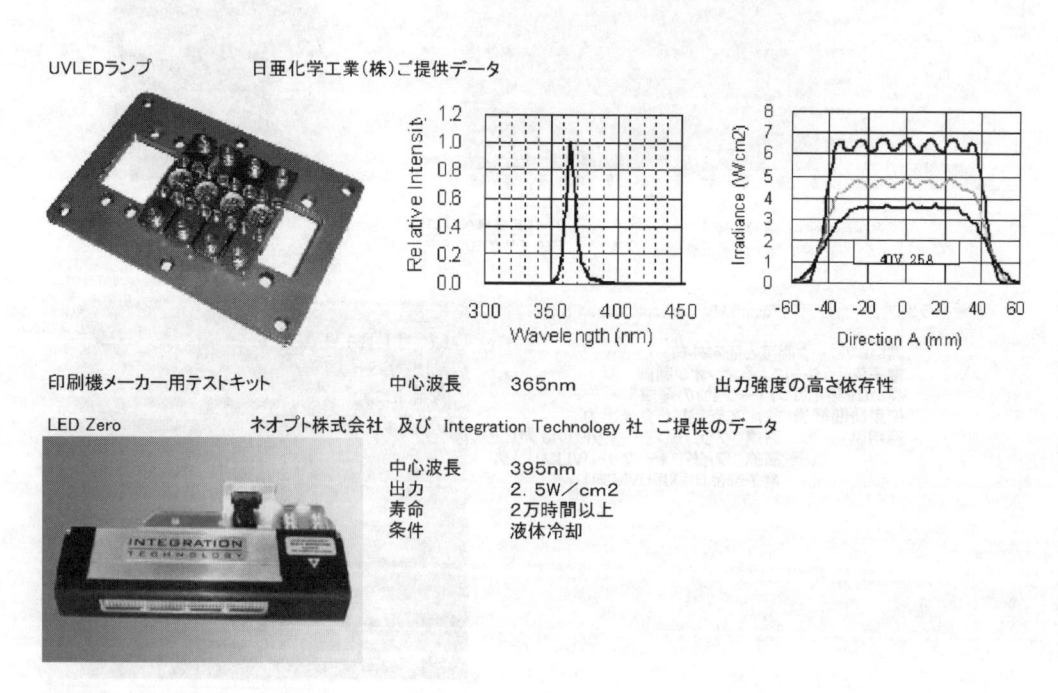

図4　UVLED ランプ

第8章 UV 硬化型インクの最新動向

近年，UVLED の安定化，高出力化が進み，技術展示としては，2004 年には登場し[30]，2007 年から商品としての UVIJ プリンタの硬化装置としての搭載が始まった[31]。

UV 材料は，水銀 UV ランプを用いた UV 硬化を前提に開発されてきた。それゆえ水銀ランプの特徴である Poly-Chromatic な発光特性により，UV 重合性材料の Bi-Chromatic な特性を満足させてきたと言うことが出来る。しかし現在 UVLED としては，中心波長が，365nm，375nm，395nm の各デバイスが商業的に入手可能な状態にあるのみである。図4は，日亜化学工業が公表しているランプのスペックである。365nm 両域の光の密度としては，すでに水銀ランプから取り出せる同領域の光の強度を上回っている。入力電力から UV 光出力への転換効率，被照射面への輻射熱が少ないなど，水銀ランプの課題の多くをクリアすることになる。UVLED が本格登場するには，波長のバラエティーの問題以外に① LED の発光波長に感度の高いインクの開発，②長尺の用紙幅に渡る均一照射を行う集積化，③合理的な価格と実機の安定性の3項目である。

8 UVIJ インクと印刷物の環境対応

インクの安全性：UVIJ インクの環境対応の課題はインクの製造，取り扱い者の安全性，皮膚刺激性低減，揮発性化合物の臭気低減であり，溶媒系のインクと比べて大幅に低い。素材自体としては，毒性，発ガン性において今後，数量が拡大する物質については，より詳しい測定が必要となる物質もある。多くのモノマー，開始剤については，まだ毒性試験項目をすべて試験済みではないからである。またインクとして，光開始剤分解物，分解物とモノマーとの反応物，未反応モノマー，などに由来する揮発性化合物による臭気，インク皮膜内部から表面への拡散の改善が残されている。

印刷物：UVEB 材料技術共通の課題として，印刷素材・インク受理層・インク・表面コーティングの全体としての適用場所ごとに法的に決められた安全性ガイドラインを満足しなければならない。

① 家庭に入って使われる印刷物：食品衛生法によるプラスチック容器包装の衛生規格，ここでは厚生省告示 20 号の各測定を満足し，規制値以下であること[32]。

② 建築材料：仕上げ材などに使われる印刷物ではシックハウス対策ホルムアルデヒド放出量が規制値内であることが必要である[33]。また建築基準法に基づく防火認定を受けていること[34]。

③ カーテンやカーペット，タペストリーに加工された素材：消防法にもとづく防炎認定を得ていること[35]。

インクジェットプリンターの応用と材料Ⅱ

　印刷素材：リサイクル性を考え複合素材ではなく単一素材であること，すなわち，裏打ち，接着剤，ラミネート，保護コートなどをしないで単一の素材の状態で印刷されて使用されていることが望ましい。これらは，印刷業者にもコスト削減，保管スペースなどの点において大きなメリットを生む事項であり，素材に直接印刷して実用に耐え，使用が終わったら容易に再使用ないし，素材リサイクルに出せることが望ましいのである。

文　　　献

1) ビデオジェット㈱ https://my.videojet.com, DOMINO http：//www.jpforms.net/Domino/index.htm, イマージュ㈱ http：//www2.imaje.ne.jp/
　ニルペーター：キヤロスン, EFI：Jetrion 4000, Impika：Impika 600, Sun Chemical：Solar Jet
2) 電子部品へのカラーコード印刷機としては，例えば UP6300 series（2003年武藤工業），UFJ605C（2005年ミマキエンジニアリング），TruePress Jet 650UV（2007年大日本スクリーン製造）などが上市されている。
3) 特許公開 2005-139425, コニカミノルタ
4) 特許公開 2004-67991, 日本触媒異種重合性モノマー（VEEA, VEEM）-http：//www.shokubai.co.jp/product/hybrid_monomers.html
5) 興人 http：//www.kohjin.co.jp/chemical/monomer.html
　荒川化学 http：//www.arakawachem.co.jp/ryouiki/kasei/pd20/pd2070.htm
6) サートマージャパン http：//www.sartomer.com/japanlit/72001.pdf#search=
7) ISP http：//www.ispjapan.co.jp/general.htm
　日本カーバイド http：//www.carbide.co.jp/resin/Vinylethers/VinylEthers.html
8) 特許公開 2005-41961, 2005-154734 東芝テック研究報告 "Nano-stabilized Photo-curable Inkjet Ink for Printing and Printable Electronics" Mitsuru Ishibashi, *et. al., Journal of Photopolymer Science and Technology*, **653** (19) 5, (2006)
9) Aellora Digital（USA）は，2005年からUVインクジェット用の白色インクを開発し，インクと制御モジュールを販売して来た。現在ワイドフォーマットプリンタの各社が白色UVインクを搭載している。
10) Ciba Specialty Chemicals Inc., マイクロリス加工顔料
　http：//www.cibasc.com/wood.pdf?wobj=47315#page=13
　水性系への応用事例は，特開 2006-8849 など。
11) UV Curable Paste Jet Ink by SUNJET。室温ではペースト状ポーラス基材に適用，
　http：//www.sunchemical.com/sunjet/products/current/Crystal%20UPA.pdf
12) 特許公開 2005-248007, コニカミノルタ，特許公開 2006-160824, 富士フイルム
13) 特許公開 2006-274207, 富士フイルム酸素補足剤としてイオン性塩基化合物

第 8 章　UV 硬化型インクの最新動向

14) 特許公開 2006-169294，富士フイルム自己会合によって重合性を高める
15) 特許公開 2005-279992，コニカミノルタマレイミド骨格を含む化合物を含有する
16) 特開 2006-160876，富士フイルム
17) 特開 2006-282757，大日本インキ化学工業
18) 石橋，後河内，田沼，東芝レビュー，Vol. 62, (4), (2007)"金属に印刷可能な産業用インクジェットプリンタ向け感光性インク"，荒井，中島 KONICA MINOLTA TECHNILOGY REPORT 57, Vol4, (2007)"カチオン重合方式を用いた UV 硬化型インクジェットインクの開発"
19) "Balancing Stability & Cure in Cationic UV Jet-inks" Alexander Grant, Sunjet, Bath, England UK NIP NIP22 proceeding Book p204 (2006)
20) コンバーテック，2007 年 8 月号，93，菅谷豊明，コニカミノルタ IJ は，カチオン系黒インクとインクジェットプリントユニット SP-L2130 を用いたロールタイプ UV ラベルプリンタを上市している。
21) 文献 15) 及び特許公開 2006-232968, 2006-63253 コニカミノルタエムジー
22) XENJET, http://www.xennia.com/products_and_services/xenjet/
23) JETFLEX, http://www.printingtechnology.net/html/jetflex.html
24) 特表 2001-512777，セリコール
25) サートマー社は，同社の CN3230, 3231 を用い カチオン系（pH が 5.4～6.3）に顔料を分散して，水性 UV 硬化型インクの調製を行う研究結果を発表した。
同社技術資料，"CN3230 Pigment Dispersion and CN3231 Surfactant For Radiation Curable Waterborne Ink-Jet Inks" W. R. Dougherty, James Goodrich, Lisa hahn., et.al.
26) 特許公開 2004-323753，日本触媒，特許公開 2005-307198，キヤノン
27) 特許公開 2007-182413，特許公開 2007-91911，特許公開 2007-84636，コニカミノルタ
28) 特許公開 2006-274029，特許公開 2000-11957，セイコーエプソン
29) ネオプト㈱の A バルブは，白インク硬化に必要な長波長出力に特徴がある。
http://www.neopt.co.jp/products/components/inkjet/uv_cure/uv_integration/vzero/vzero.html
30) Inca Spyder 150 は，DRUPA2004, FESPA2007 に出品された。www.incadigital.com
31) Sun, http://www.sun-nsk.com/
32) 「ポリエチレン及びポリプロピレンを主成分とする合成樹脂製の器具又は容器包装」（昭和 57 年厚生省告示 20 号）に，測定方法と規格が制定されており，一般規格で重金属類，個別規格で，プラスチック素材ごとに，試験項目と基準が制定されている。
33) シックハウス対策，建築基準法施工令第 20 条の 7 で，建築材料のホルムアルデヒドの発散に関する基準を定めている。
34) 建築基準法による新防火認定は下地基材を一体的に捉えた「不燃」「準不燃」「難燃」の認定評価が為される。リンテック㈱は，デジタルインテリア「プリンテリア」，塩化ビニル系樹脂（インク・インク受理層含む），を建築材料としての防火認定を受けた。
35) 防災認定は，消防法によって火災の予防に関し，カーテン，布製のブラインド，暗幕，じゅうたん等の移動可能な物品に炎を接した場合に溶融する際の，残炎時間，残じん時間，炭化面積を測定し分類，認定している。

第9章　マーキングインク

上村一之*

1　はじめに

本稿で扱うマーキングインクとは，食品類の製造年月日，賞味（消費）期限，バーコード，トレーサビリティ用のロット番号や，外装用ダンボール箱への印字に使用される産業用インクを対象とする。いわゆる画像・広告印刷の商業印刷とは，便宜上ここではわけておく。産業用インクジェットプリンタのインクをここではマーキングインクと呼ぶことにする。

本稿ではまず初めに，産業用マーキングインクの代表的な印字例を交えながら，印字の基本概要を述べる。後半はマーキングインクの歴史はインク開発の歴史そのものといった視点から，当社開発インクをいくつか紹介しながら，開発を起こす要因をマーケット・ニーズの変化として捉え，また昨今問い合わせが多い環境課題に絡む化学物質規制のトレンドにも触れていく。

2　マーキングインクのあゆみ

2.1　概要

マーキングインクのここ10年の動向は，市場から要求されるアプリケーションの変化を追うことで見えてくるものがある。従来の食品類の固定パッケージ，たばこ，ポスタル系などのコンベンショナルな印字マーケットから，フレキシブルパッケージへの印字や品質安全管理のための印字，薬剤，リサイクル工程の需要，撥水性，カラフルな商品下地での印字と色認識，可食性インク，部品マーキング，エアロスペース，セキュリティ等と多岐にわたり変化している。

2.2　インク開発の推移

開発推移を時系列で追うことは難しいが，開発推移の変化の要因は基本的なところから，まずユーザーが品質安全管理という点で，今まで以上にトレーサビリティを重要視するようになったことにある。そのため自動の連番機能によるロット管理が必要になり，従来の手動で連番交換する接触式の印字方法（ローラーコーダ等）に置き換わってインクジェットプリンタが採用されつ

＊　Kazuyuki Uemura　ビデオジェット㈱　製品技術　マネージャー

第9章 マーキングインク

つある。初期投資額の差はあるもののインクジェットプリンタは，リアルタイムのトレーサビリティ，コードのフレキシブル性と容量，人の手間の排除などといった利点が大きい。そして最近ではインクの色の取り込みの自由度から，画像処理による自動認識と人が読める微妙な色具合の両方を満たすインクの開発も行われている。トレーサビリティに関していえば，大量の情報を制約のある小さな面積に記録することが可能となった2次元コードでのQRコードの採用がある。例えば，国内生産の野菜のパッケージに印字してあるQRコードを，消費者は携帯電話で読み込んで生産者・生産地情報を見られることが重要な信頼性認識のトレンドになっている。更にセキュリティQRコードの出現で商品の公開・非公開情報の区分けができ，最適な情報管理の仕組みが構築されつつある。

また，食品類などのパッケージの材質が変わってきたことで，よりフレキシブルに対応できる印字が求められている。商品のマーケティングの要素からパッケージ下地のデザインがカラフルで，また光沢を帯びたものも増えており，その上への印字要求がある。その場合，ブランドを壊さない色選定，人が読めるような顔料の発色の度合いや接着度の最適性が求められる。更に結露が起きる工程での安定した撥水性機能が求められる。

当社のように食品業界と絡んで成長してきたマーキングは，部品・自動車部品業界などへの応用範囲も広がっている。例えば，不織布への印字はその起毛性と繊維が舞う環境条件下から，従来のCIJ方式とインクでは視認性を継続して得るのは容易ではなく，対環境にも問題がある。そのためノズル詰まりが起きないモジュール，環境に強いクローズドインクシステムのバルブジェット方式に置き換えての印字要求がある。

2.3 化学物質規制との関わり

昨今は人体への影響を配慮した環境問題が厳しくなり，業界への化学物質規制は企業の物づくりと社会性の在り方を確実に変えている。

2006年7月に施行されたEU（欧州連合）のRoHS指令対応はもちろんのこと，販売と使用が禁止されたPFOSや自主削減プログラムが提示され法規制が検討中のPFOAについての関連業界からの調査依頼，NL規制など各国メーカー独自に法令や化学物質の有害性情報を基に選定したインク成分の確認が増えている。成分組成の確認は1年以内の検査データ及び検査の前処理方法や工程フローを要求されることがある。

ちなみに当社への問い合わせだけでも昨年の10倍増であり，対応スピードと発生コストが課題になっている。

2007年6月に世界最大の化学物質規制であるREACH規則がEUで施行された。膨大な製品含有物質情報の伝達や開示において欧州委員会の試算では産業界の負担が28億～56億ユーロ

（160円＝1ユーロ）に対し，疾病の予防効果では社会的コストが約500億ユーロ削減できるといった背景がある。

インクボトルのラベル表示やMSDSを世界的ルールに従って分類・表示させるGHS（Globally Harmonized System of Classification and Labeling of Chemicals：化学品の分類および表示に関する世界調和システム）に対応させる行動を，日本は世界に先駆け2006年12月から施行開始した。当社も至急勉強会への参加や日本への優先順位を米国本社と連携体制をとって，早い段階から実施している。

また特定成分の不使用証明書や安全確認のための成分開示はインクメーカーの知的所有権にも触れるため，企業間のNDA契約を結ぶケースもある。更に各社方針に沿った資材調達制度の締結などでは企業間，国際間の業務として展開されている。

今後は規制物質に対応するだけではなく，当然代替物質の開発や採用の動きも出てくる。その際に考えたいのが，代替物質に代えたときのリスク（毒性と暴露量）と代替したことによるリスク（不具合，事故及び検討中の規制の実現加速化）である。

以上の点から，マーキングインクの企業がグローバルな企業として生き残り「マーキングインクのあゆみ」を継続させるためには，技術開発，環境と経営コストに強く，国際交渉ができる人材と仕組みのあり方を真剣に考える時期に来ている。

最初にマーキングインクの印字方法の概要を述べる。

3 マーキングインクの印字方法とマーキングインク

マーキングインクは，1960年代より一般化していたContinuous Ink Jet Printer（CIJ）とその後に出てくるDrop On Demand（DOD）方式のピエゾ方式，（マイクロ）バルブジェットプリンタ，サーマルプリンタなどの産業用インクジェットプリンタとともに発展してきた。この項ではCIJとDODについて簡単に述べる。

3.1 Continuous Ink Jet Printer（CIJ）のインク印字例

マーキングインクの印字方法には，ロット番号や製造年月日などを印字する約2mm～10mm高さの小文字用プリンタとしてのContinuous Ink Jet Printer（CIJ）がある。

Continuous Ink Jet Printer（以下CIJ）は，常時インクを循環し続け同じ溶媒の薄め液で粘度をコントロールしている。これにより常温で溶剤が揮発することで生じるノズル詰まりを回避している。CIJ印字対象物（図1）にみられるガラスやプラスチック，金属等への印字は，1秒未満（Porous Dryの場合）で速乾の必要性から，沸点の低い揮発性溶剤にアセトン，MEK，エタ

第9章 マーキングインク

図1 CIJの印字例とCIJプリンタ
(Videijet製プリンタ Ipro)

図2 DODの印字例とDODインクジェットプリンタ
(Videojet製 VJ2310/2330)

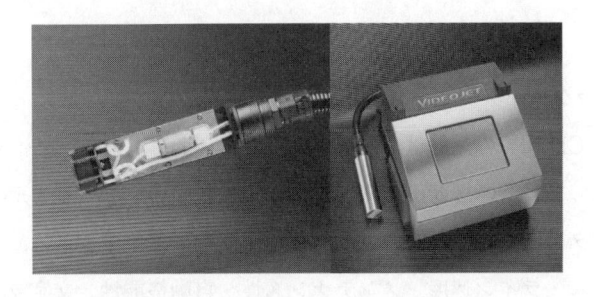

図3 マイクロバルブジェットプリンタ

ノールが用いられる。

インクが浸透する素材(紙,ダンボール)に対しては水性のインクも使用できる。食品業界の外装には,速乾性1〜3秒(Porous Dry),4〜10秒(Non-Porous Dry)が一般的である。ただし水性ベースの顔料系の場合,乾燥時間が5〜18秒(Non-Porous Dry)と長いためユーザーアプリケーションでの注意が必要である。

3.2 Drop On Demand方式(DOD)インクジェットプリンタの印字例

高い解像度が必要な外装用のダンボール箱に印字するプリンタとして,例えば17mm,70mm高さの大文字用(LCM)プリンタのDrop On Demand(以下DOD)方式がある。

オンデマンド方式(DOD)のインクジェットプリンタは,インクをガターで回収するCIJと

は異なるクローズドループ系のインクシステムである。

　印字に必要なドット数（dpi）でノズルの配列が組まれ，任意のタイミングでインクを出力させ印字する方式をとる。配列の高さが最大印字高さとなる。主力はピエゾ素子の振動によってインクを出力させ，高解像度印字ができるピエゾ方式（図2），システム内をポンプで加圧し，温度調整されたインクをノズル内のバルブ電磁開閉で出力させるバルブジェット方式（図3：33μmノズル径）等がある。このバルブジェット方式は簡易操作性・薄め液不要の低コストの効果をもたらし，またクローズドループ系のインクシステムは，粉塵などの環境条件にも強い。

　インクは印字例図2にみられるような，外装用ダンボールや木材等の多孔質素材に浸透することによって定着するオイル系（Petroleum）や水性インクが使用される。

4　マーキングインクの開発要因

　マーキングインクの開発要因を語る上で常に重要なのが，マーケットとの関わりである。ここではインク開発のセグメンテーションの概要，インクとユーザーアプリケーションの関係に触れる。

4.1　インク開発のセグメンテーションの概要

　例えば需要が多いCIJ開発の道筋はプリンタとインクにわけられる。

　まずプリンタにおいては，ユーザーでの使用条件を数種類のマーケットセグメントに分けて，それに対してプリンタの固有特性と統合させる。ユーザーの使用条件とは，トータルコスト・稼働時間・ダウンタイム・ライン速度・メンテナンス性・自動機能性・文字ライン数等の基本要素及び使用環境である。これを例えばユーザーの稼働時間を基準にして数種類のセグメントにわける。このセグメントにマーケットボリュームと成長率，競合情報，自社の強み／弱み，顧客の声，営業現場情報を絡めていくことで，開発コンセプトがマーケティング戦略と連動していく。

　インクにおいても基本的に同じである。コンベンショナルなタイプのインクとは別に，ユーザーアプリケーションに絡んで開発された特殊インクのセグメントを用意している。このセグメントはユーザーからの要望が反映されたものであるため，将来のマーキングインクの動向を予測する，あるいは仕掛ける要素をたぶんに含んでいる。特殊インクとは，例えば特定の表層に接着性があるインク，UVインク，不可視インク（ブラックライトで可視化），撥水性インク，耐高温高湿インク等である。当社の場合は特にポスタル系，飲料缶のロットに使われる不可視インクの使用実績は大きい。昨今は更にこの発展編として，自動検査装置でも判定できる微妙な色合いの透明インクの開発などがある。

第9章 マーキングインク

　以上から「マーキングインクのあゆみ」を進める要因には，基本インクの信頼性ある実績が不可欠である。それらインクの機能と要求されるユーザーアプリケーションをかけあわせることで必要な新しいインクのイメージを得る。当然そこには開発投資のリターンやコスト，納期，原材料のサプライチェーンの構築と信頼性確保など苦心する課題は多く容易ではない。このようなイメージでインクの裾野はひろがっていくようだ。
　では次に具体的なインクの機能とユーザーアプリケーションの関係に触れていく。

4.2 インクの機能とユーザーアプリケーション

　インクの機能とユーザーアプリケーションとの基本関係を簡単に整理したものを表1に示す。

表1　インクの機能とユーザーアプリケーション
実際は素材・用途は更に段階的に再分化されている。

インク		材料									……→
		ガラス			プラスチック				ラバー		
		用途									
		リサイクル飲料ビン(ビール)	半導体パッケージ(エポキシ系)	酒造類(日本酒・ワインボトル)	＊＊＊…	PEペットボトル500ml	包装豆腐工程	HDPE系…	Polypropylene系…	＊＊＊…	ブレーキパット	＊＊＊…
インクの機能												
MEK	顔料・染料の区分け有り	耐摩擦製	##,##,##	##,##,##	##,##,##	##,##,##	##,##,##	##,##,##	##,##,##	##,##,##	##,##,##	##,##,##	……→
		高温高湿	##,##,##	##,##,##	##,##,##	##,##,##	##,##,##	##,##,##	##,##,##	##,##,##	##,##,##	##,##,##	……→
		結露に強い	##,##,##	##,##,##	##,##,##	##,##,##	##,##,##	INK＊＊＊	##,##,##	##,##,##	##,##,##	##,##,##	……→
		不可視	##,##,##	##,##,##	##,##,##	##,##,##	##,##,##	##,##,##	##,##,##	##,##,##	##,##,##	##,##,##	……→
		・	##,##,##	##,##,##	##,##				##,##,##	##,##,##	##,##,##	##,##,##	……→
		・	##,##,##	##,##,##	##,##	最適なインクに符号する			##,##,##	##,##,##	##,##,##	##,##,##	……→
非MEK		接着性・熱硬化	##,##,## →	INK＊＊＊	##,##,##	##,##,##	##,##,##	##,##,##	##,##,##	##,##,##	##,##,##	##,##,##	……→
			##,##,##	##,##,##	##,##,##	##,##,##	##,##,##	##,##,##	##,##,##	##,##,##	##,##,##	##,##,##	……→
		↓	##,##,##	##,##,##	##,##,##	##,##,##	##,##,##	##,##,##	##,##,##	##,##,##	##,##,##	##,##,##	……→

　縦軸のインクの機能に対して，横軸に印字対象物の素材と用途のマトリックスで，最適なインクを選択できるようになっている。
　例えば「縦軸」がMEKであり結露対応に対して，「横軸」の素材はプラスチックフィルム，用途は豆腐のパッケージ印字でクロスしたところが最適なINK＊＊＊となる。ここから更にプリンタ，ユーザーアプリケーションの設定環境などを絡めて確認していく。
　以上のことから，インクの機能とユーザーアプリケーションの関係は常に対の関係にあることがわかる。

5　インク開発の変化とその実例

　ここ10年間の印字対象のマーケットは従来の固定パッケージ，ボトル飲料，たばこ，缶類への印字から，フレキシブルな材質，光沢があり色彩豊かなデザインの缶やパッケージ，耐環境性能が高い自動車や電子部品などへの印字に変化している。この変化の要因は，マーケット・ニー

ズの変化が深く関係している。

次にいくつかの印字要求とマーケット・ニーズの変化を述べる。

5.1 印字要求とマーケット・ニーズの変化

① やわらかな材質への印字要求

（背景）中国を拠点としたBOPP，PPフィルムの食品包装資材の生産増大があり，一貫生産のなかに印字機能が組み込まれている。

ポリプロピレンは表面が非常に滑らかで，微生物の付着と増殖を低減できることから薬品や半導体の関連製品，また自動車部品にも要求が増えている。ただし，表面のインク付着性が極めて劣る素材である。付着性改善は本稿では割愛する。

② フレキシブルなパッケージへの印字要求

（背景）ガラスなどの従来品が，軽い素材，低コストのプラスチック，フレキシブルなフィルムへの置換。軽い素材により輸送コストを削減するため，マルチプルなパッケージの多様性の高まり，そしてプラスチックへの湿気，酸素などの防壁や浸透性，結露環境下での印字要求がある。

③ 白色顔料系印字

（背景）黒や紺色系の鋳物部品系表面への印字には，色合と着色力及び隠ぺい力の強さから白色顔料（酸化チタン）が最適とされて久しい。国内では電子や自動車部品，濃色なケーブル，海外ではビールの濃色なグラスボトルへの印字などがある。顔料系インクは特に顔料同士の凝集，沈殿を抑制しながら連続吐出安定性と印字品質（光沢や着色力）を保つことが課題である。そのためプリンタ各社や材料研究所は，インク顔料の分散安定性を高分子分散材の改善（高分子の分子量分布の最適化，顔料への吸着・親和性，媒体への親和性，分散時の斥力の改善を例えば分岐変性，クラフト・分極変性の設計に求める）や高分子微粒子によるチタン内包化等に追及している。同時にプリンタにおいてもプリンタ内での攪拌機能の工夫や自動洗浄機能搭載のプリントヘッドでノズル詰りの回避，インク粘度を管理するメンテナンス機能などで対策をとっている。

④ 耐高温高湿でも落ちない，変色しないインクの要求

（背景）飲料業界でのより高温高湿レトルト槽などの殺菌槽への投入などは必須事項である。熱硬化性のポリマーがインクの樹脂として機能している場合，熱を与えた後の印字の接着性は極めて高い。

最近は電子部品業界において，印字後さらに温度が高い炉に投入されるケースもある。また現場作業の安全衛生の観点からMEK以外での仕様が好まれる傾向にある。

⑤ リサイクル工程でのインクの要求

（背景）ビン類のリサイクル化に伴い，空きビン回収後に苛性ソーダによって印字がきれいに

第9章　マーキングインク

除去できること，また再印字した後のビン洗浄工程では印字が落ちないことが必要である。

⑥　光沢・多色系表面への印字要求

（背景）パッケージデザインの多色化と光沢性は，食品市場拡大のドライブの要因になる。そこで光沢，つやのあるものへの印字，カラフルなデザインへ印字において，適正な色目で見えるインクの開発要求がある。

さらにこれが，下地の色に邪魔されず，人間でも認識可能であり，かつ自動認識装置でも判定可能といった微妙な色合いのインク開発のトレンドがある。

5.2　開発インクの実例紹介

以上のようなトレンドのなかで開発した当社のインクを数種類紹介する。

①　飲料系（ビール）

白色印字のグラスボトル

〈マーケットの要求パフォーマンス〉

・白色顔料，ハイコントラスト

・低温殺菌工程，アイスバケットでの接着性

・耐摩擦性

・高湿度環境下での湿り気を持つ薄膜層への接着性

②　飲料系（ビール）

リサイクル仕様のグラスボトル

〈マーケットの要求パフォーマンス〉

・リサイクル工程の苛性ソーダでの
　印字除去が可能

・ハイコントラスト

・アイスバケットでの洗浄耐性（消えないこと）

③　転写しないインク

カーペットや絶縁物の巻物の裏面

〈マーケットの要求パフォーマンス〉

・にじまない／転写しない（巻き状態）

・高い信頼性

・色の密度が高い

④　電子部品

〈マーケットの要求パフォーマンス〉

・エタノール摩擦耐性

・高温環境下 240℃　20 分間

・表面剥離耐性

⑤　フレキシブル・フードパッケージ

〈マーケットの要求パフォーマンス〉

・BOPP フィルムでの接着性

・スクラッチ，テープ，摩擦耐性

・プラスチックへの接着性

⑥　ワイヤー，ケーブル

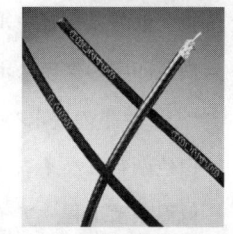

〈マーケットの要求パフォーマンス〉

・PVC，Xlink PE での接着性

・摩擦／スクラッチ耐性

・溶解抵抗

⑦　自動車のラバー製品

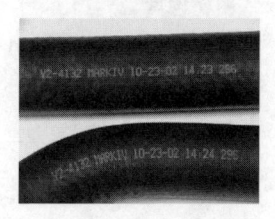

〈マーケットの要求パフォーマンス〉

・ドライ・ヒートフェードテスト

・スチームキュア・フェードテスト

・コントラスト

アプリケーション：Pre-cured extruded rubber（tires/belts/tubing/hoses），PVC pipe, vinyls, ABS, Nylon, Polyester

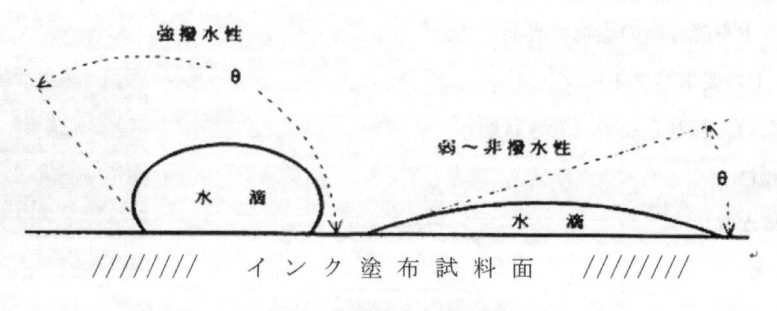

図4　接触角 θ と撥水性

第9章　マーキングインク

⑧　撥水性が強いインク

冷凍食品，惣菜，豆腐などには結露に強い撥水性が高いインクの要求が多い。印字表面の状態と要求環境条件のもとで事前の試作確認は必須である。

〈マーケットの要求パフォーマンス〉

必須のインラインテストの他に，オフラインにおける撥水性の評価方法として，印字した面を24時間水に浸した後に摩擦させ，その耐性をみる方法がある。

またインクを塗布した試験片表層に対して純水を着滴し，その接触角度を測定することで撥水性が評価される（図5）（物性評価方法・測定条件は撥水性評価[注1]）。

接触角（$\theta°$）の大きさと撥水性の強さは比例し，$\theta=90°$を超えると撥水性が高いといわれる。冷凍，冷蔵環境条件向けの撥水性＜オルガノシラン含有（1～3%）＞インクは$\theta=110°～120°$程度である（図6参照）。接触角θの大きさは，水に対するインク塗布試料面の濡れにくさの度合いあらわす。オルガノシラン含有のインク表面に形成された疎水性メチル基の表面自由エネルギーが水の表面張力よりも小さくなっている。実際の現場では，平滑な面に比べて印字対象物の表面の粗さで理論上接触角はより顕著になる。

　　　非多孔質用汎用インク　　　弱撥水性インク
図5　接触角測定例

注1）　撥水性評価
　　　前処理：インクを入れたガラス板を浸漬後，ガラス板を風乾させたものをインク塗布品として測定した。
　　　測定詳細：検体数各N＝3
　　　測定条件：固体試料温度25℃　雰囲気温度25℃
　　　　　　　　液体試料温度25℃
　　　針：ステンレス22　1μL
　　　接触角計：Drop Master500　協和界面科学社製
　　　純水：日本モリポア㈱製　純水装置 Milli-RX12α製造水
　　　測定方法：各試料ピースに一定量の液体サンプルを着液し，$\theta/2$法により接触角測定を行った。

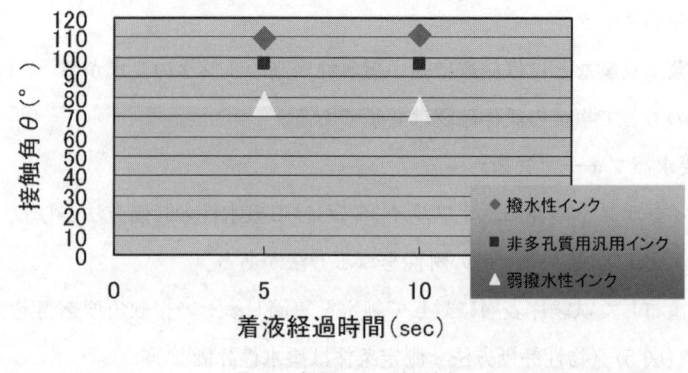

図6　各種インク接触角

撥水性インク：結露・冷凍食品環境等に対応（Ketone Base）
非多孔質用インク：プラスチック・メタル向け（MEK/Methanol Base）
弱撥水性インク：ドライクリーンなプラスチック向け（Ethanol Base）

5.3　2次元コード

本稿ではバーコード，2次元コードに関しては主旨ではないのでここでは簡単に触れるだけにする。

製造年月日や賞味期限，原材料の産地や製造元，販売先など追跡できる仕組みとしてのバーコードシステムから更により多くの情報を得られる2次元コードの出現が著しい。QRコードもそのひとつで制約ある面積，縦，横二方向に情報を持つことで記録できる情報量を飛躍的に増加させたコードである。

一例として，電子部品や機械部品，半導体部品の識別は従来の型名識別のみではなく，製造番号やロット番号の識別が求められている。これらはそれほどの情報量を必要としないが，印字密度が高いこと，ダイレクトマーキングがし易いなどの要求がある。これらに適した2次元コードとして，マトリックス型が選択されている。米国電子機械工業会や米国半導体工業会ではData Matrixを標準化している。

POSにおけるJANコードや注文番号や納品番号などの代表番号はバーコードに，製造会社名，ロット番号，数量，試験方法試験方法などの付随情報は二次元コードにエンコードされ，マーキングされていくことが望ましい考え方もある。

最近ではQRコードで，データのロック（要特定スキャナ），データの公開部と非公開部で構成したセキュリティQRコードが出現している。例えば商品の消費者向けのオープンな情報（問い合わせURL等）は公開部に，工場ライン番号やロット番号，仕入れ情報など社外秘情報は非公開部にと「誰でも読める・特定の人だけ読める」といったセキュリティの向上と複雑な暗号化処理の手間が省けるようになっている。

第9章　マーキングインク

6　マーキングインクと今後の化学物質規制の関わり

　去年から急激に増えている化学物質規制に基づく安全データの開示要求や世界標準に従ったGHS危険情報の表示への変更要求からも，マーキングインクの在り方に著しい変化が訪れている。開発，技術，営業，サービスそしてなによりも経営において，次々と施行される世界的な規制と標準の波にさらされている。この項では「マーキングインクのあゆみ」に関わる規制とその概要と背景を述べる。

6.1　化学物質規制の概要

　国際分業と市場のグローバル化が進んだ現在は一国の規制がモノづくりに波及し，経営にリスクを生む。例えばEU諸国に製品を供給する企業が3割を超える日本においては，自社製品に含まれる物質の種類とデータを開示しなければならなくなる。その調査費用は大きく，仮に代替品開発であると更にそのリスクマネジメントも容易ではなくなる。企業は好む好まざるに関係なく，将来に渡って化学物質規制に対峙していかなければならない。現場では既に規制の要求が起きている。企業が内容を理解し対応できなければ，商機が無くなるケースがある。

　世界的な化学物質規制強化の流れは1992年のブラジルのリオデジャネイロ開催の「地球サミット」で策定された「アジェンダ21」からである。そこで物質リスクについての評価と情報提供，管理を世界的に進めていくことが確認された。2002年に南アフリカのヨハネスブルグで開催された「環境開発サミット」では，将来2020年までに化学物資の生産と使用が人と環境に与える悪影響を最小化する宣言がなされた。それ以降，物質の安全性データの収集が非常に大きな潮流となっている。

　2006年7月にはRoHS指令（有害物質使用制限：鉛，水銀，カドミウム，六価クロム，ふたつの臭素系難燃剤の使用を原則的に中止）がEUで施行された。これによりMSDSと同様，当

表2　RoHS指令基準

	Chemical	Maximum Concentration in ***Inks	Test Method	RoHS Limit (2005/618/EC)
1	Cadmium (Cd)	<0.01% (100 ppm) TOTAL for Cd, Hg, Pb, and Cr(VI)	ICP – total cadmium.	<0.01% (100 ppm)
2	Mercury (Hg)		ICP – total mercury.	<0.1% (1000 ppm)
3	Lead (Pb)		ICP – total lead.	<0.1% (1000 ppm)
4	Hexavalent Chromium (Cr(VI))		ICP – total chromium, or Colorimetric method (inks containing Cr(III))	<0.1% (1000 ppm)
5	PBB*	<0.1% (1000 ppm)	Mass spectrometry	<0.1% (1000 ppm)
6	PBDE*	<0.1% (1000 ppm)	Mass spectrometry	<0.1% (1000 ppm)

PBB*Polybrominated biphenyl ポリ臭化ビフェニル
PBDE*Polybrominated diphenyl ether ポリ臭化ジフェニルエーテル

社は毎回の最新データを用意し顧客に提出している。表2にデータの開示の基準を示す。更新は随時行っており，各インクの分析結果を提示しRoHSレターとして証明書を発行している。

更に2007年6月に施行された史上最大の化学物質規制として，REACH規則がある。これは企業に対して新規物質だけでなく約3万種類に及ぶ既存物質についても安全性データの提出義務を課す。

マーキングインクもその例外ではなく，併せてプリンタも製造している当社は，必ずインパクトを受ける。REACH規制の制度の細部は欧州の関係各社で検討中であるため，きちんとまわり出すまでまだ時間がかかるといった見方もある。しかし日本のメーカーへの先取り調査は既に始まっており，選任の担当が置けない中小企業やサプライチェーンに対しての情報格差を無くす仕組みが必要である。

6.2 各種化学物質規制との関わり

RoHS指令以外に，規制の裾野の拡がりで，当社がマーキングインクの問い合わせや調査に関わったものとして以下がある。

① PFOS（パーフルオロオクタンスルホン酸）

EUが2008年6月27日以降原則使用禁止し，またストックホルム条約で2009年の11月に製造，使用，輸出入を原則的に禁止する方向にある。

日本の自動車大手やその大手サプライヤーから，PFOSの使用状況に関する調査依頼があった。用途は半導体製造時の処理剤，電子部品の表面処理剤，撥水剤など。当社も不使用証明を用意し対応した経緯がある。

② PFOA（パーフルオロオクタン酸）

アメリカの環境保護局（EPA）の呼びかけでフッ素メーカーが自主的に削減を開始している。2015年にはゼロを目指す削減プログラム（PFOA Stewardship program）を発表した。EUにおいても法規制化を検討中である。

用途はPFOA水性ディスパージョン及び関連製品，自動車電子部品の表面処理剤，フッ素塗料などである。当社にもPFOAの使用状況の調査と使用の場合は切り替えの要請が大手自動車メーカーのサプライヤーからあった。

③ フタル酸エステル

2006年1月にEU指令でDEHPなど6種類のフタル酸エステル類を3歳児向け玩具に使用禁止。理由は内分泌攪乱化学物質（環境ホルモン：生殖毒性）のヒトへの影響である。国内では食品衛生法により調理用手袋や油脂製品包装容器，玩具への規制は広がる。EUではDEHPを調合したインク，塗料，化粧品の販売禁止が出されている。

第9章　マーキングインク

　フタル酸エステルはインクには調合されない。しかし以前ユーザーの外部委託試験会社の検査に使用されたインク採集容器（塩ビ）からフタル酸エステルが析出され，インクに混濁したことがあった。この原因を出すまでかなりのコストがかかったが，マーキングインク企業の信頼性維持とユーザーへの問題解決支援として行った。こういった上流工程やユーザー委託検査工程の諸作業まで緻密に遡ってインクの信頼性を証明する作業も増えている。

④　VOC揮発性有機化合物（トルエンやキシレン等200種類）

　2006年4月に大気汚染防止で施行され2010年までに2000年度比で30％削減目標。塗料やインキ，洗浄液，接着剤の溶液が対象。大気中に放出されると太陽光と反応し，光化学スモッグの原因とされる光化学オキシダントを生成することがわかっている。自主管理の成果があがらなけ

図7　当社インク表示
（GHSに準拠）

インクジェットプリンターの応用と材料Ⅱ

GHS分類	危険有害性区分	・引火性液体：区分2 ・皮膚腐食性/刺激性：区分2 ・目に対する重篤な損傷/目刺激性：区分2A ・水生毒性(急性)：区分3 ・水生毒性(慢性)：区分3
	シンボル	
	注意喚起語	危険
	危険有害性情報	・引火性の高い液体および蒸気 ・皮膚刺激 ・強い眼刺激 ・水生生物に有害 ・長期的影響により水生生物に有害
	危険有害性コメント	・警告！ 可燃性の液体と蒸気。有害です。

表示例（弊社溶剤系インクのMSDSの一部より抜粋）

図8　当社 MSDS 改訂部分
（GHS に準拠）

れば規制強化もありうる。

6.3　安全・危険情報

　マーキングインクの企業は化学物質規制の他に，化学物質固有の危険有害性を特定し，それに関する情報をユーザーや輸送担当者，緊急時対応職員に伝えることを目的としたシステムにのせる義務がある。インクボトルのラベル表示，MSDS を世界的ルールに従って分類表示させる GHS（化学品の分類および表示に関する世界調和システム）である。国連から加盟国への要求である。

　内容はシンボルマーク（炎，どくろ等のマーク），注意喚起語（危険，警告），危険有害性情報（飲み込むと有害等）をラベル，MSDS に表示し危険有害性の情報を伝達する。

　以下に当社 GHS 準拠のラベル表示，MSDS 改訂部分を示す。

7　まとめ

「マーキングインクのあゆみ」は
① インクの歴史はマーケットのトレンドと密接に繋がり展開していること。

第9章 マーキングインク

② 印字素材の技術革新と多様な業界分野に新しいインクの要求が隠れていること。
③ ここ数年でインクと化学物質規制の関わりが非常に強くなり,将来も更に関連は強固になっていく。
④ 化学物質規制は経営リスクにも関わることであり,対応できる仕組みづくりを急ぐこと。情報の先取りと準備が大事であること。

文　献

1) 「EDI における二次元コードの利用」に関する調査報告,㈶日本情報処理開発協会　産業情報化推進センター,15, 16, 17 (1997)
2) International Symbology Specification DataMatrix, AIM International, Inc, 19, 20 (1997)
3) ファインケミカルシリーズ,機能性インキの最新技術,シーエムシー出版,194 (2002)
4) 2005 年プリンタ市場の全貌,㈱中日社,154-160 (2005)
5) 2006 年プリンタ市場の全貌,㈱中日社,155, 159 (2006)
6) 日経エコロジー,日経 BP 社,27-43 (2007/ 9 月号)
7) 東亜合成研究月報,ポリマー構造を制御した新規顔料分散剤,16-19 (2005/ 8 月号)
8) 特開 2002-105360
9) 分散重合による TiO_2 内包高分子微粒子の設計と電子ペーパへの応用,55-56
10) シリコーン工業化学,共立出版,118 (1953)

第10章　環境対応型インク

奥田貞直[*]

1　はじめに

　インクジェット用インクは，一般に水を主溶媒としたインクと水不溶の有機溶剤を主溶媒としたインクに区分することができる[1]。インク構成を表1に示した。パーソナルで用いられるインクジェット用インクは，環境に優しい水を主溶媒とした水性インクを用いているが，用紙の表面を加工している専用メディアを対象に配合が組まれている。最近，表面加工を行っていない上質紙等の普通紙を対象とした水性インク[2,3]もあるが，水を主溶媒としているため印字率が高いと木材パルプが膨潤して用紙が凸凹になってしまう。

　水不溶の有機溶剤を主溶媒としたインクは，揮発性有機溶剤を主とした溶剤インクと不揮発性有機溶剤を主とした油性インクに区分することができる。揮発性有機溶剤を主とした溶剤インクは，MEK，シクロヘキサン，アルコール系を用いて，塩化ビニル系，ポリオレフィン系，ポリエステル系のフィルム，プラスチックボード，ガラス，飲料缶の非浸透メディアを対象としている。インク中には，揮発性有機溶剤が空気中に飛散した後にメディア上で固着させる樹脂成分を必要量配合している。最近，この分野では，無溶剤で環境適合に優れるUV硬化型インクが用いられる事例が増えてきている。

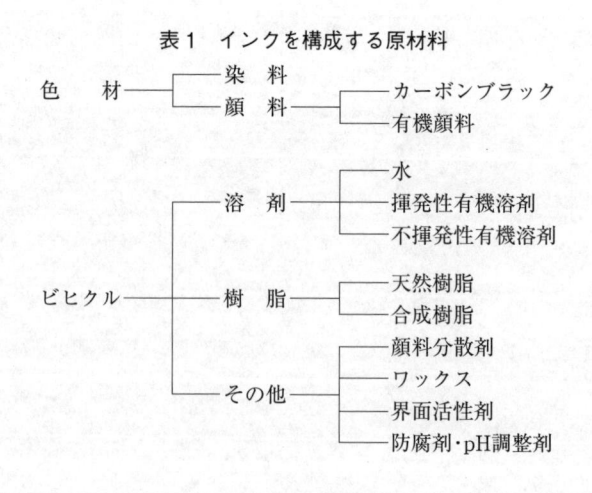

表1　インクを構成する原材料

```
色　材 ─┬─ 染　料
        └─ 顔　料 ─┬─ カーボンブラック
                    └─ 有機顔料

ビヒクル ─┬─ 溶　剤 ─┬─ 水
          │          ├─ 揮発性有機溶剤
          │          └─ 不揮発性有機溶剤
          ├─ 樹　脂 ─┬─ 天然樹脂
          │          └─ 合成樹脂
          └─ その他 ─┬─ 顔料分散剤
                     ├─ ワックス
                     ├─ 界面活性剤
                     └─ 防腐剤・pH調整剤
```

---

　* Sadanao Okuda　理想科学工業㈱　K&I開発センター　第一研究部　部長

第10章　環境対応型インク

　これに対し，不揮発性有機溶剤を主とした油性インクは，揮発性がないために浸透メディアを対象としている。インク中には，人体，環境に悪い影響を及ぼす揮発性有機溶剤を含まない配合になっているため環境適合性に優れている。また，浸透メディアの代表例としては，事務用途で大量に使用される上質紙等の普通紙であるが，この普通紙は，LCA（Life Cycle Assessment）の観点からも，表面加工を行っている専用メディアよりも優位である。本章では，環境対応型インクとして，この普通紙に対応する不揮発性有機溶剤を主に用いた油性インクを中心に説明を行う。当社は，このインクを用いて高速フルカラーインクジェット印刷システムの販売を行っている[4]。

2　インク配合と印刷時の特性

　一般的に用いられる水性インク，不揮発性溶剤を主溶媒とした油性インクの配合例を図1に，これらの印刷時の特性を，溶剤インクを含めて表2に示した。

　図1の結果より，一般的にパーソナルで用いられる水性インクは，水を50％以上含有し，この他に水との相溶性が高い極性溶剤，インク変質を制御する保湿剤が含まれている。また，水の配合率が少ない配合例[5,6]もあるが，水性インクと油性インクの中間の性質になる。

　表2の結果より，水性インクは，普通紙の表面層に染顔料が留まり易いため印刷濃度が高くインクの滲みも少ないが，インク中に水が含まれるため普通紙の主要構成材である木材パルプが膨

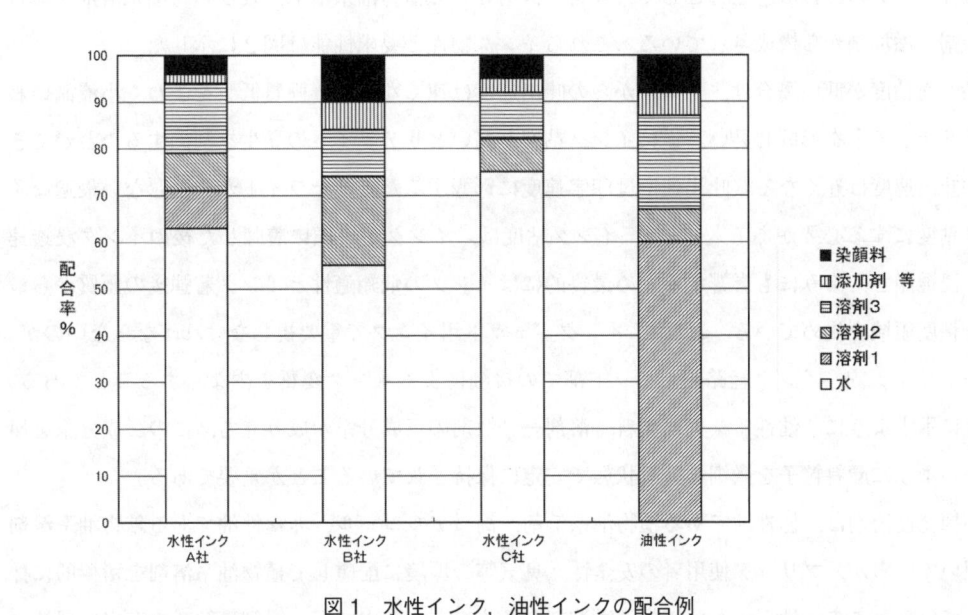

図1　水性インク，油性インクの配合例

表2 水性インク，油性インクの印刷時の特性
・水性インク ：主な液体成分を水および水溶性有機溶剤で構成
・溶剤インク ：主な液体成分を揮発性有機溶剤で構成
・油性インク ：主な液体成分を不揮発性有機溶剤で構成

	水性インク	溶剤インク	油性インク
画質（印刷濃度・滲み）	○	○	△
連続印刷性	×	×	○
目詰まり	×	×	○
臭気	○	×	△
安全性	○	×	△
インク浸透速度	遅い～普通	速い	普通
インク乾燥性	悪い～普通	良好	悪い
用紙変形	多い	ない	ない

潤して用紙が変形するのが特徴である。油性インクは，染顔料が普通紙の表面層には留まることができないため水性インクよりも印刷濃度が低くインクの滲みも多くなるが，木材パルプの膨潤がないため用紙が変形することがないのが特徴である。溶剤インクは，非浸透メディアを対象としているため事務用途で使用されることがなく大掛かりな溶剤回収装置が必要になる。

3 油性環境対応インク

3.1 基本的なインク物性と配合

油性インクの配合は，色材として染顔料，溶剤として植物油系溶剤，及び鉱物油系溶剤，顔料分散剤，添加剤から構成されている。これらインク物性と要求性能は図2に示した。

インク粘度が低い場合は，ノズルからの吐出速度は速くなるが，画質低下をまねく小液滴いわゆるサテライトを形成し易い。逆にインク粘度が高いとサテライトの発生を制御することができるが吐出速度は遅くなる。吐出速度は印字速度に影響するためサテライトが発生しない最適なインク粘度にする必要がある[7]。また，インク粘度は，インクが用紙に着弾した後のインク浸透速度，浸透深さ，滲みにも影響するため最終的にはインクの飛翔適性とインク着弾後の画質から最適な粘度領域を決めている。この他，インクジェット用インクで重要視しなければならないのが，カートリッジ内，インク経路内，ヘッド部での接触によるインク変質を少なくすることである。図3に示すように，油性インクは顔料—溶剤—分散剤の三成分系が成り立ち，この三成分系を崩さないように顔料粒子を微細な分散状態で安定に保持されていることが重要である。

不揮発性溶剤は，極性油である植物油系溶剤，高級アルコール，非極性油である鉱物油系溶剤を用いているが，プリンタ使用者の安全性，臭気等の環境に配慮して植物油系溶剤を積極的に採用している。この極性が大きい植物油系溶剤が多く存在する中でも，微細に顔料を安定に保持す

第 10 章　環境対応型インク

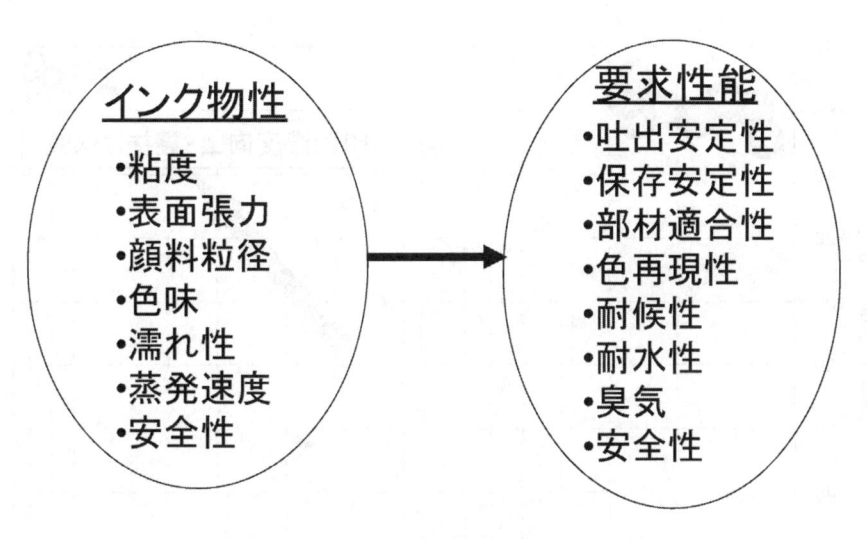

インク物性
- 粘度
- 表面張力
- 顔料粒径
- 色味
- 濡れ性
- 蒸発速度
- 安全性

要求性能
- 吐出安定性
- 保存安定性
- 部材適合性
- 色再現性
- 耐候性
- 耐水性
- 臭気
- 安全性

図2　インク物性と要求性能

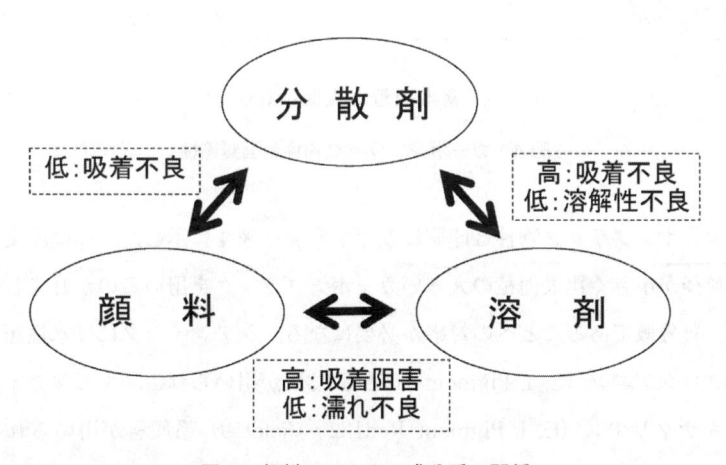

分散剤

低：吸着不良　　　高：吸着不良／低：溶解性不良

顔料 ⇔ **溶剤**

高：吸着阻害／低：濡れ不良

図3　顔料インクの三成分系の関係

ることができる高分子分散剤を用いている。これら三成分系の考え方は，水性インクと同じであり，分散剤をマイクロカプセル化する手法[8]や，顔料表面に直接，官能基を結合させた自己分散顔料[9]を用いることができる。

3.2　顔料と顔料分散

顔料選択の基準は，顔料が微分散の状態で維持され，所望の発色領域が得られることである。尚，染料は，油に溶解する油溶性染料が少なく発色領域が狭くなるために選択するのが難しいが，水溶性染料を油溶化することによって使用することもできる。顔料としては，ブラックインクは一般的なインクジェット顔料インクで使用されるカーボンブラック（C. I. Pigment Black 7）が

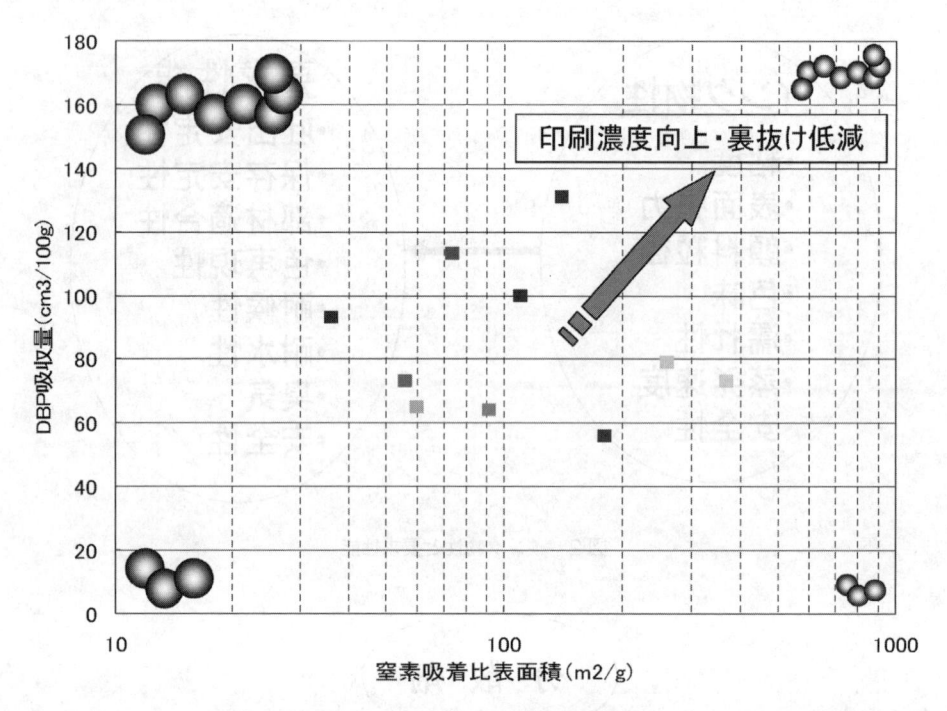

図4 カーボンブラック物性と画質適性

用いられる。カーボンブラック物性と印刷に及ぼす影響を図4に示した。印刷濃度を高くするためには，一次粒径が小さく比表面積の大きいカーボンブラックを用いるのが好ましいが，粘度が高くなること，難分散であることへの対応が必要になる。シアンインクには水性顔料インクと同様にβ型銅フタロシアニン（C. I. Pigment Blue15：3）が用いられる。マゼンタインクは，水系の場合には，キナクリドン（C. I. Pigment Red122・Violet19）系顔料が用いられるが，油性インクの場合，水へのブリード現象がほとんどないためにアゾレーキ顔料を使用することができる。また，イエローインクは，耐光性，発色濃度より各種の顔料（C. I. Pigment Yellow128・Yellow74・Yellow16 等）から選択される[10]。何れの顔料を一次粒子径が小さく発色が良好な顔料を選択しているが，分散安定性が高くなるように種々の分散剤，分散手法を組み合わせて使用している。これらの顔料選択は，水性インクとほぼ同じである。

また，易分散性を達成するための顔料の表面処理剤として顔料誘導体，樹脂処理，界面活性剤処理を施してしている顔料を使用することができる。

顔料の分散工程では，一次粒子の状態まで解すが，顔料が破砕されると活性部位が露出し，インクに異常な粘度上昇が発生する場合がある。インクジェット用インクの製造においては，顔料分散状態を安定化するための加工技術が重要になる。この製造方法は，インクの表面張力，粘度または色濃度等の調整のし易さから，顔料の分散工程とインキ調整のための希釈工程の2段階工

第 10 章　環境対応型インク

程で行われることが多い[11]。また，顔料分散は，数 mPa・s～10mPa・s の低粘度の溶剤中に顔料を仕込み，この顔料を一次粒子近くの 100nm 付近まで分散する工程で，分散には相当に大きなせん断力が必要になる。一般的な生産機としては湿式ビーズミルが用いられる。ビーズミルの分散メディアは，ジルコニアビーズに代表される無機セラミックビーズを用いるが，ビーズ自体の磨耗，ベッセル磨耗による不純物がインクに混入し，ノズルの目詰まりの原因になるため注意が必要である。従って，分散時間を長くすると，顔料が破砕されたことによる活性部位の露出や，ビーズミル磨耗，ベッセル磨耗による不純物の発生があるため短時間で処理する必要がある。ただ，分散時間が短いと粗大粒子が残ることになり，この粗大粒子がノズル目詰まり等の障害になることがあるので注意が必要である。粗大粒子の除去には超遠心濾過，フィルタ濾過があり，最適な顔料粒子が得られる生産方式を選択して製造が行われている[12]。

3.3　溶剤と添加剤

　ヘッド部では，溶剤飛散に伴って組成が変化し顔料凝集が発生する場合がある。極端な場合，ノズルを詰まらせてしまいクリーニング動作によっても全く回復しないインク吐出不良が発生する。クリーニングとは，ワイピング，吸引することでノズル部に安定した液面状態（メニスカス）を形成することである。このメニスカスは，ノズル口の液面を一定に保ち安定した液滴飛翔を行うために重要な因子である。

　溶剤飛散によるインク変質を少なくするため，使用環境条件下で揮発量が少ない溶剤が選択される。このような溶剤としては，植物油系溶剤の大豆油，サフラワ油，コーン油，米糠油等，及びこれらの脂肪酸エステル油を使用することができる。脂肪酸エステル油を植物油系溶剤の主成分に用いるのがインク粘度を上げないために好ましい。この他，高級アルコールを用いることもできる。鉱物油系溶剤は，環境面，安全性から芳香族成分が 1 ％以下のアロマフリー溶剤を用いている。これらの溶剤には，環境面を配慮して溶剤飛散が少なく人体への影響がない溶剤が選ばれる。

　添加剤としては，高分子化合物を使用すると用紙繊維と顔料の定着性を改良することができるが，配合量が多くなるとインク粘度が上がり吐出性能に悪影響を与える。この他，分散助剤，酸化防止剤，粘度調整剤を配合することができる。

　また，インクの安全性についても，急性毒性，皮膚刺激性，皮膚感作性，変異原性を確認し，充分な配慮が必要である。

4 性能評価

写真1に水性インクと油性インクの普通紙への印字状態と用紙の深さ方向の浸透状態（用紙断面）を示す。水性インクは，印刷濃度が高く，インクの滲み，用紙の深さ方向のインク浸透が少ない。インクの用紙内への浸透距離は，(1)式で示されるルーカス・ウォッシュバーンの式[13]で示されるが，接触角が小さいと浸透距離が深くなり裏抜けには不利となる。また，顔料インクの浸透モデルに関する事例発表も最近，多くなってきているが，顔料ケークを形成するため染料よりも浸透速度が遅くなる[14]。

水性インクを含めた動的接触角を図5に示したが，最近の水性インクは，低表面張力となる界面活性剤等を配合しているため動的接触角が油性インクと同じ程度になっている。これは，動的表面張力を計測しても同じ結果が得られる。

$$浸透距離 \quad H = \sqrt{(dt\gamma\cos\theta/4\eta)} \tag{1}$$

d：毛細管径　t：時間　γ：表面張力　η：粘度　θ：接触角

それでも，水性インクの印刷濃度が高くなるのは，普通紙の木材パプルが水を吸って膨潤が発

水性インク　　　　　　　　　　油性インク

写真1　水性インク，油性インクの印字写真と深さ方向の浸透状態

第 10 章　環境対応型インク

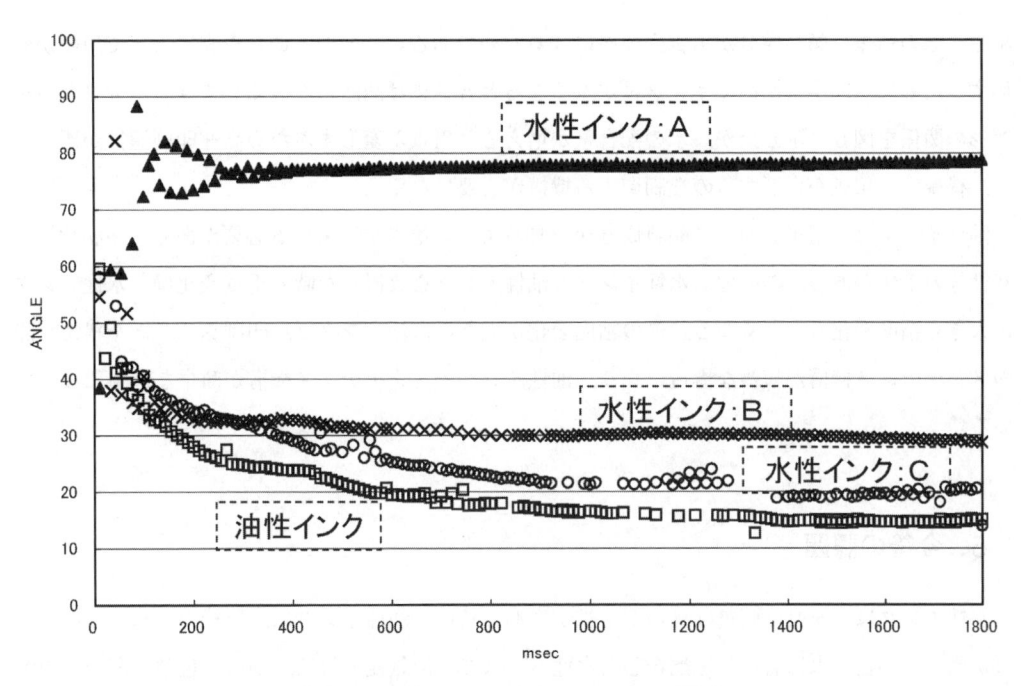

図 5　水性インク，油性インクの動的接触角
測定機：Dataphysics 社　OCA20

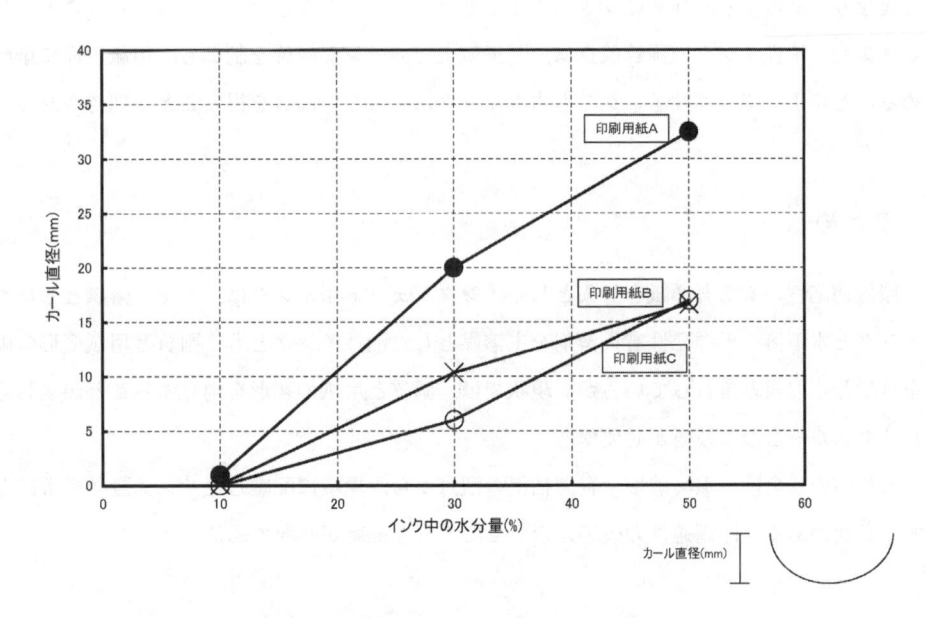

図 6　印刷直後のインク中の水分量と用紙変形
＊印字 3 秒後での比較
（50 mm巾の短冊を用いて，全ベタ印字時の円筒状カール直径を計測：23℃/50%）

生し，その結果，顔料成分が用紙表面層に残るためである。この他，この膨潤によって用紙が変形するために，印字率が高くインク量が多くなると普通紙は凸凹になってしまう。水分量と用紙変形の関係を図6に示したが，水の配合量が増えると用紙が変形するため高速印刷適性が悪くなり，機械的に用紙が変形するのを制御する機構が必要になる。

油性インクは，用紙表面層に顔料成分が留まるように溶媒を工夫する必要があり，多相化[15]，変性等の手法がある。この他，水性インクと油性インクを放置した時の重量変化は，水性インクが大きく粘度変化も大きくなる。この粘度変化が大きい水性インクは，印刷システムを組んだ際のメンテナンス機構が複雑な構造になり，油性インクのメンテナンス機構が簡単な構造になっている。

5　今後の課題

水性インクは，一般に画質は良いが用紙が変形し易い。油性インクは，用紙の変形はないが画質が悪い。各社，水に着色剤を配合した水性ベースでの用紙変形対策，油に着色剤を配合した油性ベースでの画質対策を行なっている。

水性インクの用紙変形は，普通紙繊維の縦横配向，木材パルプの太さが世界各国の製紙メーカーで異なり，静電吸着，加熱乾燥等による変形矯正の機構系と合わせて対策を行うことが必要である。また，油性インクの画質改良は，普通紙上でのインク浸透を制御し，用紙表面に染顔料を留めることによって，油性インクでも水性インクに劣らない画質を得ることが期待される。

6　まとめ

① 環境適応性のある普通紙を対象としたインクジェット用インクは，水を主溶媒とした水性インクと水不溶の不揮発性有機溶剤を主溶媒とした油性インクとも，画質と用紙変形の両立を目指した取組みを行っているが，現状では，画質と用紙の変形を両立することが難しくブレイクスルーとなる技術が必要である。

② 人体への安全性，環境破壊，資源枯渇の観点から，環境に配慮したインク設計を常に追求する必要がある。印刷適性の改善と合わせて充分な配慮が必要である。

第 10 章　環境対応型インク

文　　献

1) 平成 16 年度特許出願技術動向調査報告書,"インクジェット用インク",特許庁（2005）
2) 後藤明彦ほか,"Japan Hardcopy2004 論文集", 101-104（2004）
3) 土井孝次ほか,"The Imaging Society of Japan", A-22（2007）
4) 奥田貞直, 大島健嗣,"日本写真学会誌 2005 年 68 巻 1 号", 36-44（2005）
5) 特開 2005-220218, 2005-220296, 2006-45450, 2007-91905 等
6) 飯島裕隆ほか,"KONICA MINOLTA TECHNOLOGY REPORT", VOL. 4, 21-26（2007）
7) 甘利武司,"インクジェット記録の高画質, 高速化技術と関連材料の開発",㈱技術情報協会,㈱技術機構, 127（2004）
8) 原田寛, 井上定広,"DIC Technical Review", No. 9, 1-7（2003）
9) 佐竹順,"日本画像学会誌", 第 41 巻, 第 2 号, 174-178（2002）
10) 高尾道生,"インクジェット最新技術",㈱情報機構, 東京, p102（2004）
11) 安井健悟,"DIC Technical Review", No. 8, 19-26（2002）
12) 野口弘道ほか,"色材協会誌", No.12, 69, 55（1996）
13) 空閑重則,"インクジェット記録の高画質, 高速化技術と関連材料の開発",㈱技術情報協会,㈱技術機構, 87（2004）
14) 村山浩一,"第 63 回日本画像学会技術講習会", 151-191（2007）
15) 特開平 4-170475, 4-183762 等

〈インクジェット用メディア〉

第11章 インクジェットメディア用ポリビニルアルコール

小野裕之[*]

1 はじめに

ポリビニルアルコール（以下PVOHと称す）が日本で工業化されて，半世紀以上経つが，現在も盛んに用途開発が行われている。当初はビニロン繊維原料としての出発であったが，その後，紙加工，分散剤，成型加工，ゲル，フィルム等の様々な分野における用途開発が進み現在に至っている[1]。そして，紙加工分野では，インクジェット用途での実用化が進み，PVOHに対する高機能化の要望も多い。

本稿では，PVOHに関する一般的な説明と共に，インクジェット用途における，当社の機能性PVOHに対する取り組みの一端について紹介する。

2 PVOHの概要[1,2]

PVOHは，酢酸ビニルモノマーを重合し，酢酸エステル部位を水酸基に加水分解する「鹸化反応」を経て製造され，水酸基，および残存酢酸基とから成り立っている（図1）。繰り返し構造全体に占める水酸基の割合を「鹸化度」と言い，殆ど全てが水酸基になっているものを完全鹸化PVOH，酢酸基が有る程度残っているものを部分鹸化PVOHと呼ぶ。また特殊な変性基を導入して機能を持たせたものを変性PVOHと呼ぶ。

PVOHの基本的性質を表1にまとめる。PVOHは鹸化度と重合度によってその性質が様々に変化する。

水酸基は水素結合性および結晶性の源であり，水溶性や接着力，バリア性などの物性は，一般に鹸化度が高いものほど強くなる。また親油基である酢酸基の存在によって界面活性が発現したり，水素結合の抑制効果が生まれる。例えば鹸化度88mol%のPVOHは，構造中に占める水酸基の割合が完全鹸化品に比べて少ないにも関わらず，完全鹸化品よりも水に溶解しやすい。これは，酢酸基によってPVOHの結晶性が適度に乱され，凝集力が低減されている為である。また重合度

---

* Hiroyuki Ono 日本合成化学工業㈱ 中央研究所 スペシャリティクリエイティブセンター 担当課長

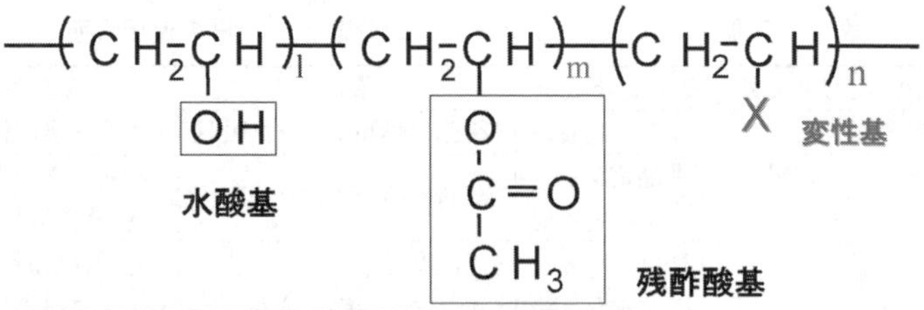

第11章 インクジェットメディア用ポリビニルアルコール

$$-(CH_2CH)_l-(CH_2CH)_m-(CH_2CH)_n-$$
$$\quad\quad |\quad\quad\quad |\quad\quad\quad\quad |$$
$$\quad\quad OH\quad\quad O\quad\quad\quad X\;変性基$$
$$\quad\quad 水酸基\quad C=O$$
$$\quad\quad\quad\quad\quad CH_3\;残酢酸基$$

重合度 : l+m
鹸化度 : 〔l／(l+m)〕×100 mol%

- ●水酸基　親水性　　；水溶性、耐溶剤性
　　　　　　水素結合性　；ゲル化、造膜性、接着力
　　　　　　結晶性　　　；バリア性、強度
- ●残酢酸基　疎水性
　　　　　　　界面活性能、表面張力低下
　　　　　　　結晶性の抑制
- ●変性基　各種機能付与

図1　PVOHの基本構造

表1　ポリビニルアルコールの鹸化度と重合度による一般傾向

	けん化度		重合度	
	高くなると	低くなると	高くなると	低くなると
冷水溶解性	↓↓	↑↑※	↓	↑
水溶液粘度	↑	↓	↑↑	↓↓
フィルム強度	↑硬	↓柔	↑↑強	↓↓弱
バリア性	↑↑	↓↓	↑	↓
界面張力	↑↑	↓↓	↑	↓
保護コロイド力	↓↓	↑↑	↑	↓

※ 但し、鹸化度85mol%以下は曇点を有し、熱水に溶解しない。

も物性に影響を与え，重合度が高い方が水溶液粘度が高くなり，製膜フィルムの強度が増す。

当社では，重合度，鹸化度，および変性種のバリエーション豊富な一連のPVOHを上市し，ユーザーの多様なニーズにきめ細かく対応している。それらの詳細についてはお尋ね頂きたい。

3　インクジェット用ポリビニルアルコール

インクジェット用途では，PVOHは主に顔料バインダーやインク吸収材として用いられる。現在市販されているインクジェットメディアは，インク吸収の方法によって，①膨潤型，②空隙型，③微細空隙型の3種類に大別される（表2）。

表2　各種インクジェットメディアの分類とPVOHの使用場所

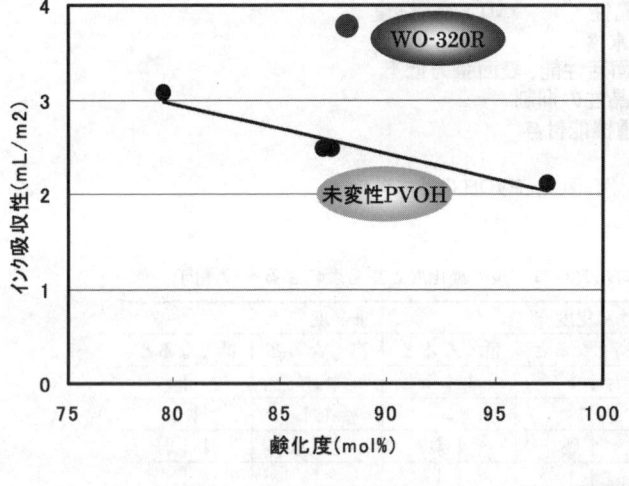

メディア種類	PVOH使用場所	その他組成物	機能	PVAへの要求物性
膨潤型メディア	膨潤層	・インク定着剤	・樹脂の膨潤でインク吸収	・インク吸収性，透明性
空隙型メディア	インク受容層	・非晶質シリカ ・インク定着剤	・顔料空隙でインク吸収	・バインダー力 （粉落ち抑制，PVOH量低減）
	光沢層	・微細シリカ ・エマルション	・光沢度付与 ・インクの溶媒を透過	・光沢性（顔料分散性），透明性 ・インク浸透性と耐水性
微細空隙型メディア	光沢性 インク受容層	・気相法シリカ ・アルミナ	・光沢性付与 ・顔料空隙でインクを吸収	・バインダー力（ひび割れ抑制） ・顔料分散安定性

図2　WO-320Rのインクモデル物質吸収性

① 膨潤型メディア

　膨潤型メディアは，それ自身がインクを吸収し膨潤する性質のインク受容層を基材に形成して製造する。インク受容層バインダーとしては，インク吸収性が良いことが重要であるが，そのようなPVOHの当社品の一例として，特殊変性品であるWO-320Rが挙げられる。WO-320Rは，同等重合度・鹸化度の未変性PVOHに比べ遙かに優れたインク吸収性を示す（図2）。WO-320Rは重合度が低いタイプのPVOHであるが，これと同等のインク吸収性を示しながらも，重合度が高くバインダーとしての機能を高めたタイプの開発も検討中である。

② 空隙型メディア

　非晶質シリカ等の顔料を主成分とするインク受容層を有するメディアであり，その空隙でインクを吸収し，画像形成を行う。表面光沢や耐水性を付与するために，上に光沢層を設けるタイプ（光沢紙）もある。インク受容層には，顔料の結着力（バインダー力）に優れるPVOHが重要であり，完全鹸化品や高重合度品等が使われる。表3は当社のアセトアセチル化変性PVOH（ゴー

第11章 インクジェットメディア用ポリビニルアルコール

表3 架橋剤種類とインク受容層のバインダー力(セロテープ剥離強度で評価)

No	架橋剤	剥離強度(gf/mm)
1	—	15
2	グリオキザール	17
3	メタキシレンジアミン	17
4	アジピン酸ジヒドラジド(ADH)	60※
5	炭酸ジルコニルアンモニウム	24
6	酢酸ジルコニル	16
7	硫酸ジルコニル	18
8	硝酸ジルコニル	55
9	塩基性塩化ジルコニル	60
10	硫酸アルミニウム	16
11	硝酸アルミニウム	17
7	四塩化チタン	※
8	乳酸チタンアンモニウム	※
Cf	比較用標準品	48

塗工液組成
 Z-410 /架橋剤 =100 / X
 非晶質シリカ/PVOH=100/30
 塗工液濃度 15%

塗工紙作製方法
 PPC用紙にアプリケーター($75\mu m$)
 塗工し,105℃×10分乾燥

剥離強度評価方法
 セロテープ(幅18mm)を貼り付け,
 2kgローラーで2往復して圧着,
 速度100mm/分で180度剥離強度を測定。

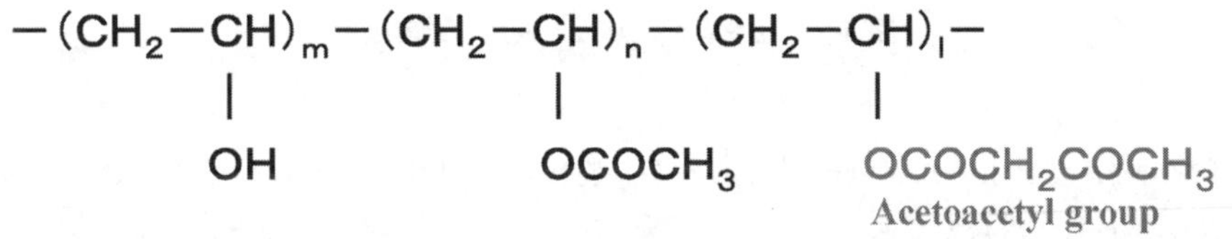

$$-(CH_2-CH)_m-(CH_2-CH)_n-(CH_2-CH)_l-$$
$$|||$$
$$OHOCOCH_3OCOCH_2COCH_3$$
$$\text{Acetoacetyl group}$$

図3 ゴーセファイマー®Zの構造

表4 ゴーセファイマー®Zの架橋反応例

分類	化合物名	熱処理温度	溶出率(耐水性)[※1]	ポットライフ[※2]
アルデヒド化合物	グリオキザール	70℃	3%	2.7時間
	GX 澱粉付加物	70℃	5%	9.1時間
アミン化合物	メタキシレンジアミン	70℃	10%	11分
ヒドラジド化合物	アジピン酸ジヒドラジド	70℃	100%	5分
	ポリヒドラジド	70℃	5%	3分
多価金属化合物	硫酸アルミニウム	110℃	6%	1日以上
	塩基性塩化ジルコニル	70℃	6%	1日以上
メチロール系	メチロール化メラミン	70℃	7%	4時間
UV 照射[※3]		—	15%	—
N-300 (未変性完全鹸化PVOH)		150℃	全溶出	—

※1 ゴーセファイマー®Z-200に各種架橋剤5phr併用し,キャストフィルム作成。所定の温度で5分熱処理した後,80℃熱水に1時間浸漬した前後の溶出率を測定した。
※2 PVA10%水溶液に各種架橋剤を併用した際の,粘度倍増時間
※3 高圧水銀ランプでUV照射(積算UV照射量1100mJ/cm^2)

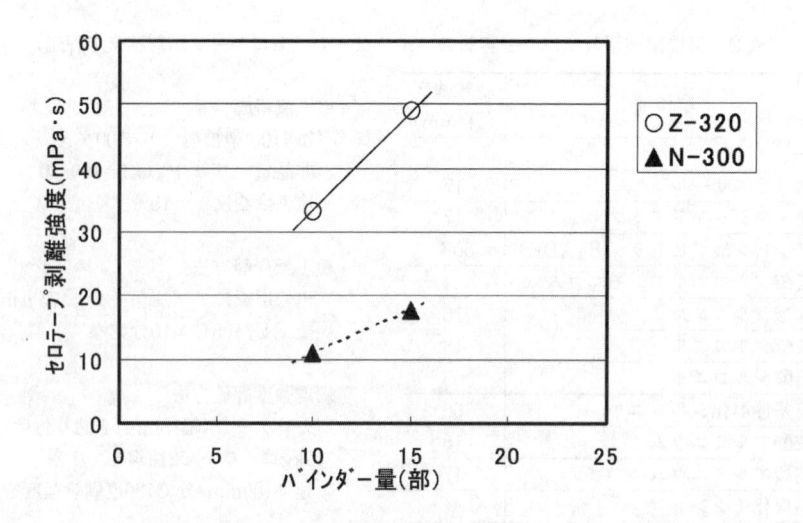

[配合処方]
A-200※／PVOH／PAS-H-5L／ZC-2＝100／15／15／10
固形分15%塗工液
基材に塗布後、上にPETフィルム積載して乾燥。

※アエロジルA-200（一次粒子径14nm、日本アエロジル社製）

図4　ヒュームドシリカを使用した実験例

セファイマー®Z）を用いた実験結果であるが，特定の架橋剤と組み合わせることで，高いバインダー力を示すことがわかった。

ゴーセファイマー®Zとは，反応性に富むアセトアセチル基が導入された当社独自の変性PVOHであり（図3），架橋剤との反応によって，他のPVOHでは到達できないレベルの耐水性やバインダー力を得ることができる。当社では，インクジェット用途のみならず，様々な目的に応じた架橋剤の使用法について種々検討を行っている。表4にその一例を示すが，安全性が高く，ポットライフが長く，かつ耐水性にも優れた架橋剤は今後ますます重要であり，鋭意開発を続けている。詳細についてはお尋ね頂きたい。

③　微細空隙型メディア

ナノサイズの顔料（ヒュームドシリカやアルミナ顔料）を主成分としたインク受理層を有し，その空隙でインクを吸収し画像を形成するメディアであり，光沢優れる外観とインクの吸収性の両立が特徴である。この用途には，塗布液作成時の顔料凝集抑制や塗布層のひび割れ抑制のために，部分鹸化タイプの高重合度PVOHがホウ酸を併用して用いられることが多い。

図4は，ゴーセファイマー®Zをバインダーに，架橋剤として塩基性塩化ジルコニルを使用し，ヒュームドシリカを顔料としたインク受容層組成の検討例であるが，バインダー力は，未変性PVOHの系よりも高い値を示すことがわかった。

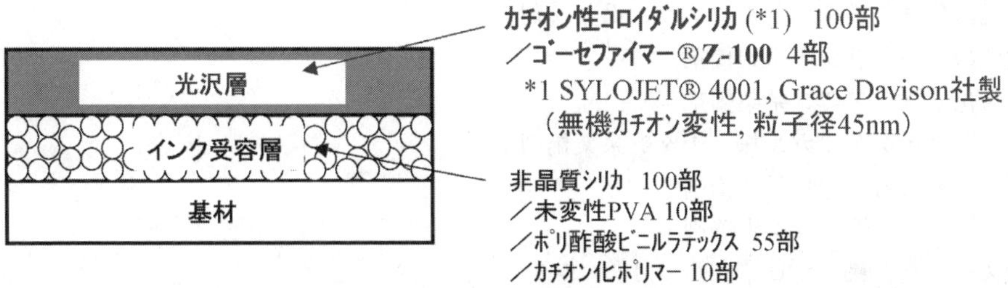

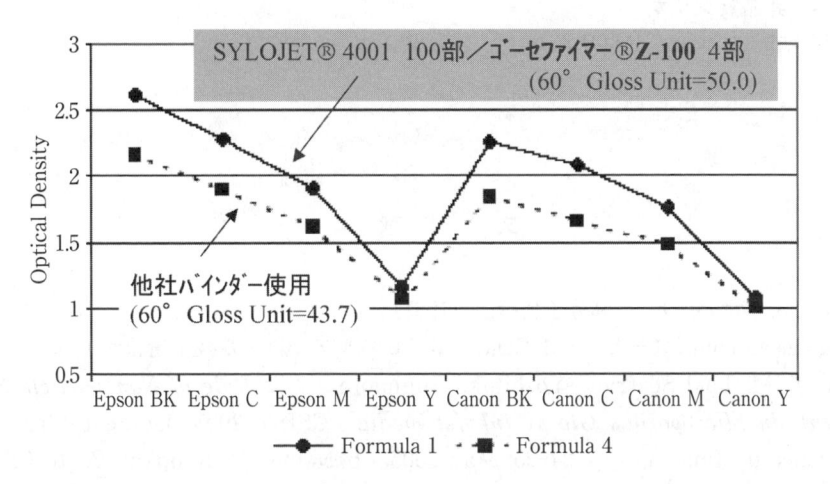

第11章 インクジェットメディア用ポリビニルアルコール

図5 ゴーセファイマー®Zとカチオン性コロイダルシリカによる光沢層形成

Epson PM-980C Gloss Paper
Canon BJ-F900 Gloss Paper

④ 光沢層への応用

ゴーセファイマー®Zと特定のカチオン性コロイダルシリカにより，画像濃度の高い光沢層が形成できることが見いだされた（図5）[3]。カチオン変性した顔料に対するアセトアセチル基の相互作用により，顔料の分散性が向上したことが要因の一つと考えられる。

4 おわりに

PVOHの開発の歴史は半世紀以上におよぶが，今なお新たな用途開発が進んでいる。今後も，インクジェット用途をはじめとして，ユーザーの要望に応じた機能性PVOHの開発を継続して行きたいと考えている。

謝辞
研究のための各種素材をご提供頂いた以下の各社に，この場をお借りして御礼申し上げます。

第一稀元素化学工業㈱　ジルコニウム系架橋剤
大塚化学㈱　ヒドラジド系架橋剤
三菱ガス化学㈱　アミン系架橋剤
マツモトファインケミカル㈱　チタン系架橋剤
三晶㈱　ＧＸ澱粉付加物系架橋剤
日東紡　カチオン性インク定着剤
グレースジャパン㈱　コロイダルシリカ
㈱トクヤマ　非晶質シリカ
日本アエロジル㈱　ヒュームドシリカ

文　　献

1) 長野浩ほか，"ポバール"，高分子刊行会 (1981)
2) www.gohsenol.com（ゴーセノール.COM：ポリビニルアルコール技術情報サイト）
3) a) Sun Qi, Michael Sestrick, Yoshitaka Sugimoto, *"The Role of Nanoparticle Silica Pigments in Microporous Glossy Ink Jet media"*, CSIST 2005 Beijing International Conference on Imaging, pp. 24-25, May 2005.　b) Natalia V. Krupkin, Beate C. Stief, Michael R. Sestrick, Demetrius.Michos, Silica Nanoparticles: Design Considerations for Transparent and Glossy Inkjet Coatings, 21st International Conference on Digital Printing Technologies, pp.442-444, Sep 2005.

第12章 インクジェット受容層の最適設計

平澤　朗[*]

1　はじめに

　インクジェットプリンタは，その急速な技術の進歩により，応用範囲も広がりをみせている。家庭用のプリンタのみならず，産業用途でも大判のカラーグラフィックやオンデマンド印刷，テキスタイル，半導体製造分野への応用など，製造技術としての展開も図られている。また，これらの用途に対応したインクジェット受容層形成技術の研究開発も盛んに進められている。ここでは，インクジェットプリントに求められるインクジェット受容層（インクジェットメディア）について述べていきたい。

2　インクジェット印刷方式による分類

　インクジェット印刷方式による分類を図1に示した。インクジェットの印刷方式は大きく分けてオンデマンド方式とコンティニュアス方式に大別される。オンデマンド方式の最大の特徴は，比較的安価であることがあげられるが，メディアまでの距離が広くとれない（～2mm）ことが制約事項として上げられる。このことは高速印刷を行った場合に幾つかの課題として上げられる。一方コンティニュアス方式は，メディアまでの距離を広くとれる（20mm程度）ことが最大の特徴であり，連続用紙（ウエブ）上への高速印刷や曲面（飲料缶など）にも印刷が可能であり，宛名印字，ラベル印字，マーキングなどに多く使われている。

3　インクジェット印刷の特徴と問題点および要求性能

3.1　インクジェット印刷の特徴と問題点

　インクジェット印刷は，文書やデジタルカメラのカラー写真の出力などデジタル情報の出力手段として中心的な役割を担うまでに発展してきている。その特徴として上げられるのは，

①　解像度が高くカラーの再現性（発色性）に優れている

---

[*]　Akira Hirasawa　トッパン・フォームズ㈱　中央研究所　第一研究室　室長

インクジェットプリンターの応用と材料Ⅱ

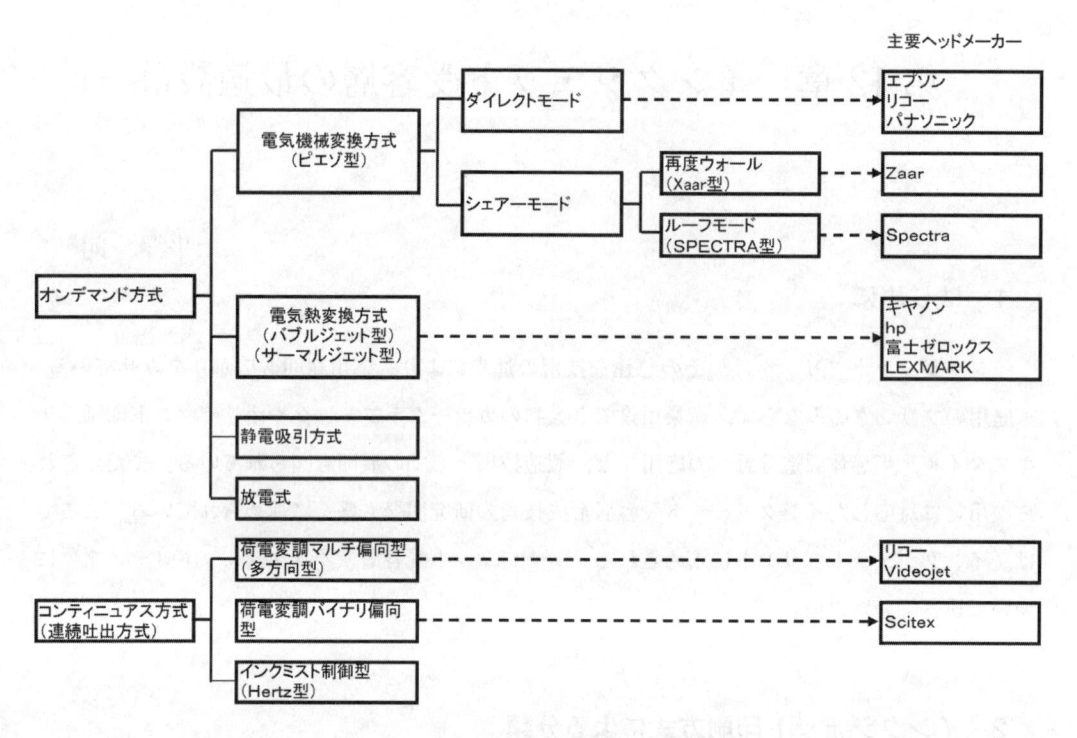

図1 インクジェット印刷方式による分類

② 印刷版が不要で多様な媒体へ印刷が可能（無版印刷／可変印刷）
③ プリンタの小型化が可能

の3点があげられる。また問題点としては，

① 耐光性・耐候性・耐水性など耐久性に劣る
② 写真用紙など高画質に出力の場合にコスト高
③ 発色濃度不足や裏抜けの発生

が列挙される。先に示した利点を生かし，これらの問題点を解決するためにもインクジェット受容層の重要性が増すこととなる。

3.2 要求性能

インクジェットインクが低粘度の水性インキであることから，インクジェット記録用紙に要求される性質として浸透性やにじみの程度が重要となる。インクジェット印刷では，インクはメディアの表面に留まるのではなく，内部へ浸透することにより定着する。このことがメディアに求められる性能として，インクを吸収することができる構造を必要とすることになる。PPC用紙など普通紙では，抄紙工程でサイズプレス処理を施しフェザリングを抑えている。サイズプレ

第12章　インクジェット受容層の最適設計

写真1　PPC用紙の表面電子顕微写真

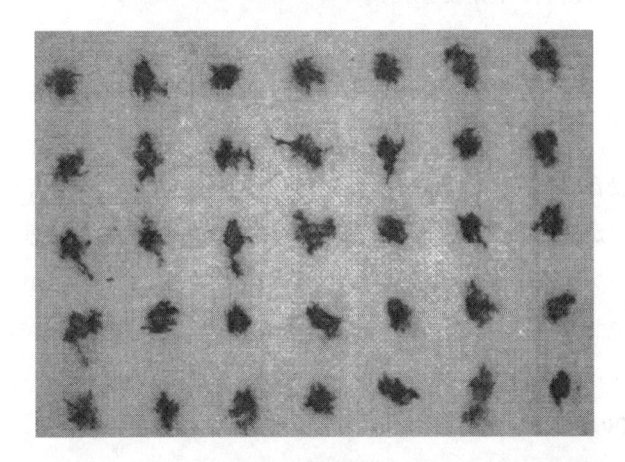

写真2　PPC用紙上のドット

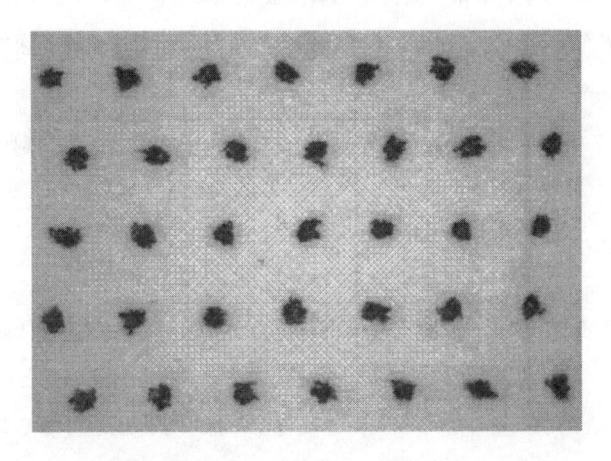

写真3　代表的インクジェット用紙上のドット

ス処理とは，紙への水の吸収・浸透をコントロールし，水系のインクのにじみを防ぐための加工で，水系のインクジェットインクに対しては必ずしもプラスには作用しない。しかし，インクジェットインクは均一な液滴形成，高印刷濃度，迅速な浸透乾燥，耐候性，ノズルでの目詰まりが発生しないなどの性質が要求され，色材料が3〜5%，湿潤剤や粘度調剤として水溶性有機溶媒（エチレングルコールなど）が使用されており，これが表面張力を低下させることにより，PPC用紙でも使用が可能となる。

インクジェットインクは横への広がりを抑えて厚さ方向に速く浸透して固定されることが望ましいが，厚さ方向への浸透が速すぎると光学濃度が低くなり，かつ裏抜けの問題が起こる可能性がある。理想的には，横方向への広がりと厚さ方向への浸透の両方の速度を制御しなくてはならない。写真1にPPC用紙の表面電子顕微鏡写真，写真2および3にPPC用紙と代表的なインクジェット用紙へ印刷したドット比較を示す。

4 インクジェット受容層の設計

インクジェット受容層の設計では，使用するインクジェットインクの種類によってインクの定着メカニズムに差異があるため，使用するインクの種類により異なる設計思想で取り組む必要がある。ここでいうインクの種類とは色剤（染料／顔料）によるものであるが，硬化方法などについても考慮すべきである。

4.1 設計する上での留意点

インクジェット受容層を設計してゆく場合，幾つかの点に留意して進めなくていけない。パーソナル用途のインクジェット用紙の設計であれ，産業用のインクジェット印刷用の受容層の設計，とりわけ印刷業界でのインクジェット用紙に求められる品質は多種多様である。以下に留意すべき項目をあげる。

① 基本項目：メディアの表面状態，対象プリンタ，使用用途，インク種別
② 乾燥方法：インク吸収メカニズム（空隙型／膨潤型）
③ 必要性能
④ 形成方法

まず①の基本項目では，光沢紙なのかマット紙なのか，それとも普通紙に近い表面状態のものを設計するかである。それに絡めて，どの様なプリンタで印刷を行うのかという点である。パーソナルプリンタでは，写真モードからワープロ文書まで様々な印刷が可能である。印刷産業用途では，通知文のような文字や罫線だけなのか，ダイレクトメールのようにグラフィック（イラス

第 12 章　インクジェット受容層の最適設計

トや写真）が必要であるのかといった点が重要である。それによりインクジェットで印刷の精細度が異なってくる。また，使用するインキの種類が，顔料タイプか染料タイプのインクなのかでも，受容層の設計には差異が生じることになる。以前のインクジェット印刷は水系インキを用いる方法が主流であったが，近年の技術の進歩により，オイル系や溶剤系，UV 硬化方式など多くの方式が幅広く使われる様になってきた。そのため，受容層の構成材料や層構造なども，設計上重要なポイントである。

　②の乾燥方法では，インク吸収機構の決定が重要である。大きく分けて膨潤タイプと空隙タイプに大別される。膨潤タイプでは水溶性の高分子材料（ポリビニルアルコールやポリビニルピロリドン）が用いられる。色材の性質によりカチオン化された材料を使用することも良く用いられる。近年ではウレタン系やアクリル系の樹脂が使用されている。充填剤として使用される材料としては，シリカや炭酸カルシウムなどが多く用いられる。空隙型ではアルミナが充填材料として良く使用される。パーソナルプリンタでは，自然乾燥であるが，印刷産業用途では，どの様な乾燥方法をとるかも重要である。現在の主流である水系のインクジェットインクでは，何れかの方法での乾燥が必要である。例えば Versamark では 1000 ft/min の高速印刷が可能であり，それを短時間で乾燥させることも受容層に求められる性能である。

　③の必要性能とは，それぞれの使用されるシーンでのみ求められる性能である。どのようなシーンで使われるものなのかを考慮する必要がある。例えば印刷産業用途では，郵便物の宛名を印字することがあるが，雨などで濡れることを考慮しなければならない。④の形成方法であるが，一般的なインクジェット用紙はコーターと呼ばれる塗工装置で塗工される。これは大量生産には向いているが少量多品種への対応はコストアップの要因となる。そのためにインクジェット受容層にもオンデマンド生産方式なども考慮すべき点である。

4.2　評価方法

　インクジェット受容層の評価方法は，今までも多くの方法が提案[1~5]され実用化されている。詳細はそれらを参照してもらいたいが，重要な点は現実の使われ方に即した評価方法を行うことである。品質は実際にプリントすることで判断できることではあるが，その結果から必要性能を付与するための技術的対策を見出さなければならない。性能を満足させるために必要な要素を知ることは，受容層を設計する上で重要である。特に印刷産業では，印刷物は様々に使われるものである。インクジェットで印刷されたものが最終形態ではなく，さらに機械加工されたりすることも多い。そういったことを十分に考慮した評価方法を見出し評価することが必要である。

5 印刷による受容層形成の実用例

5.1 情報用紙と印刷による薄膜受容層の設計

情報用紙とは，業務で使用される申込書や契約書，帳票など各種のアウトプット用紙である。具体的には感圧紙，複写用紙，OCR/MICR用紙，NIP用紙，フォーム用紙などである。印刷物として手にする例としては，複写方式の納品書／請求書や宅配便用の伝票，携帯電話の請求書，通知用隠蔽ハガキなどがある。

これらの用紙へインクジェット印刷を行う場合の問題点として次の様な点があげられる。

① 耐水性がない

② 画像がにじみやすい

一般には印刷用のインクジェット用紙があり，これを使用することもある。しかしながら，印刷用のインクジェット用紙（特に染料を色剤として使用したインクジェット印刷の場合）にはいくつかの問題点がある。第一は平版印刷への対応である。平版印刷とは，印刷版上に疎水部（画線部／印刷インキで印刷されるイメージ）と親水部を作ることにより印刷を行う方式である。この親水部に水の膜を作り，疎水部にのみ印刷インキをのせて印刷を行うが，この時に使われる湿し水（H液）がインクジェットインクの染料の固着剤と反応し，疎水／親水のバランスが崩れて汚れが発生してしまい印刷ができなくなってしまうことが発生する。

また，情報用紙は多種多彩な用紙が使われている。簡単に"用紙"といっても，用紙坪量（用紙の厚み）の違いや上質紙，再生紙，非木材紙といった材質の違い，接着材が塗工されている用紙などを加味すると，その種類は優に百種を超えることになる。これらすべてにインクジェット用紙を用意することは現実的ではなく，たとえ準備したとしてもコストアップになることは明白である。これを解決する方法として，印刷機上で印刷ユニットを利用してインクジェット用紙を製造する試みがなされている。以下にこれについて述べる。

5.1.1 印刷によるインクジェット受容層の創造

印刷機上で印刷ユニットを利用して用紙上にインクジェット受容層を形成させる際の目標性能は次にあげる項目となる。

① ユニットで部分的に形成可能な材料（印刷インキ化可能）

② インクジェット印字の鮮明性・耐水性がある

③ インクジェット受容層の保存安定性がある

④ 受容層形成インキとして安定性がある

⑤ 環境に配慮されている（非溶剤系のインキである）

当然ながら，これ以外にも極力低コストであるなどの条件が付加されることになる。表1にイ

第12章 インクジェット受容層の最適設計

表1 インクジェット用紙と印刷形成受理層の比較

	インクジェット用紙	印刷で形成した受理層
インクジェット印刷スピード	遅い	早い（2.5m/s以上）
印刷内容	文字・グラフィック	文字・画線中心
受理層の面積	全面塗工	部分形成
受理層形成方法	コーター	印刷機
受理層の厚み	15μm〜	2〜3μm

ンクジェット用紙と印刷により形成した比較を示す。

　まず考えなければならないことは，インクジェットインクをどのような吸収機構で吸収させるかである。4.1項でも述べたが，一般的に吸収機構には空隙型と膨潤型がある。表1に示した通り，インクジェットインクは高速で印刷されることを想定している。そのためインクジェットインクを急速に吸収することが可能な空隙型が適当であると考えられる。また，印刷で形成する受容層はインクジェット用紙に比べ受容層が薄膜になる。しかしこの点を逆手に考えて，空隙部分で色材料を定着し水分は一気に用紙部分へ流してしまう構造が有効である。

5.1.2 受容層形成オフセットインキの設計[6]

　印刷機上でインクジェット受容層を形成するということは，印刷適性をもつ印刷インキを設計することになる。印刷インキを構成する主要材料は以下に示すものである。

① ビヒクル

② 多孔質物資

③ 補助剤

④ 染料固着剤

　ビビクル（vehicle）とは展色料と呼ばれるワニス（樹脂）成分であり，顔料とともにインキの主成分を構成しており，インキの流動性や定着・乾燥性を担う材料である。このビヒクルの種類により，酸化重合型やUV硬化型インキ，浸透乾燥型などに大別される。インクジェット受容層を形成するインキでは，インクジェットの印刷適性や耐水性能に大きく影響する。写真4に各種ビヒクルによるインクジェット印刷適性を評価した写真を示す。酸化重合型やUV硬化型などではインキ被膜の疎水性が強く，水性のインクジェットインクとの適性に難がある。これに対して浸透乾燥型（グリコール型）のインキは，親水性がありインクジェットインクとの適性も良い。このことから最適なビヒクルの種類としては，浸透乾燥型のインキであるといえる。

　多孔質材料（多孔質微粒子）は，一般のインキでは色剤（顔料）に相当する材料である。多孔質材料に求められる条件は，第一に粒子径がある。オフセット印刷機では，一般的に印刷適性に影響を与えない粒子径として5μm以下のものが望ましい。第二にはインキ中で安定して存在することである。分散状態を保ち凝集などが発生しなしことが求められる。第三に印刷により形成し

表2 代表的な多孔質物質のインキ化適性

物　質　名	印刷適性	印字適性	バーコード読取り
二酸化硅素（乾式）	◎	△	62%
二酸化硅素（湿式）	◎	◎	87%
酸化アルミニウム	◎	○	73%
珪酸塩	△	△	56%
炭酸カルシウム	×	×	28%
二酸化チタン	△	×	34%

＊　バーコード読取り：STIグレード値

表3 代表的なカチオン性物質の印刷適性と耐水性能

物　質　名	印刷適性		耐水性能	
	フロー	転写性	浸水	拭取り
ポリエチレンイミン＊	○	○	○	◎
メタクリル酸エステルメチルクロライド　4級塩	△	○	×	×
ポリアミン型ポリマ	◎	○	◎	○
塩化ステアリルトリメチルアンモニウム	○	◎	○	△

＊　ポリエチレンイミンは黄変あり

た受容層中で細密充填構造をとらず適度な空隙をもつことで，先に述べた素早くインクジェットインクを吸収させるという挙動を達成することができる。代表的な多孔質物質についてインキ化適性を表2に示す。なお，表2のバーコード読取りは，インクジェットで印刷した場合の滲みを評価するためのもので，数値が高いものほど高精細にインクジェットで印刷されていることになる。

最後に染料の固着剤についてであるが，色剤に染料を用いているインクジェットインクでは耐水性能を付与するために染料の固着剤が必要である。一般的に酸性染料が用いられていることから，カチオン性を持った物質が使われる。次に印刷インキ化する際に必要なカチオン性物資の条件を上げる。第一に酸性染料を水に不溶化する性能，第二に印刷適性に悪影響を与えない，第三に安全性である。表3に代表的なカチオン性物質について印刷適性と耐水性能についての比較を示す。

5.1.3 まとめ

前項で述べた設計思想で設計され実用化した例として，情報媒体への応用例として写真4および5を示す。写真4は隠蔽ハガキの宛名へ応用したものであり，印刷機により形成されたインクジェット受容層へVersamark5000にてインクジェット印刷を行ったものである。写真5は耐水性能を示した写真で，印刷で形成した受容層の有無での差が顕著である。

また，写真6には表面の電子顕微鏡写真を示す。一般のインクジェット用紙の表面と比べた場合，印刷で形成した受容層が薄膜であることがわかる。

第12章 インクジェット受容層の最適設計

写真4 隠蔽ハガキへの応用（耐水性能評価）

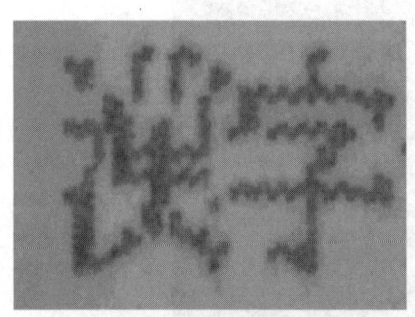

印字後比較サンプル　　　　　　印刷なし：浸水1分

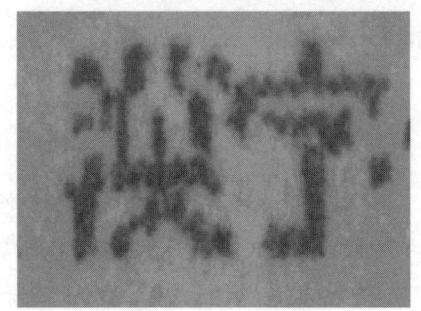

受容層印刷：浸水1分　　　　　受容層印刷：拭き取り1回

写真5 耐水性能評価

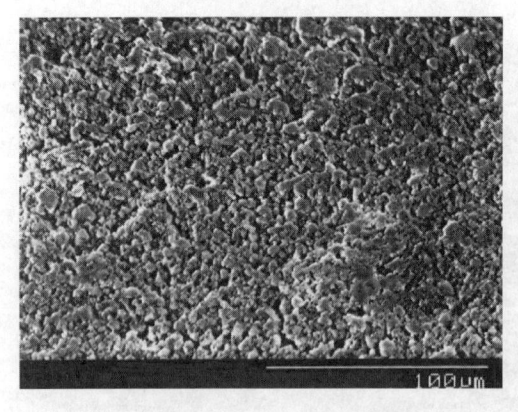

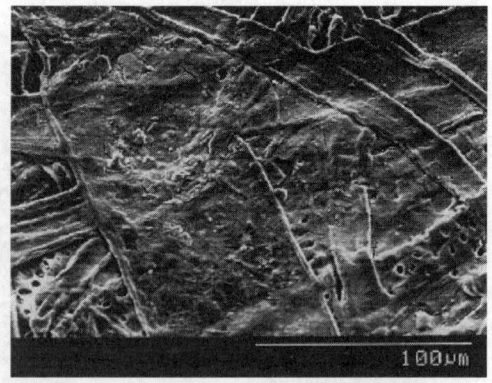

インクジェットプリンターの応用と材料Ⅱ

　　　一般的なインクジェット用紙　　　　　印刷で形成した受理層

写真6　表面電子顕微鏡写真

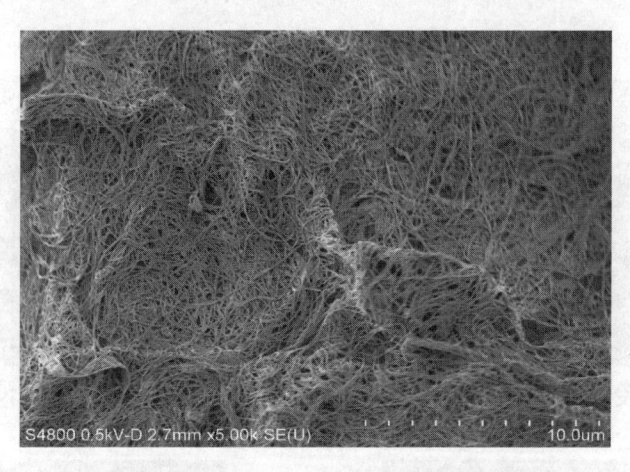

写真7　バイオコート紙表面電子顕微鏡写真

6　新しい受容層形成技術

　近年，新しい考え方で形成された受容層技術として，バイオテクノロジーを使用したものがある。生物由来の長微細ファイバー（繊維径40nm）を非表面積の大きい多孔質として受容層に応用したもので，シリカなど無機物質の最大の欠点の「退色」を克服し，耐光性で10%，耐オゾン性で40%の改善が可能であるとの報告[7]もある。写真7にバイオファイバーをコーティングして作られたバイオコート紙の表面電子顕微鏡写真を示す。また，図2にその効果を示す。また，図3に，このバイオコート技術で作られ上市されている製品例[8]を示す。シリカなどの無機微粒子を使用しないため，切断したり折り曲げたりした場合でも粉が出たり，ひび割れたりすることない用紙として注目されている。

第12章 インクジェット受容層の最適設計

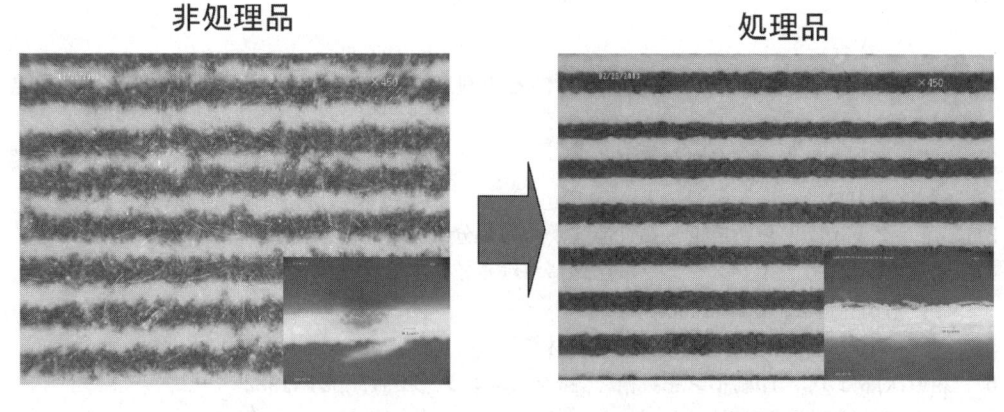

非処理品　　　　　　　　　処理品

図2　バイオコート紙の効果

図3　バイオコートインクジェット紙「彩美人」

7　おわりに

　今から130年前に考案されたインクジェット技術は，ただ単に絵や文字を印刷する描画技術から，先端技術を支える技術への変貌してきている。他方，印刷産業分野でも，「On demand」をキーワードに普及が図られている。筆者も印刷機上でインクジェット受容層を形成するという技術を実用化するために様々な試行錯誤を行ってきた。一般のインクジェット用紙や写真用紙などとの印刷品位は比べものにもならないが，印刷産業用途としては使用にたえるものではないかと考えている。先にも述べた通り，インクジェット技術の応用範囲は印刷という枠を超え広がり続けているが，受容層の設計を工夫してゆけば，さらなる展開が可能であると信じている。

文　　献

1) "印刷・情報記録における'紙'の特性と印刷適性および分析, 評価", ㈱技術情報協会 (1999)
2) "インクジェット記録におけるインク・メディア・プリンターの開発技術", ㈱技術情報協会 (2000)
3) "インクジェット最新技術～高性能化から産業分野まで～", ㈱情報機構 (2004)
4) 大林啓治ほか, "インクジェット記録におけるインク・メディア・プリンターの開発技術", ㈱技術情報協会, p63 (2000)
5) "インクジェットプリンターの応用と材料"
6) 相原次郎ほか, "印刷インキ技術", ㈱シーエムシー出版, p24 (1982)
7) ㈱宇宙環境工学研究所技術資料
8) トッパン・フォームズ㈱製品カタログ

応用編

〈メディア応用〉

第13章　産業用インクジェット印刷最新動向

釜中眞次*

1　はじめに

　産業用マーキングに産業用インクジェットプリンター（以後IJPと省略）が使われるようになったのは今から20年位前からである。
　製造ラインのFA化，PL法の施行，食品衛生法の改正，バーコードによる物流管理等に伴ってコンピュータから印字内容を自由に設定できるIJPが普及している。産業用IJPは，被印字対象物（以後ワークと省略）に対して文字，グラフィックス等の非接触，高速，直接印字が可能であるため，多種多様なワークへの印字に使用されるようになった。
　固定の文字（情報）で有れば，印刷，捺印等で対応出来るが，頻繁に変わるデータに対してはソフト的に制御できるIJPにて行うことがもっとも合理的である。
　最近では特にトレーサビリティということばをキーワードに産業用IJPを導入されることが多くなっている。また，IJPは非接触で微少な液滴を噴出できるので，その特性を活かした応用事例も出てきている。
　ここでは，インク噴出方式の違いによる産業用IJPの特殊な応用事例を紹介する。

2　産業用IJPの種類

　産業用IJPは連続式とオンデマンド式に分類される。また，連続式は小文字用IJP，オンデマンド式は大文字用IJPとも呼ばれる。

2.1　連続式IJP

　連続式IJPはノズルから連続して形成されるインク滴の帯電量を制御してワーク上に文字を形成する方式である。このタイプは，運転中は常にノズルからインクを噴出しているため，速乾性のインクを使用できる。しかし，運転終了時にはノズル部でインク固化が発生するため，インク固化を防止する工夫が必要となる。一般的には運転終了時に溶剤を循環させてノズルを自動洗浄

---

　*　Shinji Kamanaka　紀州技研工業㈱　専務取締役

している。他の事例としては，運転終了時にガターでノズルを完全にキャッピングしてノズル洗浄を不要とする自動キャッピング機構を採用しているものがある。

2.2 オンデマンド式IJP

オンデマンド式IJPは必要数のノズルを有し，待機状態ではノズルからインクを噴出しておらず，印字信号を印加したときにノズルからインクを噴出するタイプである。オンデマンド式IJPにはピエゾ式，サーマル・インクジェット式とバルブ式がある。

3 産業用IJPの原理・用途

3.1 連続式IJP

(1) 原理

代表的な印字原理を図1に示す。加圧したインクをノズルから噴出し，このとき一定周波数の振動を加えることにより，安定したインク滴を形成する。発生したインク滴は印字データにもとづいて帯電電極で帯電される。帯電したインク滴はそれぞれの帯電量に応じて偏向電極の静電場で偏向を受け，ワーク上に文字を形成する。印字に必要でないインク滴は帯電されないため，偏向電極にて偏向されることなくまっすぐに飛行し，ガターに命中する。これらは回収ポンプによって回収され再び印字に利用される。このタイプは機構上文字高さ13mm位までしか印字できない。

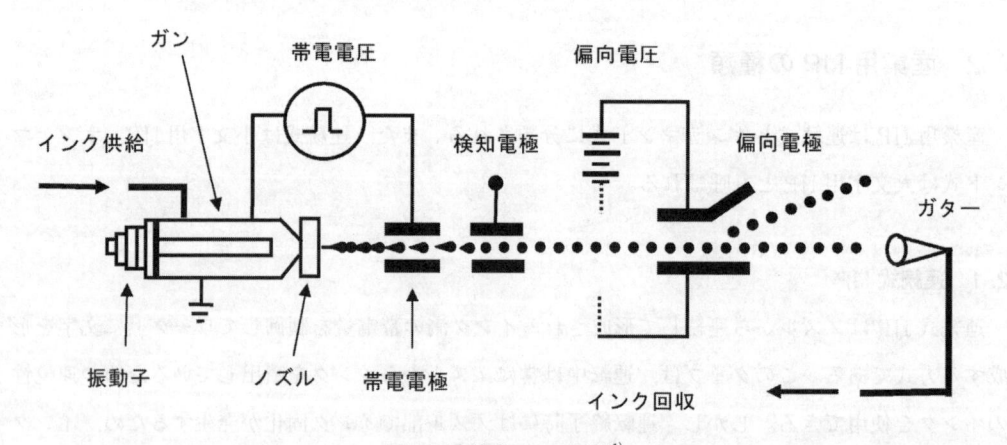

図1 連続式IJPの原理[1]

第13章　産業用インクジェット印刷最新動向

(2) 用途

＜缶・ボトル・化粧ケース等への印字＞

　缶・ボトル・化粧ケース等は一般的にノンポーラス素材が多く，また印字自体も小さな文字でよい場合が多いので主に連続式 IJP が使用される。連続式 IJP はインクが素材内部へ浸透しなくても乾燥する溶剤タイプの速乾性インクを使用することができるので，ノンポーラス素材の個装ケースへ文字高さ1mm程度の小さな文字で賞味期限，ロット番号等を印字できる。

　印字例としては缶ジュース等の裏底に賞味期限等が印字されているが，この印字には連続式 IJP が多く使われている。

＜卵への印字＞

　卵専用インクと卵専用 IJP を使用して卵殻に賞味期限等を印字する。インクの噴出原理は連続式 IJP と同じである。

　卵への印字においての特長は二点ある。

　一点は連続式 IJP が使われている点である。連続式 IJP はインク粒の飛行距離がオンデマンド式に比べ長い点である。このことにより，卵のような曲面であっても印字できる。

　もう一点はインクである。使用するインクは，可食インクとなる。安全性に配慮し鉄葉緑素が主成分となっている。印字された後はインクが卵殻に反応して固着するため，卵内に浸透したり，にじんだり，茹でて落ちるといったことがない。

＜果物への印字＞

　食品添加物に指定されている材料のみで作った可食インクを用いて，果物等の食品に直接印字する。消費者のトレーサビリティへの関心により，今後ますます増えていくものと考えられる。

　果物への印字も卵への印字と同様に曲面への印字となるので連続式 IJP が使われる。果物への印字に要求されることは，接着性の良いインクであること，視認性がよいこと，果物に対して違和感のない色合いであること等が要求される。視認性と違和感のない色合いは相反するようなところもあるがこれを解決することは重要である。

　消費者の中には果物に印字されているのを見て，果物が汚されていると感じる人もいる。

　実際に果物に印字して販売するには事前にサンプルを作り，消費者の印象を調べる方がよいと考える。

　このとき注意しなければならないのは，可食インクと呼ばれるものの中には海外では問題ないものが国内において食品添加物に指定されていない物質が入っている場合あるので使用する国の法律をよく調べる必要である。

3.2 オンデマンド式IJP
3.2.1 ピエゾ式
(1) 原理

代表的な印字原理を図2に示す。ピエゾセラミックス素子を駆動源とし，ピエゾセラミックス素子に印字信号を印加してインクを噴出させる方式である。

① 無印加状態

　印字しない状態ではピエゾセラミックス素子に電圧は印加されていない。ノズルのインク室にインクが満たされ，ノズル噴出口は常に解放状態にある。

② 印加状態

　ピエゾセラミックス素子に電圧を印加すると，電歪現象によりピエゾセラミックス素子の寸法が長手方向に収縮し，図2の場合，ピストンが左に移動する。同時に，毛細管吸引力のバランスから，インク室に容積変化分だけインクが供給される。

③ 放電状態

　ピエゾセラミックス素子に印加した電圧を急激に解放すると，ピエゾセラミックス素子は元の寸法に戻るため，図2の場合，ピストンが右に瞬間的に移動する。このとき発生する圧力によりインク滴がノズルから噴出する。

最近はバルブ式よりもピエゾ式が主流になりつつあり，32～500ドットのピエゾ式が商品化さ

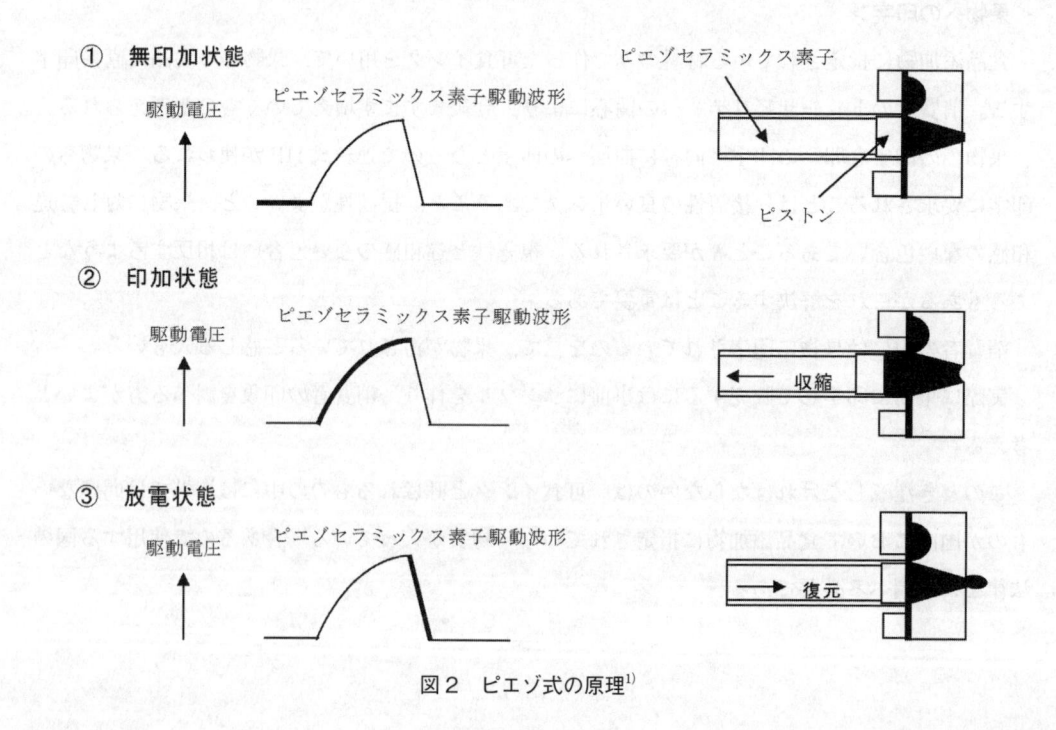

図2　ピエゾ式の原理[1]

第13章 産業用インクジェット印刷最新動向

れている。ピエゾ式は応答周波数が8～10kHz程度と高いため，1秒間に32万～400万個のインク滴を噴出することができる。ピエゾ式はドット径が0.2～0.3mmであり，しかもドット数が多く応答周波数が高いので印刷文字に近い高品位文字となる。文字高さは8～70mm程度となる。

(2) 用途

＜外装ダンボールケースへの印字＞

外装ダンボールケースへは主に製造年月日，賞味期限，ロット番号等を印字するが，最近は商品名，ロゴ，ITFバーコード，2次元コードのQR Code等も印字し始めている。中には，包装資材の標準化・在庫削減およびバーコード印刷のランニングコスト削減を図るために無地ダンボールケースへの印字も行われている。このため外装ダンボールケースへの印字は，漢字，ひらがな，カタカナ，英数字，ユーザー登録文字，ロゴ，バーコード，2次元コード等を印刷文字に近い鮮明さで印字できるピエゾ式が主流となっている。

＜3次元造形＞

3次元造型は，液体の光硬化樹脂にレーザーを照射して硬化させる光造形機を使用することが多いが，固形インクタイプのIJPを応用した3次元造型機が商品化されている。加熱溶融した液状のワックスをノズルから噴射し積層させてワックスモデルを製作することができる。オーバーハングした形状を作るためにはサポートするところが必要になってくる。インクは造形用のワックスとサポート材となるワックスの2種類を用いる方法が一般的である。

ノズル数を増やすことで，一層に掛ける時間を短縮することが可能になる。インクを噴出させるノズル個々にインク量は多少ばらつく，このばらつきが積層していくと累積され，精度上問題になって来るので，一定の間隔で表面を平らにならす必要がある。

＜その他＞

その他の分野ではDNAチップの作製，電子基板の回路の作製，液晶の配光膜やスペーサーの作製等の分野でIJP技術が応用されている。

3.2.2 サーマル・インクジェット式

(1) 原理

インクをヒーターによって加熱し，気泡を発生させることによりインクを噴出させる方式である。

機械的に動く部分がないために，ノズルの高密度化が図りやすい。

(2) 用途

用途はピエゾ式の段ボールへの印字と同じである。気泡を発生させる必要があることより水性インクが主になる，またインク自体に熱を掛けなければならないことより，インクに要求される条件が厳しくなる等のため，印字以外への応用は限られてくる。

3.2.3 バルブ式

(1) 原理

バルブ式は印字文字の縦ドット数分のノズル（電磁バルブ）を有し，印字信号で電磁バルブを開閉して加圧したインクを噴出させる方式である。バルブ式は7～16ドットまでが多く，ドット径は2～4mm位であり点文字となる。文字高さは10～50mm程度となる。電磁バルブの応答周波数が200Hz程度であるため高速印字には不向きであるが安価である。

(2) 用途

<外装ダンボールケースへの印字>

バルブ式は一般にドット数が少ないため印字できる文字種が英数字，記号等に限定されるが文字高さが大きい文字を印字できるため外装ダンボールケースへの製造年月日，賞味期限，ロット番号等の印字に使用される。

<外壁材への色付け>

建物の外壁材に対して自然石に近い風合いを出すためにバルブ式IJPが使われている。IJPを用いた外壁材の製作工程は，まず外壁材の原板にスプレーで下地処理を行う，次にロールコーターで凸部を色付けし，目地と凸部の2色にする。そして，IJPで凸部に色付けし，自然の風合いを出す。最後にトップコートを施し完成する。IJPで色付けするメリットは，印刷であれば同じ柄の外壁材が出来上がるが，IJPを導入すると1枚1枚違った柄の外壁材を作ることができる。設置環境は食品分野などと違って悪いことと原板は反っていることが多いので，IJPには対環境性が良く，印字距離が多く取れるIJPが必要とされる。この条件に合うのがバルブ式IJPである。

<オイルプリンタ>

パンを焼く天板にオイルを塗布する時にIJPの技術を利用している。パンは天板にオイルを引き，パン生地を載せてオーブンで焼かれて製品化されている。この時，オイルは霧状にされ，天板全体に塗布されるのが一般的であるが，IJPの技術を使う事により，天板の上に必要量のオイルを噴出させることができる。また，オイルを粒として噴出するのでミストの発生がなく，装置の周りをオイルで汚すことがない。

<インク以外の液体の噴出>

バルブ式は液体を加圧してノズルから噴出させるので，噴出させる液体の制約が他の方式のIJPと比べて少ない。このためインク以外の液体を噴出する特殊用途に応用され始めている。

4 おわりに

IJPは本来の文字やグラフィックなどを印字する分野で使われるのが大半であるが，IJPの微

第13章　産業用インクジェット印刷最新動向

少な液滴を高速で噴出するという特性を利用する分野も増えてきている。このような分野では液体そのものが機能性を持っており，IJPに合わせた物性にすることは難しいことが多々あるが，IJP技術を利用できる分野は今後も増えていくものと思われる。

文　献

1)　紀州技研工業㈱カタログ

第14章　印刷用カラープルーフインクジェット最新動向

萩原和夫*

1　はじめに

インクジェットを用いた色校正は2000年ごろから普及し始めた。ここではオフセット印刷業界におけるインクジェットプルーフについて報告する。新聞，グラビア，フレキソ業界の色校正とは若干異なることもある。

2　印刷用カラープルーフ（色校正）の動向

2.1　色校正の目的

印刷物作成において，印刷会社は顧客の希望に沿う印刷物を作るための見本を色校正と言う。色校正は顧客への印刷見本，印刷現場における印刷見本の役割を果たすため，印刷物と同等の印刷品質が求められる。また，制作工程において画像，文字の修正の指示，確認の機能も必要である。

2.2　色校正に求められる性能

・実際に印刷される用紙と同等の用紙を用いること
・実際に印刷される印刷インキの色相を有すること
・写真再現性が印刷物と ΔE：3.0 以内であること
・文字再現性に優れていること
・印字物の退色がないこと

2.3　主な色校正技術と問題点

・平台色校正機

実際に使用する紙とインキを用いる反面，機械間のばらつきが大きく，印刷工程において問題点が指摘されている。

＊　Kazuo Hagiwara　ジーエーシティ㈱　代表取締役社長

第14章　印刷用カラープルーフインクジェット最新動向

・本紙転写 DDCP（Direct Digital Color Proof）
　実際の用紙に画像を転写するため安定性があるが，生産スピードが4枚（A2）/時間と遅く，ランニングコストも高い。

・カラー印画紙タイプ DDCP（Direct Digital Color Proof）
　品質的に実際の印刷と同等で，生産スピードも30枚（A2）/時間と良く，ランニングコストも妥当である。

・インクジェットプルーフ
　色域が広くカラーマネージメント RIP の組み合わせでかなり高い精度で印刷物と近似した色校正が得られる。ランニングコストも低い，10枚（A2）/時間とやや生産性が遅いが，設備コストが低く普及しやすい。

・カラーレーザープリンター
　オフィス感覚で手軽に高速にプリントアウトが得られるが，品質のばらつきや，プリンターの経時変化が大きく，トラブルの原因となっている。

3　インクジェットプリンターの色校正の応用

3.1　6色インクジェットプリンターの登場

10年前のインクジェットプリンターは C，M，Y，K の4色インキで印字するためハイライト側は C と M の粒子が目立つ印字品質で色校正用途には用いることができなかった。2000年頃に発売された EPSON　PM9000 は薄い C（LC）と薄い M（LM）を組み合わせた6色インキ対応となり，肌などのザラツキが少なく，高い印刷品質が得られた。

3.2　広い色域（Adobe RGB）と印刷再現域（Japan Color）のカバー

図1の ab 座標でわかるとおり，一般のインクジェットプリンターは印刷インキの色域をカバーしている。

3.3　カラーマネージメント RIP の登場

印刷制作工程における印刷データは Macintosh の DTP で作られる。この DTP データは RIP により文字・画像がラスタライズされ，網点情報となって印刷版が作られる。その印刷版を印刷機にかけて印刷物が得られる。インクジェットプルーフではこの RIP から 8bitTIFF を中間ファイルとして取りだし，この情報をカラーマネージメント RIP とインクジェットプリンターのドライバーによりカラー出力する。このカラーマネージメント RIP にはインクジェットプリンター

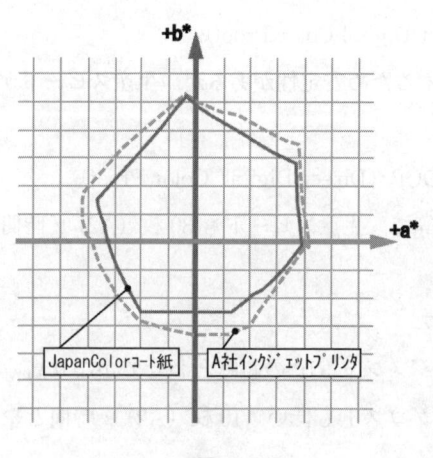

インクジェットプリンターの応用と材料Ⅱ

図1

の直線性の出力性能や最高インキ濃度の設定やターゲット印刷物とプリンタープロファイルの反映などの機能が必要となる。

3.4 安価な機械コスト

現在，B0サイズを出力可能なインクジェットプリンターの価格は60万円であり，カラーマネージメントRIPを含めても150万円以下の設備投資でカラープルーフシステムが構築できるため，従来の1億円以上の平台4色校正機，3000万円クラスの網点DDCPと比較すると割安感がある。

3.5 安価な材料コスト

インクジェットプリンターは専用の色校正用紙とインキが主なコストであり，SCID自転車の標準的な画像でA2出力時インキ代50円，用紙代250円合計300円のコストとなり，平台色校正（A2・5枚出し）の1枚あたり1/6のコストである。

3.6 環境対応

インクジェットプルーフシステムは薬品を用いず，インクカートリッジの回収を行い産業廃棄物がまったくでない環境対応の色校正システムである。

第 14 章　印刷用カラープルーフインクジェット最新動向

4　ターゲット印刷物の定義

4.1　基準印刷物作り

　色校正システムでもっとも大切な事は，ターゲットとする印刷物が基準印刷物であるかである。そのためには，その印刷会社の印刷機が同じ品質で印刷できることを前提に印刷品質を左右する項目を管理する必要がある。

　一般的な管理項目として

　・50％部分のドットゲイン

　C，M，Y，K 4色共に15％程度（図2）。

　・ベタ濃度

　上記のドットゲインが得られる濃度でStatusTフィルターの場合 C：1.5，M：1.4，Y：1.0，K：1.8が平均的な値である。

　・網点コントラスト（K値）

　75％とベタ濃度の比較で0.45以上が望ましい。（Yは0.4以上）

　・トラッピング％

　2次色の2色目の転写率でRed（M+Y）は65％，Green（C+Y）は80％，Blue（C+M）は65％の4色機品質が求められる。

　・グレーバランス

　C，M，Yの3色で作り出されるグレーはハイライトから中間までは墨版のはいらない状態で

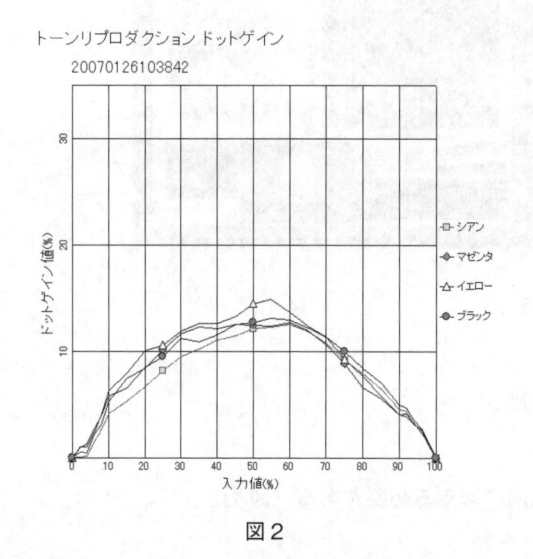

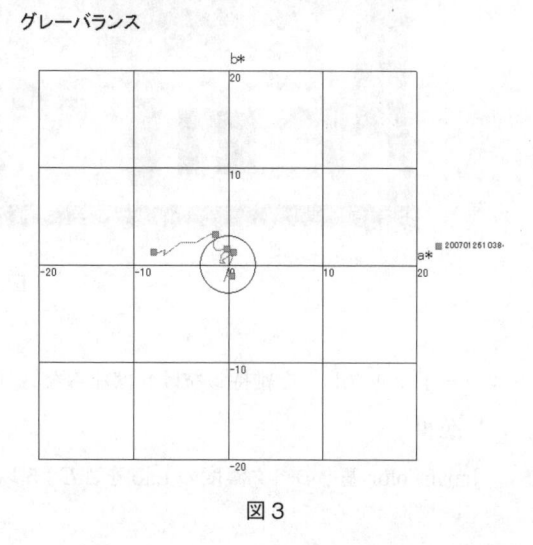

図2

図3

177

図4

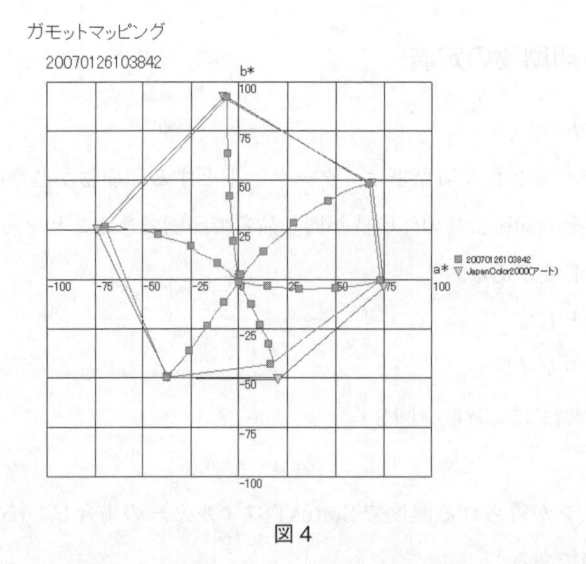

図5

ニュートラルグレーを維持しなければならない（図3）。

・色相

JapanColor 基準のベタ濃度の Lab を $\varDelta E$：5 以内に抑える必要がある（図4）。

第14章　印刷用カラープルーフインクジェット最新動向

4.2 ICCプロファイル作成

上記の印刷管理項目を自社基準値として，基準印刷物を印刷する際に数点の絵柄とICCプロファイル作成用チャートを一緒に印刷する。この時，左右のインキのベタ濃度はそれぞれの基準となる値が左右±0.05以内になるように印刷する精度が要求される（図5）。

5　カラーマネージメントRIP

5.1　ICCプロファイル利用による色あわせの理論

ICC（International Color Consortium）が定めた色変換するために必要なデータ（辞書）をICCプロファイルと言う。CMYKの4色で表現される膨大な量の組み合わせをA4サイズに集約したチャートをICCチャートと呼ぶ。代表的なチャートとして，IT-8（928色），ECI（1485色），INXチャート（525色）があり，このチャートを標準印刷し，そのチャートの全ての色を分光光度計で測定した結果（XYZ値やL＊a＊b＊などのテーブル）が印刷物ICCプロファイルとなる。すなわち，印刷物のICCチャートで定められた網％＝デバイス依存色（Device Dependent Color）とCIE XYZなどの色彩値＝デバイス独立色（Device Independent Color）のテーブル（ICC Profile）とインクジェットプリンターのICC Profileを接続色空間（Profile Connection Space）に用意しておき，Jobデータ（CMYK）をインクジェットプリンターのの出力信号に変換し，印刷物と同じ色をインクジェットプリンターで出力する機能がカラーマネージメントRIPである。

5.2　プリンターリニアリゼーションの決定

多くのインクジェットプリンターはペーパーに受理されるインキ量がサチュレートする傾向があり，出力命令とその結果を確認する必要がある。一例としてCMYKのハイライトからシャ

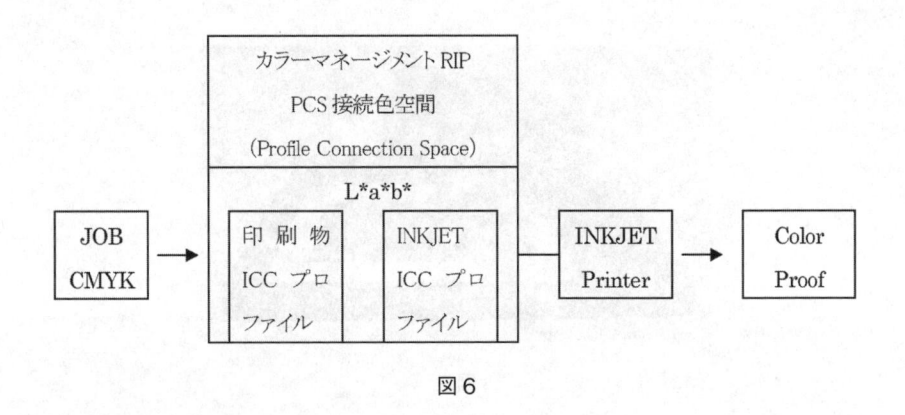

図6

ドーまでの 20 ステップのチャートをインクジェットプリンターから出力し，このチャートを分光光度計で測色し，直線性のある範囲を選択しこれをインクジェット制御可能範囲とする。Cの出力結果には LC（Light Cyan）のインキが Cyan INK とある割合で出力されるが，この割合と範囲は CMSRIP 側で決めている。また，M と LM（Light Magenta）の関係も同様である。インクジェット用紙は CMYK 全て 100％出力のインク総量 400％は受理できない。このため，あらかじめ 4 色のインク総量がサチュレートする直前のインク総量を求めておく必要がある。

5.3 プリンターICC プロファイルの作成（図7）

インクジェットプリンターのリニアリゼーションが決定された後に，指定の ICC チャートを出力し，それを分光光度計で測定し，その結果を ICC プロファイル作成ソフトを用いて計算して，ICC プロファイルが完成する。

5.4 ターゲットプロファイルの反映

標準印刷条件でカラー画像と ICC チャートを印刷する。先に決めたベタ濃度やドットゲイン，グレーバランスのあった印刷物をターゲットとする。5.3 項で行った測定と計算と同じ方法で ICC プロファイルを作成し，実際に印刷した絵柄をインクジェットプリンターから出力する。この時，ターゲットとぴったり合った ΔE：1 以内であれば完成であり，見た目に合っていない状態（ΔE：3 以上）であれば，ICC プロファイルの最適化を行う。

5.5 プロファイルの最適化

ICC プロファイルを反映したインクジェットプルーフの ICC チャートを測定し，その ICC プロファイルをカラーマネージメント RIP に適応することにより最初に作った ICC プロファイルの完成度が上がる。必要に応じて数回この作業を繰り返して ICC プロファイルの最適化を行う。

図7

第14章　印刷用カラープルーフインクジェット最新動向

6　インクジェットプルーフの品質（図8）

① 上記方法で作成したインクジェットプルーフとターゲットの印刷物との色の整合性を観察する方法として，個々のICCチャートの$ΔE$を比較する方法がある。図では928色のパッチの$ΔE$毎の個数をグラフにしている。$ΔE$：0.5以内の個数が78個，$ΔE$：1以内が138個，$ΔE$：1.5以内が243個，$ΔE$：2以内が220個，$ΔE$：2.5以上が249個で平均$ΔE$が1.75と非常に小さい値であることがわかる。$ΔE$：3以上の色は3次色が多い。

② インクジェット機種によってはざらつき感が出る場合がある。この原因の多くはインクジェットヘッドの単方向印字か双方向印字の差による。双方向印字でザラツキを感じた時はスピードが遅くなるが単方向印字モードを選択する。

③ ベタ濃度，ドットゲイン，トラッピング％などの印刷品質管理項目を測定して，ターゲット印刷物と比較することはあまり必要がない。それは，それらの項目を比較しても対処する手段にならないためである。あくまで色相については①であげた個々のパッチの$ΔE$が少なくなることをICCプロファイルの調整と全体トーンカーブの修正で行う。

④ インクジェットの機種によっては，印字直後と1日後で退色するものがある。24時間後に同一条件で印字し，色調の変化を調べておく必要がある。

⑤ カラープルーフ用途のインクジェットは屋外に展示する目的でないので極端な耐候性を求める必要はないが，屋内で1ヶ月以上退色しない性能は確認する必要がある。

⑥ 8bitTIFF対応のカラーマネージメントRIPでは網点情報がないためモアレチェックができない，モアレをチェックするのであれば，1bitTIFF対応のインクジェットか，網点DDCPを選択することとなる。

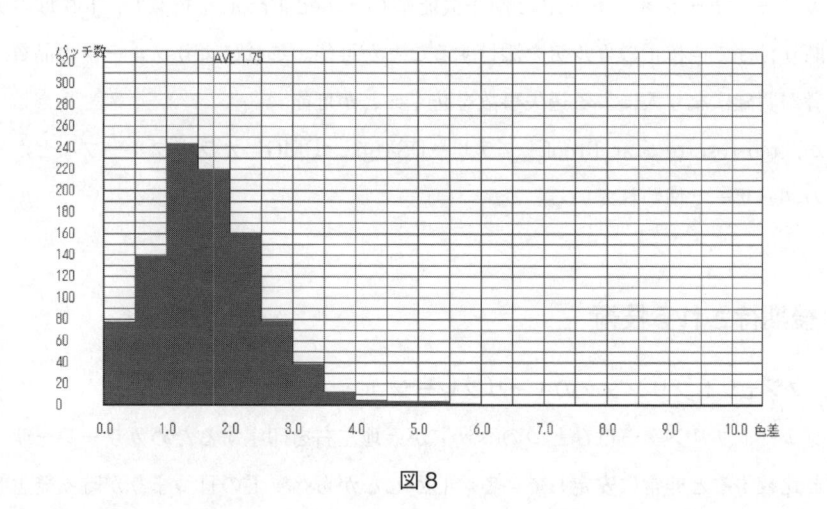

図8

7　カラーマネージメント RIP 紹介

① EFI ColorProof

1台の RIP で複数のインクジェットプリンターをコントロールできる。ベースリニアリゼーション機能により正確なプリンターICC プロファイルの作成ができカラーガモットの最適化が可能。ICC チャートを繰り返し出力，測定，補正することにより $\Delta E：1$ 以内の高精度なカラーマネージメントが可能，結果グレーバランス部分の再現性が良好。特色インクの登録により特色出力が可能。1bit オプションを使うことにより網点情報を出力して，モアレの検査が可能，かつ文字品質の向上が得られる。色管理をカラーバリファイアーで行うことにより簡単にプリンターのリニアリゼーションを取り直して，常に最適な色再現を保障できる。

② FFGS PRIMO JET

1bitTIFF データを受け取ることにより文字化けの無い，品質の優れたカラープルーフが得られる。さらにモアレチェックも可能。カラーマッチング精度は $\Delta E：3.0$ 以内，印刷機の標準化を行うシステムと連動，D-ColorCheck により，日常管理が可能。特色出力が可能，A2サイズ10台／時の高速出力，安価な材料コスト，簡単操作，リモート出力が可能。

③ DS LabProof SE

ICC プロファイルにより優れた色再現性を実現，自動色調整機能により繰り返し出力，測定を行うだけで完成度の高い色調整が可能，プリンター個体差を容易に吸収して調整が可能，墨版を Black インク1色で出力が可能。特色対応，多色印刷対応，複数台プリンター制御，専用紙による経済効果。

④ きもと　ORIS Color Tuner

上記のカラーマネージメント RIP と同等機能に Certified Proof を搭載し，Job 毎のチェックシートを貼り付けて色校正のカルテを添付することが可能。これによりプルーフの品質，出力時間や担当者が明確になり人による過失事故を防ぐことが可能。

このほか，too rosette Star Proof，ブラザーDSMgic，GMG　カラープルーフなどが日本で普及し多くのユーザーで使われている。

8　今後期待される技術

8.1　インクジェットプリンターのキャリブレーション

インクジェットプリンターはひとつのヘッドが天地左右を印字するためカラーレーザープリンターなどと比較すると非常に安定している。しかしながらヘッドの目つまりが時々発生し，ヘッ

第14章 印刷用カラープルーフインクジェット最新動向

ドクリーニングを行うが，これにより色調の変動が起こる．インクジェットプリンターに分光光度計を取り付け，自動的にキャリブレーションを取れる機能が望まれている．

8.2 出力スピード

現在，一般的な解像度（720dpi × 720dpi）でA1サイズを15分で出力するが，他の工程とのバランスを見て，3倍のスピードアップが望まれる．

8.3 両面印刷機能

書籍関係のカラープルーフは両面印字されることが必要であるが，現在適当なインクジェットは存在しない．1台のインクジェットプリンターに両面印刷機構があると，非常に能率的になる．

第15章　屋外用ラージフォーマットインクジェットプリンタ

大西　勝*

1　はじめに

インクジェットプリンタ技術の発展の段階は次の5つのカテゴリーに分けることが出来る。

(1)　Consumer プリンタ の興隆；1980年代半ばに始まり，90年代に本格化し現在に至る

　① 英数やカナ文字から漢字プリントのために，高解像度化が進んだ段階。当初の180dpiが現在では1440〜2400dpiまで高解像度化。

　② 擬似階調法による解像度の低下をカバーできるだけの高解像度化とカラー化により画像の高精細フルカラー化が進んだ段階。

　③ 濃淡インクとバリアブルドットや小液滴化により，多値擬似階調法によりフォトグレードプリントが達成された段階。

(2)　高速 POD の実用化；1995以降

通話料や電気代などの利用明細と料金請求通知のために，高速の Print On Demand（POD）プリンタとしてインクジェット高速プリンタが実用化されている。画像は高画質とは言えないが，文字画質は問題ないのでこの用途には充分である。印刷機では対応できない，バリアブルデータをプリントできる特長を活かせる分野で使われている。

POD が実現できたのは次のインクジェット技術の特徴と進歩による。

　① 高速化のためにアレイ化ラインヘッドの開発。

　② ラインヘッドノズルバラツキの軽減による実用レベルの画質の実現。

　③ 電子写真のように高温加熱する定着機が不要で，安全性が高い。

　④ 非接触であり，用紙の高速搬送に適する。

(3)　プリント機能を使った産業用途への応用の拡大；1990年代中旬から始まっているが，2000年以降から普及が本格化

この分野の多くは，従来の印刷技術や塗装の分野で行われてきた，仕事の手段のインクジェッ

＊　Masaru Ohnishi　㈱ミマキエンジニアリング　技術本部　取締役技師長

第15章 屋外用ラージフォーマットインクジェットプリンタ

トプリンタへの置き換え。本稿のラージフォーマットプリンタはこのカテゴリーに属する。
① 屋内屋外サインディスプレイ分野でラージフォーマットプリンタが定着。屋外用途ではソルベントインク化が定着。しかし，ソルベントインクは，産業用に多く使われているポリエステルやポリプロピレン，ポリカーボネイトなどの塩ビ系以外の樹脂に対しては充分な接着力や画質を実現できないため，産業用途への拡大は余り期待できない。
② テキスタイルでインクジェットプリンタによる付加価値型小量多品種生産の進展。
③ Tシャツやかばん等の縫製品プリントの拡大。
④ 内装材，外装材など建材や壁紙へのインクジェットプリンタでのプリント。
⑤ パソコンや携帯電話などの装飾プリント。
⑥ インパネやオペパネのプリント。
⑦ メンブレンスイッチのプリント。
⑧ アミューズメント用部品へのプリント。

(4) インクジェットの機能を活かした新用途；2000年以降，模索中
① ディスペンサー機能；小液滴高精度ディスペンサー。
② ペイント機能；精密部分塗装や塗布に使用。
③ 接着機能；ヘッドで糊剤やUVインクを吐出し微小部品の接着。

(5) インクジェットで作る(Digital Fabrication, Digital Product)；本格化はこれから，まだ黎明期
① 電子デバイス生産；有機EL，液晶フィルター，精細配線パターン。
② プリント基板の生産。
③ 一体成型品のフィルムプリントやメンブレンスイッチ。
④ インパネ，オペパネの生産；シルク印刷とグラビア印刷の融合化をUVインクジェットで実現。

この段階では吐出するのはインクに限らず，目的に応じて，種々の液体を吐出する必要がある。対象物がインクジェットヘッドで吐出できるように調整可能かが問題となる。

本稿では，(3)のカテゴリーのワイドフォーマットプリンタへのインクジェット技術の応用について述べる。

2 ソルベントインクの高精細屋外ラージフォーマットプリンタへの適用

一般のconsumerインクジェットプリンタのように紙にプリントすることを目的する場合に

は，インクとしてはインクジェットヘッドの吐出性を確保するために低粘度の水を溶媒とした水性インクがもっぱら使われてきた。水性インクを使用するインクジェット方式では，インクの設計はヘッドの吐出に関する性能と安定性の確保のためインクには保湿剤等を添加し乾き難くしている。このため，プリント特性を保持するにはメディアに受像層の形成が必須であった。この受像層がインクだけでなく，雨水も吸い込むため，汚れやすくまた水性インクは一般的に耐水性に乏しいために屋外で使用するためにはラミネートが必須であった。

屋外向けのラージフォーマットのプリンタとして，'02年のミマキエンジニアリングから塩ビ系メディアに高精細画像をプリントできるソルベントインクプリンタが上市され，水性インクジェットプリンタに代わり現在では屋外用プリンタの主流となっている。屋外用途にソルベントインクが広がったのは，以下の要因による。

① プリントヒーターを使う方式がミマキエンジニアリングにより提案され，にじみのない高画質画像のプリントがプリントヒーターの使用で技術的に可能となった。
② 屋外用のサイングラフィックスの分野で最も使用されているメディアの大多数が塩ビメディアであり，ソルベントインクと相性のいいメディアであった。
③ 溶剤インクは水性インクのように必ずラミネートをする必要が無く，また，受像層を設けないノンコートメディアを使用するために，水性インクを使う場合比べ施工費が1/3から1/4にできる。
④ プリントサイズが大きくインクジェットメディアの受像層のコーティングやラミネートの設備が大変なため，メディア素材自体に直接プリントしたい。

ソルベントインクは塩ビなどの屋外メディアに対しては極めて高いプリント性能を実現したが，産業用に多く使われているPETやポリプロピレン，ポリカーボネイトなどの樹脂に対しては充分な接着性や画質を実現できない。産業や印刷用に多く使われている更に多くのプラスチック素材にプリントするには，更なるインクの改良が必要である。

本稿ではラージフォーマットへのソルベントインクの適用の現状と課題および将来性につき報告する。

3 ソルベントインクによる高精細プリントに対する技術課題

ソルベントインクを屋外用に適用する上での最も大きな課題は，にじみの軽減であった。印刷技術は現在色々なメディアの印刷することを可能としている。印刷と同様にインクジェット方式が今後広い分野に利用される技術となる上での課題を明らかにするために，両インクの代表的な性質を比較して表1に示した。表1から分かるように，粘度の低いインクジェットインクではそ

第15章　屋外用ラージフォーマットインクジェットプリンタ

表1　印刷インクとインクジェットの違い

分類		水性，ソルベントインクジェット	印刷インク
インク組成	着色剤比率	数wt%程度	有機顔料10〜20% 無機顔料40〜60%
	樹脂比率	数wt%以下	残りがビヒクル（ペースト状凝集分散系粘弾性体）。低粘度溶剤成分は40wt%程度以下
	水・アルコール・有機溶剤等	低粘度溶剤成分80wt%以上	
	その他	保湿剤，界面活性剤	界面活性剤など
物性値	粘度	15cP程度以下。パーソナルインクジェットプリンタの多くは数cP程度	100〜60000cP グラビア，新聞〜スクリーン，オフセットインク
	表面張力	30〜40dyne	

の80%〜90%以上が，水，アルコールなど低粘度質の揮発性の溶剤（溶媒）あるいは難揮発で可溶性の保湿剤等の液体からなっている。この，大多数を占める低粘度液体成分の存在が印刷インクとの大きな違いであり，インクジェットの印画特性を決定している。

インクジェットインクでは，インクジェットヘッドからの吐出性を確保するため，粘度を10mPa·sec程度以下に保つ必要があり，多量の溶剤で希釈している（1mPa·sec=1cP）。印刷では印刷方式によるが，表1から分かるように数十から数万mPa·secの粘度の高いインクを使用している。毛細管現象によるにじみの距離は粘度の1/2乗に版比例して減少するために，100倍高粘度化すると，にじみは1/10に軽減できる。このように，印刷インクでは粘度を調整することによりにじみを軽減している。インクジェットでは，ヘッドの吐出性を確保するためにインクを高粘度化できないために，吐出後に別のにじみ防止手段の導入が必要であった。

4　インクジェットインクの定着プロセス

現在，ワイドフォーマットインクジェットに使用されているプリント方式は希釈する溶剤により，水性インク，油性インク，ソルベントインク，UVインクに分類される。

各々のインクの乾燥・定着の仕組みにつき概説する。

図1は水性インクの場合を示す。水性顔料インクではメディア上に着弾したインク滴はメディア表面に広がると同時に，メディア表面に形成された受像層にインクの水分は吸収あるいが浸透されにより乾燥し定着する。

受像層の性質によるが顔料インクでは顔料はメディア表面あるいは表面近くに残り，染料イン

クでは，染料は受像層中に殆どが水に溶解された形で入り込み定着される．水性インクでは受像層や基紙の吸水性能が定着に重要な働きをしている．溶媒が不揮発性のオイルである油性インクでも，水性インクと同様ににじみを軽減するには受像層が必要であり，オイル成分を受像層に吸収させることにより定着する．

図2はソルベントインクの定着プロセスをモデル化して示す．このインクの定着プロセスの大きな特徴は，インク中の溶剤のほとんどを空中に蒸発して乾燥定着していることにある．この溶剤の蒸発のために，インクの体積（主は厚み）が定着後には1/5～1/10程度に減少する．定着後のインクの厚みは一色100%印字部で0.8～1.5μm程度になる．

溶剤用の膨潤性の受像層を設けたメディアを使用することにより，ソルベントインクの乾燥性とメディアへの接着性を改良できる．しかし，受像層をコートすることは，コストアップとなるので一般には歓迎されない．

ソルベントインクの乾燥性を上げるには使用する溶剤に蒸発速度の速い溶剤を用いるとよい．しかし，単に溶剤の蒸発速度を上げる方法は次の理由で採用できない．

(1) 蒸発速度の速い溶剤はヘッドで乾燥し易く，ノズル詰りの原因となり，安定した吐出が得られない．
(2) 蒸発速度の速い溶剤は，引火点が低くなり，安全性や輸送安全性に問題を生じるため，一般ユーザが使用するプリンタへの採用は難しい．

この欠点を改善する目的で導入したソルベントインクのにじみ解消手段が，ミマキがソルベン

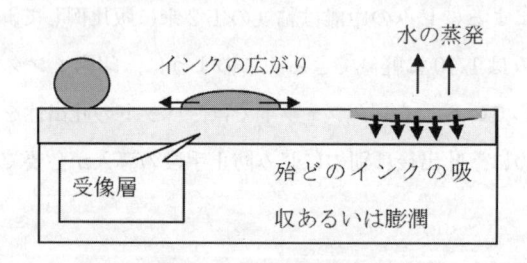

図1　水性インクの乾燥定着モデル

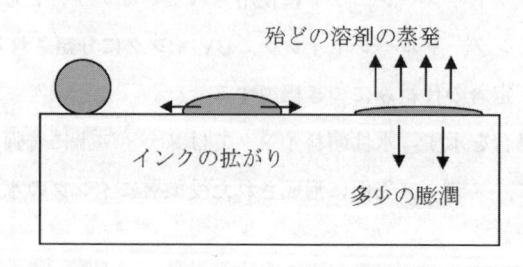

図2　ソルベントインクの乾燥定着モデル

第15章 屋外用ラージフォーマットインクジェットプリンタ

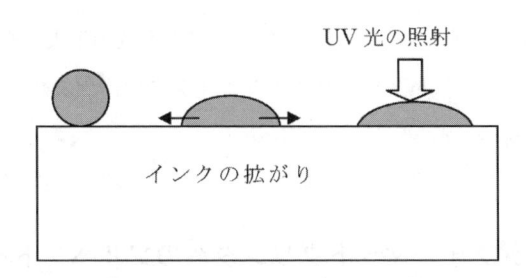

図3　UVインクの乾燥定着モデル

トプリンタで初めて採用したプリントヒーターである。このプリントヒーターの効果は後で詳しく述べるが，にじみのない高画質プリントを初めて可能にした技術である。

図3はUVインクの定着プロセスの説明図である。UVインク中には室温付近での揮発成分は殆ど含まれていないために，UV硬化後にも体積の減少は少ない。UVインクは，プリント直後の紫外線照射で硬化し定着するので，メディアににじみ防止のためのコーティングは必要としない。このため，ソルベントインクより，より幅広いメディアへのプリントが可能である。産業用途でUVインクが有望視されているのはこの点である。ただし，現時点ではインクやプリンタの価格が高く，サイングラフィックスの分野での主流にはなっていない。

5　低粘度インクの性質とソルベントプリンタでの解決策

低粘度のソルベントインクを使い乾燥までの時間が長い場合には次のような画質上の問題を生じていた。

(1) Bleeding
隣接色境界でのインクの血の滲んだような不均一な混ざり合い。

(2) Beading
乾燥せずに表面にインクが溜まると，インクの凝集し点在するインク溜りが発生する。その後乾燥するとムラになる。

(3) 単色および複合色にじみ
メディアの表面に沿っての単色やインク間で生じる広がり。細線が広くなったり，つぶれたり，画像のエッジが広がり不鮮明になる。

これらの現象は，メディアとインクとの接触角や表面張力等のインクの物性値や主成分の蒸発速度を最適化することにより軽減はできる。

にじみ防止に最も効果のあるのが高粘度化であるが，インクジェットインクでは使うことができない。このため，ソルベントインクの物性値や蒸発速度の制御だけでは，幅広いメディアに安

定して高画質プリントを保証することは出来ない。プリンタ側の工夫が必要であった。

ミマキのソルベントプリンタ JV3 ではソルベントインクの高画質化のために，導入したのがプリントヒーターである。

6 屋外使用ラージフォーマットプリンタへのソルベントインクの適用

屋外展示されるサインディスプレイの特徴とそれに要求される特性は以下の通りである。屋外用途のプリンタが急速にソルベント化した要因を列記すると以下のように要約できる。

(1) プリントサイズが大きくインクジェットメディアの受像層のコーティングやラミネートの設備がないため，素材自体にプリントしたい。
(2) また，水性顔料インク用のメディアはラミネートしないと汚れ易くインクの滲みや流れも発生するので，屋外では使えない。
(3) 水性顔料インク＋専用メディア＋ラミネートのコストよりソルベントインク＋一般メディア（ラミネート無し）の方が大幅に安く施工ができる。
(4) 透過用途では，水性顔料インクでのプリントより，ソルベントインクのプリントの方が高透明度で，発色も良い。
(5) 屋外用途には塩ビ系のメディアが多く使われており，ソルベントインクとの相性がいい。

7 屋外用ソルベントインクプリンタの開発課題と開発した技術

7.1 インクの開発

ノンコートメディア対応のソルベントインクの開発にとっての主要な開発課題には，以下のような項目と内容がある。

(1) にじみ

ノンコートの代表的なメディアに光沢塩ビフィルムがある。塩ビメディアインク滴がメディアの表面に到達すると，インク滴はメディアの表面方向に沿って拡がる。この広がりの大きさは，インクとメディアとの接触角，インクの粘度や表面張力，乾燥速度及び放置時間等で決まる。

また，近くに同一や他の色のインクがあるとインク同士が引き合い，相互拡散する。特に他の色のインクと接する部分では，図4の拡大写真に，白矢印で示したように，大きなにじみを発生する場合がある。

また，図2のモデルで示したように，インクの溶剤成分の殆どは蒸発し時間と共に乾燥する。軟質塩ビフィルムなどでは溶剤の一部はメディアを膨潤させ内部に浸透する。

第15章　屋外用ラージフォーマットインクジェットプリンタ

乾燥が進むと最終的に顔料と樹脂成分だけがメディアの表面に残り，樹脂成分により強固にメディア表面に定着される。樹脂成分が完全に溶解するために，インク層の透明度が水性顔料インクに比べて高くなる。

(2) ビーディングの発生

ノンコートメディアにソルベントインクでプリントすると，溶剤が蒸発し乾燥するまではインクは液体状態にあり，にじみやインク溜りによるビーディングの発生の原因となる。インクの乾燥と共にインクの粘度が上昇し，にじみが止まる。図5(a)は従来のビーディングを発生しやすいインクでプリントしたものである。全面にインク溜りの発生によるビーディング現象が見られることが分かる。

図5(b)はJV3で使用している改良したソルベントインクでプリントしたものであり，ビーディングが抑止されていることが分かる。

(3) 乾燥性の向上と吐出安定性

サイン向けプリンタでは，プリントサイズが大きいために，プリント後にメディアを巻き取らないと無人運転ができない。蒸発速度の速い溶剤を使用すると，乾燥性はよくなるが，プリント休止時に溶剤が蒸発しインク粘度が高くなり，ノズル詰まりの原因となる。

乾燥性や滲みを改良することと吐出安定性を向上させることとはトレードオフの関係にある。すなわち乾燥性やにじみの対策にはインクにはできるだけ速く乾く溶剤を使用する方が良いが，ヘッドで乾燥し易くなり，吐出不良を発生する可能性が高くなる。このために，次章で述べるように，プリンタ本体での対策が重要となる。

その他，ソルベントインクの開発で重要となる課題には次のようなものがあった。

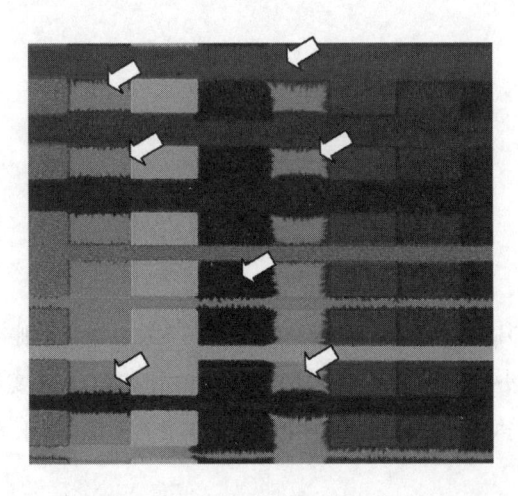

図4　異なる色間で発生するにじみ

インクジェットプリンターの応用と材料Ⅱ

図5 インクによりビーディングを改善したプリントサンプル

① 擦過性向上
② 接着性向上
③ 高濃度化
④ 耐光性向上
⑤ 保存安定性
⑥ 安全性

　一般に普及させるためには，環境負荷が低く，有機溶剤取り扱い規則（有規則）や消防法上の取り扱いの規制がより緩やかで，できるだけ低臭気の溶剤の選定が必要となる。JV3やJV33用インクは有機則に非該当で，消防法上は危険物第4類第2石油類（非水溶性）の有機溶剤を使用している。

第15章　屋外用ラージフォーマットインクジェットプリンタ

7.2 プリンタシステムの開発

トレードオフの関係にあるインク特性をインクの開発だけで解決することは困難である。JV3では新たにプリントヒーターシステム[1]を開発した。

7.2.1 プリントヒーターの設置と役割

図6にJV3のヒーターの配置図を示す。JV3ではプリヒーターとプリントヒーターの2つの

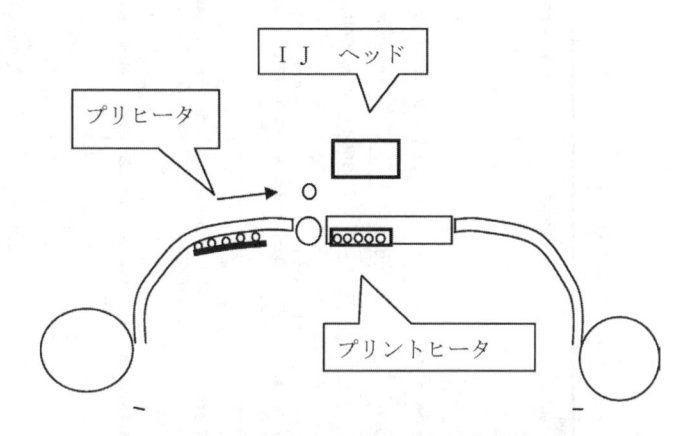

図6　ソルベントプリンタの断面構造図

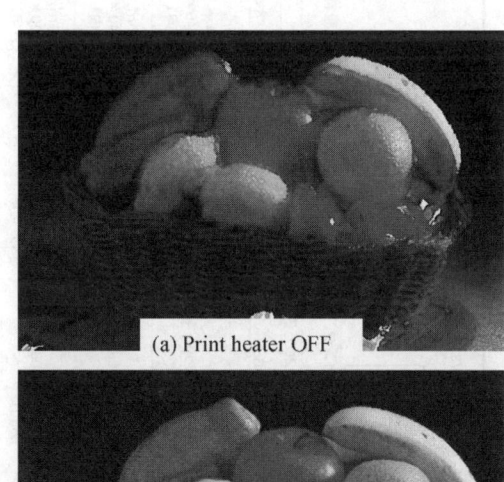

図7　プリントヒーターの効果
(a) 室温，(b) 50℃ヒーターON

インクジェットプリンターの応用と材料II

表2 最近の各社ラージフォーマットプリンタ、ソルベントプリンタ

社名		Mimaki					
名称		JV33-130	JV33-160	JV5-130S	JV5-160S	JV3-130SPII	JV3-160SP	JV3-250SPF
インク		・SS21インク、ES3インク、水性顔料インク、Sb51インク		・HSインク、ES3インク、水性顔料インク、Sb51インク		・SS2インク、ES3インクの選択が可能		
価格		190万円	220万円	418万円	438万円	208万円	258万円	458万円
作図分解能		540dpi/720dpi/1080dpi/1440dpi	540dpi/720dpi/1080dpi/1440dpi	540dpi/720dpi/1080dpi/1440dpi	540dpi/720dpi/1080dpi/1440dpi		360dpi/720dpi/540dpi/1440dpi	
作図速度	高速	17.5m²/h (540×720dpi, 4pass, 双方向)	18.7m²/h (540×720dpi, 4pass, 双方向)	47m²/h (540×720dpi, 4pass, 双方向)	54m²/h (540×720dpi, 2pass, 双方向)	13.28m²/h (360×720dpi, 2pass, 短方向)	13.74m²/h (360×720dpi, 2pass, 短方向)	14.75m²/h (360×720dpi, 2pass, 短方向)
	標準	11.9m²/h (540×1080dpi, 6pass, 双方向)	11.4m²/h (540×1080dpi, 6pass, 双方向)	34m²/h (540×1080dpi, 6pass, 双方向)	40m²/h (540×1080dpi, 6pass, 双方向)	8.82m²/h (360×540dpi, 3pass, 2Layer双方向)	9.21m²/h (360×540dpi, 3pass, 2Layer双方向)	11.35m²/h (360×540dpi, 3pass, 2Layer双方向)
	高画質	7.4m²/h (720×1440dpi, 8pass, 双方向)	7.1m²/h (720×1440dpi, 8pass, 双方向)	21m²/h (720×1440dpi, 8pass, 双方向)	24m²/h (720×1440dpi, 8pass, 双方向)	5.29m²/h (720×1440dpi, 8pass, 双方向)	5.62m²/h (720×1440dpi, 8pass, 双方向)	6.20m²/h (720×1440dpi, 8pass, 双方向)
有効作図幅		1.36m	1.61m	1.36m	1.6m	1.36m	1.6m	2.5m
機能	自動繰出し	なし	なし	なし	なし	なし	なし	最大110Kg
	自動巻取り	最大25kg	最大25kg	最大38kg	最大38kg	最大25Kg	最大25Kg	最大110Kg
	乾燥装置	オプション(ファン)	オプション(ファン)	有(ファン)	有(ファン)	有(ファン)	有(ファン)	有(ファン)
ヒーター		有(3ヶ所プリ、プリント、アフター)		有(3ヶ所プリ、プリント、アフター)		有(2ヶ所プリ、プリント)		
ヘッド高さ調整		2mm/3mmの2段階	2mm/3mmの2段階(センサー付)納品時4mm/5m	1.5mm～7mm	2段階(無段階ユーザー設定)	2mm/3mm(2段階)(PC付)		
RIP		RasterLinkProIII	RasterLinkProIII	RasterLinkProIII	RasterLinkProIII	RasterLinkProII(PC付)		

(つづく)

第15章 屋外用ラージフォーマットインクジェットプリンタ

表2 最近の各社ラージフォーマットプリンタ、ソルベントプリンタ（つづき）

				Mutoh		SII	
	XJ-740	AJ-1000	AJ-740	ValueJet1304J	ValueJet 1604J	ColorPainter64PROGEAR	ColorPainter100S
	エコソルMAXインク	EcoXtreme Ink 6色 EcoXtremeLT 6色(07.10.15USAで発表)		ValueJetインク4色		eCrystarインク6色	
	380万円	690万円	64万	175万	265万円	348万円	635万円
		360/720dpi				360/540/720dpi	
		45m²/h (360×360dpi) 2パス Bui		13m²/h(540X720dpi)4パスBi		30m²/h (360×360dpi)	30m²/h (360×360dpi)
		16m²/h(360×720dpi)4パス Uni		7.0m²/h(720×720dpi)8パスBi		16m²/h (720×720dpi)	16m²/h (720×720dpi)
		8m²/h(720×720dpi)8パス Uni		1.7m²/h(1440×1440)8パスBi		8m²/h (720×720dpi)	8m²/h (720×720dpi)
	1.86m	2.6m	1.87m	1.336m	1.615m	1.6m	2.6m
	なし	有(100kg)		有	なし	なし	有(110kg)
	最大30kg	有(加熱式送風ファン併用)	有(100kg)	なし	有	有(3ヶ所)	有(110kg)
	なし(オプション)				なし	有(オプション)	有(オプション)
	有(3ヶ所プリ、プリントド ライヤー)	有(3ヶ所)				有(3ヶ所)	有(3ヶ所)
							2.1mm/2.6mm(2段階)
	RolandVersaWorks	（標準添付）				ScanvecAmiablePhotoPrin t4DX 200,000円 ScanvecAmiablePhotoPrin	

ヒーターを備えている。プリント直後素早く，インク中の溶剤を蒸発させるために，インクジェットヘッドでプリントするいちのプラテンにプリントヒーターを設置している。プリヒーターは厚手のメディアを効率的に予熱するために設けた。

図7にプリントヒーターを50℃に加熱した場合(a)と加熱なしの時(b)のプリント画質を比較して示した。プリントヒーターの設置により，にじみがなくなり画質が大幅に改善できたことが分かる。

7.2.2　ヒーター制御

プリントヒーターは乾燥性やにじみの軽減でき，ソルベントインクのプリント画質向上に効果がある。一方，プリント位置で多量の溶剤が蒸発するために，相対的に温度の低いヘッド面に結露を生じる問題があった。

プリントヒーターシステムはヒーターを設置し，かつ結露を回避するために採用したものである。結露は次の条件を満たす時に発生する。

(1)　ヘッド温度がヘッド周辺のソルベントインクの露点以下になる。
(2)　ソルベントインクの蒸気圧が，(1)の結露条件を満たす以上に高くなる。

プリントヒーターシステムではワイピングとプリントヒーター制御および換気を組み合わせ，結露条件を回避することに成功している[2]。

8　最近のソルベントインクを使うラージフォーマットプリンタと今後の展開

表2に最近のラージフォーマットプリンタの例を一覧表で示す。現在では，すべてのメーカがJV3でミマキが提案したプリントヒータ方式を採用している。

ソルベントインクは屋外用には完全に定着したが，今後はより環境負荷の軽いインクの開発が重要である。そのひとつが，UVインクジェットプリンタであり，今後の開発の動向が注目されている。

文　献

1)　国際特許出願中；PCT/JP03/05026
2)　国際特許出願中；PCT/JP2003/016911

第16章　インクジェット捺染の最新動向

成田　裕*

1　繊維捺染業界を取り巻く環境と課題

　繊維染色業は，価格競争力低下のもと，中国を初めとする東南アジア地域各国からの製品輸入が進み，国内の熟練工の高齢化，国内製造業の減少と共に国際分業の有り方が問われている。

　国内アパレル・テキスタイルの生産量は大幅な輸入超過が続いており，経済産業省の統計データによると1999年と2005年を比較するとアパレル品の生産点数は630百万点から270百万点に，布地は2,900百万m^2から1,800百万m^2へと減少している。

　いわゆる高価格ゾーンはイタリアを初めとする欧米の高級ブランド品，低価格な量産品は中国製品が国内シェアを圧巻しているのが現状である。一方貿易収支は，布帛・ニット製品の輸出金額を見る限り，輸出品は総生産の2％にも満たない状況で先進国の中でも例が無い輸入超過国[1]となっている。

　染色整理加工における捺染品については，2006年の繊維統計月報速報値[2]ベースで，長繊維製品の輸出好調もあり輸出向けが64百万m^2で前年度比2百万m^2の増加（＋2.3％），国内向けが2億60百万m^2で同13百万m^2の減少（▲5％）であった。

　製品製造に限らず捺染製版業界においても，韓国や中国への技術・製造移転が進み，国内トレーサーの転廃業が促進された。国内の製版業務は，デジタル化が急速に浸透し業界の淘汰が進んだ。分色やデータのスクリーニングなどコンピュータトレース業務においては，海外の力を借りずして完結できないほど国際化が浸透した。

　捺染版を製造する工程は，コストを押し上げる要因となっている。更に追い討ちをかけるように原油の高騰で，染料・薬品コストは30％UPが求められているという。

　捺染製造工程の企業間取引は，発注者の見本承認など全体最適化は進んでいない。工程間で繰り返されるやり取りはビジネスチャンスを減少させ，在庫ロス発生のリスクを増大させている。

＊　Hiroshi Narita　倉敷紡績㈱　エレクトロニクス事業部　システム開発部　企画開発課

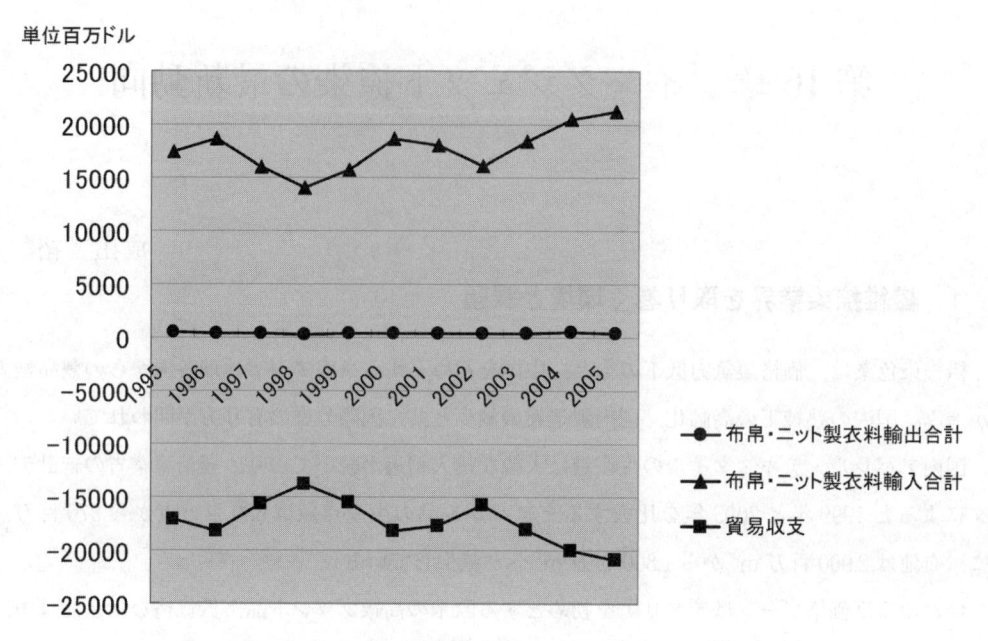

図1 日本のアパレル製品の輸出入（布帛・ニット製衣料の輸出入金額）
出典：JETRO 日本貿易振興機構

2 捺染業界におけるインクジェット技術の浸透

　インクジェット捺染は，衣料・寝装・繊維資材を含めたテキスタイル分野と屋外屋内広告などのサイン業界をターゲットとして展開している。

　テキスタイルのインクジェット捺染における装置および関連商品の世界市場規模は，2010年に，ワールドワイドで60億ドルに達すると言われている（2007年5月25日ITStrategiesリリース）。イタリアでは既に20％以上の捺染品がデジタル化しているのに比べ，国内のインクジェット捺染は，業界の予想を裏切る形で停滞している。

　一方，オフィスレベルで生産できるT-シャツやセーターなど縫製済衣料製品のインクジェット捺染機が注目されている。ロール to ロールの布帛・ニット向けインクジェット捺染機には，前後設備が必要なため染色工場などに導入が限られるためである。多様化しているデザインを売れた分だけ生産できるとあって，日本に限らず世界的に注目されており，この分野の市場は，2010年までに全体の市場の70％にまで成長すると見込まれている（ITStrategiesによる）。

　2007年9月にミュンヘンで開催されたITMA 2007国際紡織機械専門見本市で，ロール to ロールのインクジェット捺染機メーカーは，従来比で，2.5倍程度に処理能力を向上させた装置を発表した。従来の捺染機に置き換わる生産機としてこれからの展開が期待される。

第 16 章 インクジェット捺染の最新動向

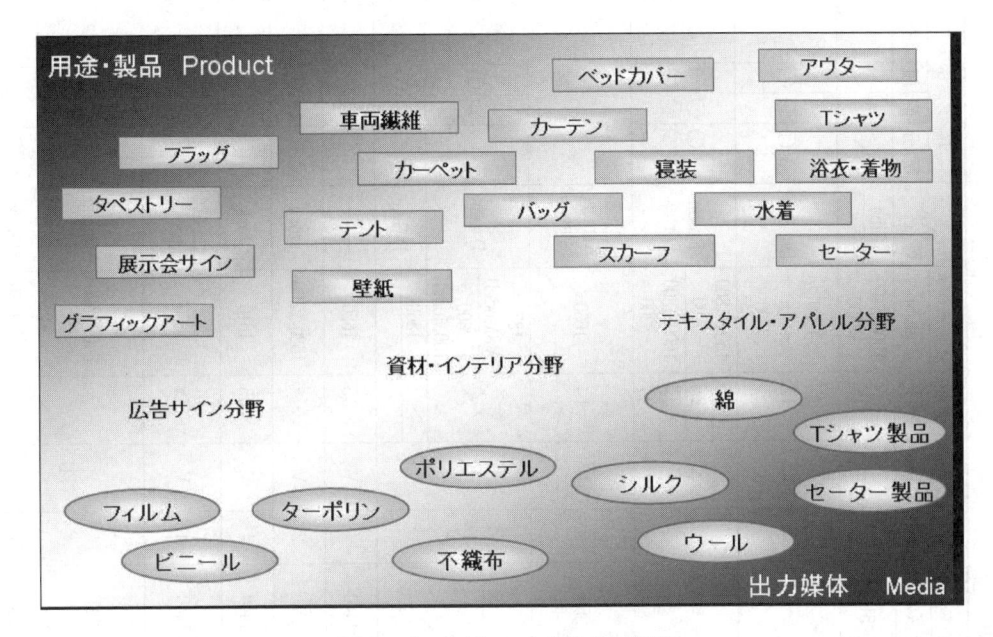

図2 インクジェット捺染の応用例

3 インクジェット捺染機の処理能力

ITMA 2007 国際紡織機械専門見本市では，生産性の向上や，広幅への適応を狙った新機種が各社から発表された。代表的なロール to ロールのインクジェット捺染機の仕様を表1に示す。

ヘッドの開発に伴って，インクジェット捺染機の出力スピードは飛躍的に向上している。

イタリア，コモ地区の例では2004年までのインクジェット捺染平均加工ロットが2006年以降7-10倍に増大した事業者がある。2005年に生産能力が高いインクジェット捺染機が登場したのが理由だと言う。2007年の段階で，各メーカーが処理能力を大幅に向上した新商品を，競って展開してきたことは市場を活性化させる上で大きな意味があり，生産機として更なる高速化を求める要望も多い。

4 ピエゾヘッド

テキスタイルインクジェット捺染機は，ドロップオンデマンド式のピエゾヘッドが市場を占有した。かつては，圧電素子の変形量が小さく，小さな素子で一定以上の吐出量を得る事が難しいとされていたが，ノズルを高密度に配列する技術や吐出周波数の高速化が進んだ。また，小さな気泡の混入がインクの吐出に影響を及ぼすことから，密封型のインクパックや脱気装置の装着な

インクジェットプリンターの応用と材料Ⅱ

表1 インクジェット捺染機（例）

国	主要メーカー / パートナー	製品名	ベース機（ヘッドメーカー）	色数	解像度（例）	path	速度(sqm/h) Bid=Bi-directional	ヘッド ヘッド	ヘッド ノズル/h	ヘッド 連数	Dot V可変/U固定	従来速度比	プリント幅(mm)	INK	反分	酸	顔	カチ
Italy	Reggiani Scitex/HP Ciba	DReAM	Aprion/HP 変更なし	6	600 600	2 4	150.0 60.0	42	512	7		×1	1600-2400 -3400	Ciba	○	○	○	
Usa	Du Pont Ichinose	Du Pont2030	SII	8 8	360×600 720×600	2 2	80.0 40.0				V3		1830	Du Pont	○	○	○	
		Du Pont3320		8 8	360×600 720×600	2 2	45.0 22.0	16				×1.8	3300					
Italy	Robustelli Epson FORTEX	MONNALISA	Epson 2007 Type-M	8 8	360×540 540×540	3 3	212.0 160.0	12			V	×2.5 ×2.6	1600-1800 -3200	Epson Fortex	○	○ ○	○ ○	
				8 8	720×720 720×720	4 8	96.8 85.6					×3.3 ×2.7	1600-1800 -3200					
Japan	Konica-Minolta	Nassenger VMk2	Konica-Minolta	8 8 8 8	360×450 720×540 720×720 720×720	2 4 4 8	68.6 32.2 25.5 17.2	16	256	2	U	×1.4	1650	Konica-Minolta	○	○		
	D-Gen	Teleios	EPSON	4	540	3	38.0				V							
Korea		1377TX/ V8・100		8	540	3	19.0	16		2	V	×2	1879 (V8Model) 2600 (100Model)	D-Gen	○	○	○	
	Roland	Heracle 7474TX/V8	Roland	8 8	540 720	6 8	19.0 14.4						1869	D-Gen	○	○	○	
Italy	M&S Macchine&Servizi	JP5	Mimaki JV5 160S	4 8	540×720 540×720	4 8	54.0 28.0	4	1440	4	V	×2.5	1620	stork	○	○	○	
Aust	Stork Prints	Tourmaline/ Sapphire	Mimaki	8	360×720	4	20.1 Ave	8	180	2	V		1620/2200	stork	○	○	○	
Aust	Stork Prints	Ruby V	Mimaki JV5 160S	4 8	540×720 540×720	4 8	54.0 28.0	4	1440	4	V	×2.5	1610	stork	○	○	○	
Italy	DGS(M&S) DUA Graphic Systems	CROMOS	Mimaki MS (JV5)	4 8	540×720 540×720	4 8	54.0 28.0	4	1440	4	V	×2.5	1600		○	○	○	
Japan	Mimaki Epson	TX3-1600	Epson Mimaki	8	360×360 360×540 540×540 720×720	4 4 4 4	15.0 11.9 17.3 8.5		360	1	V/U		640×420	Mimaki	○	○		
	Mimaki	DS-1600/1800	JV4	6 6	360×360 720×720		24.0 9.8	6	360				1620/1850	Mimaki	○		○	

200

第16章　インクジェット捺染の最新動向

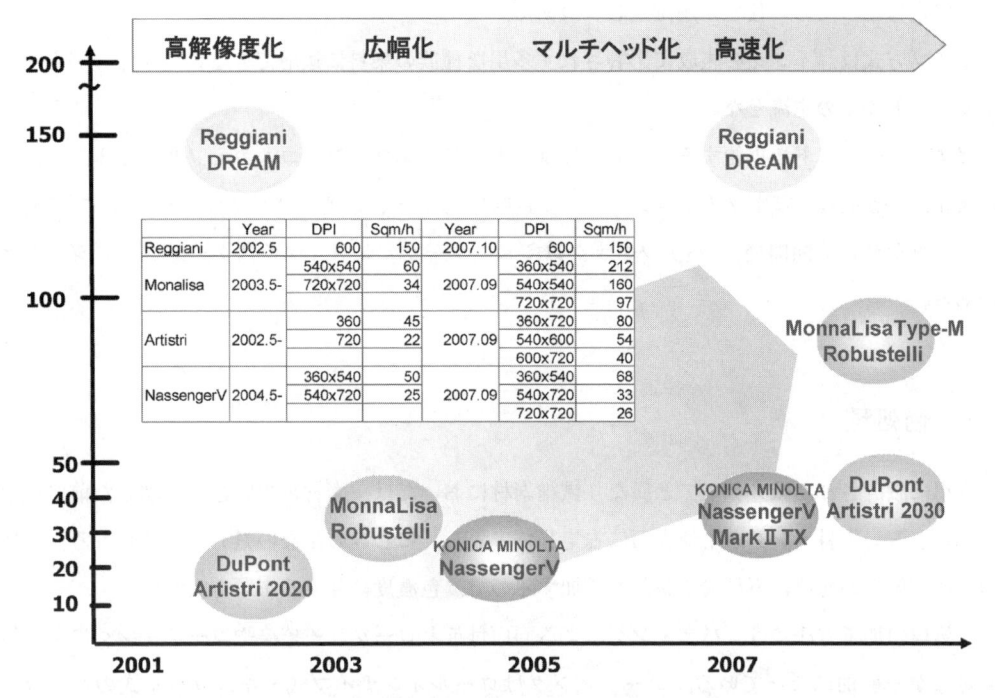

高解像度化　　広幅化　　マルチヘッド化　　高速化

	Year	DPI	Sqm/h	Year	DPI	Sqm/h
Reggiani	2002.5-	600	150	2007.10	600	150
Monalisa	2003.5-	540x540	60	2007.09	360x540	212
		720x720	34		540x540	160
					720x720	97
Artistri	2002.5-	360	45	2007.09	360x720	80
		720	22		540x600	54
					600x720	40
NassengerV	2004.5-	360x540	50	2007.09	360x540	68
		540x720	25		540x720	33
					720x720	26

図3　ロール to ロール インクジェット捺染の出力能力

表2　代表的なピエゾヘッドの例

	SE社	K社	X社	D社	T社	S社	B社
印字方式	DOD（ドロップオンデマンド・ピエゾ式）						
形式例	Micro Piezo TFP	KM256M	HSS1 (Xaar1001)	GalaxyJ A256	CA4	IRH1513C-1000	ライン型
ノズル	360×9	256	1000	256	318	510	2,656
最大周波数 (kHz)	40	15	50	20	28	12.8	20
ドロップサイズ(pl)	3.5<	15 (KM256M)	6-42 (8レベル)	25-30	6-90 (8/16)	12	4レベル
特長	従来(MLP)比2倍の71μm 360ノズル解像度	KM256Mでは141μm180dpiノズル解像度	高周波数で多段打ち可能（ウォールベンド型シェアモード）	単結晶Si MEMS技術を使ったモデルでは研磨製懸濁インクの吐出に強い	ラベル用シェアモードタイプ	吐出耐久性180dpiノズル解像度でプリント幅71.8mm	世界最高レベルの小型・高集積化を実現し高速印刷が可能
備考	MLP：Multi Layer Piezo TFP：Thin Film Piezo	溶剤/UVインク用M512では、360dpi512ノズル4-42pl	ピエゾの発熱をインクの循環で冷却	10-40pl/40kHz/304ノズルタイプのM-classヘッドが発表されている。	専用油性顔料/UVインキ		菱形状の圧力室と、ユニモルフ型のピエゾ・アクチュエータを採用

ど，安定稼動のための仕組みが確立しつつある。

　ピエゾ方式は，インクの組成に影響されず多用な種族の染料に適応できることから今後もインクジェット捺染の主流となる。

　ピエゾ方式ヘッドを供給するメーカーには，セイコーエプソン，コニカミノルタＩＪ，Xaar, Dimatix（Spectra，富士フイルムグループに買収），リコー，東芝テック，SII Printek，ブラザー工業（京セラと共同開発），パナソニックコミュニケーションズ，クラスターテクノロジーなどがある。

5　前処理

　専用に設計された紙メディアと異なり繊維素材においては，素材毎の特性を考慮した前処理が必要になる。染料インクが生地表面に安定して定着し，にじみの少ない処方が求められる。前処理では，染料の発色に不可欠な薬剤も添加するので，色濃度に与える影響も大きい。

　前処理の加工方法には，パディングによる両面付与とロータリー捺染やコーティングによる片面付与が一般的になっている。コーティングはロールオンナイフ式・キスロール式のバーコーターやスプレーコートがよく用いられる。片面付与は受容層を素材表面に効率よく形成する上で有効であるが，気泡や異物の混入・筋引き・塗工むらは，発色時に重大な欠陥を発生させる。

　前処理液への泡や異物の混入，コーティングむらやパディング時のマイグレーションには特に注意が必要である。

6　出力素材（メディア）とインク

6.1　インクジェット捺染の素材適応

　各種染料または顔料の開発が進み現在では，ほとんどのメーカーが各種族染料・顔料インキを提供するに至った。インクジェット捺染に要求されるインク特性は，大きく次の３点があげられる。

①　染色特性が優れる

　　インキの基本性能として，高濃度で色域が広い事が求められる。限られた色数の中で製品の色表現領域を拡大するためには基本色の選択が重要な要素になる。裏通りが少なく少量の液滴でも表面にとどまる程，高濃度が得られ効率よい発色が得られる。にじみ・サテライトが少なく乾燥性が良いことも求められる。発色特性は，スチーム条件など後処理にも影響されるので注意が必要である。

第16章　インクジェット捺染の最新動向

② ヘッドに適応する

ピエゾヘッドの高速駆動に伴って，ヘッドへの適応の難易度は高まっている。液滴の確実な吐出，正確な方向性や連続吐出での安定性は不可欠である。特に分散性のインクでは，インクのフロック化[注1]や凝集[注2]がなく目詰まりしない事が重要になる。ヘッド表面や内部へのダメージが少なく，異物・コンタミ発生の無い洗浄性の良いインクが求められる。

③ 取り扱いしやすい

無毒で環境の汚染が少なく安全に取り扱えること以外に，インクの貯蔵安定性がある。変質や濃度・彩度の低下が無く，吐出や乾燥時の温度変化にも安定している事が望まれる。

生産機として活用される場合は，単価（コスト）が安いことが強く求められる。最終的には，インク濃度（消費量）・パージロス・安定稼動・ヘッドの寿命など実運用の変動費でコストが評価される。インクの要求特性は，ヘッドのタイプや駆動条件によって異なるため，単価だけでなく運用コストが安く安定稼動を保証するハードウエアに最適化された専用インクの供給は重要である。

6.2　脱気

インクジェット方式では，インキへの気泡混入は，吐出不良など欠陥発生の要因となるため，必ず避けなければならない課題となる。プリンタ内のインク送液中の脱泡には，真空式の脱気フィルタが用いられている。気体透過性の中空糸またはフラットメンブレン中にインクを通過させて，外側から真空ポンプで吸引することによって，インク中に溶け込んでいる気体を取り除くものである。

6.3　色域表現

インクジェット捺染では，多色使いや多重色グラデーション表現がデジタル特有デザインとして特長つけられる。POP，軽衣料や装飾品，イベント商品やキャラクター衣料では，フルカラーのグラフィカルなデザインが好んで使われる。しかし，ファッション性の高い個性的なプリントデザインでは，シンプルな段落ち表現で力強く特色を印象つけることも重要になる。

「世界で最も美しいプリント」といわれるフランスのあるファッションブランドは，華やかなプリント柄で有名であるが，バラや蘭などをモチーフとし1色1色の色調を30色以上のスクリーン版で捺染していると言う。

テキスタイルのインクジェット捺染においても，大胆な特色表現や防染・抜染のような高濃度

注1）　フロック化：インク中の固体粒子が，接着・凝集して粗大化すること
注2）　凝集：インク中の固形粒子どうしがくっついて固まり状になること

色表現が注目されている。華やかさや大胆な色使いは，無地染めにはない捺染特有の表現として多くのファンを魅了している。特色インキにより色域表現が広がれば，インクジェット捺染品の意匠性が更に高まることが期待される。

7 カラーコントロール

CMS（カラーマネージメント）

捺染におけるカラーマネージメントでは，RIP任せとアプリケーションによる2つのCMSに大別される。プリンタドライバ側でカラー調整をする機能もあるが，特定の写真図案において，カラーバランスを取るレベルと考えた方がよい。

捺染柄において華やかさや渋さを求める色使いやバランスは特に重要で，色合わせの段階で配色ごとに染料を調合し，本番加工用のスクリーン版でデザインを展開する。このマス見本[注3]で，色調やデザイン，柄欠陥の確認が行われている。捺染のカラーコントロールでは，各配色の彩度・明度だけなく，柄全体のイメージや質感，配色間のカラーバランスが要求される。

目標色と正確にカラーマッチングするために，簡単にICCプロファイルを作成するユーティリテイも提供されるようになった。しかし，多色インクの特性を生かして，配合や濃度条件を設定することは容易でない。特に，RIPレベルで対応するには，難易度が高いうえに素材ごとの膨大なデータ出力や条件設定などユーザーへの負担は大きい。

クラボウでは，約30年前から蓄積してきたカラーマッチング技術を生かし，色域表現が最適となる多色インク（YMCK+α）のインク量を自動計算する仕組みを開発した。出力したい素材毎のプロファイル作成も最小のサンプリングで実現するシステムを提供している。

8 デジタル技術を活用した新しいビジネスモデル

インクジェット捺染の市場を見極め，得意とするターゲットに狙いを定め，従来の商習慣にとらわれず大胆に参入する戦略が必須になっている。もしも，コミッションダイとして価格に訴求し従来の延長で収入を得ようとするのなら，それは直ちに値下げ競争にさらされ立ち行かなくなる。

川中企業がインクジェット捺染で成功するには，自前の素材・デザインで付加価値を上げるか，独自のブランドを確立し川上を取り込み直接販売へ出るか，数十・数百台のインクジェット

注3） マス見本：柄をマス目状に仕切って取られる柄を確認するための見本

第16章　インクジェット捺染の最新動向

捺染機を導入し規模を追及するなど，従来の枠を超えたさまざまなビジネスモデルの構想が不可欠である。

9　コモ地区の繊維製品輸出入

　イタリア北部のスイス国境にアルプスの雪解け水を湛えるコモ湖がある。日本の新潟県十日町市と姉妹都市を結ぶコモ地区は，古くから捺染加工が盛んに行われてきた。コモ地区の繊維製品の輸出総額は，2004年の実績ベースで同地区経済全体の33%を占める。輸入品は15%で衣料分野の貿易収支を見る限り重要な輸出品として経済を活性化させる原動力となっている。分析によると，衣料の輸出品のうち73%はＥＣ圏内で，13%がアメリカ，残り12%がアジアを中心とする諸外国となっている。

　コモ地区でのインクジェット捺染導入事例を見ると，必ずしも大企業が先行しているわけではないようだ。10数名規模の捺染工場が5台以上の装置を導入し，デザイン（モード）企画・配色・データ加工などの付加価値を取り込みインクジェット捺染で内製化している例がある。素材供給・販売は，パートナーと一体で展開している。現在コモ地区には，約150社の染色工場と40社の製版業者がある。（2006年当社調査）デザインスタジオと呼ばれるデザインの創作・企画

単位千ユーロ

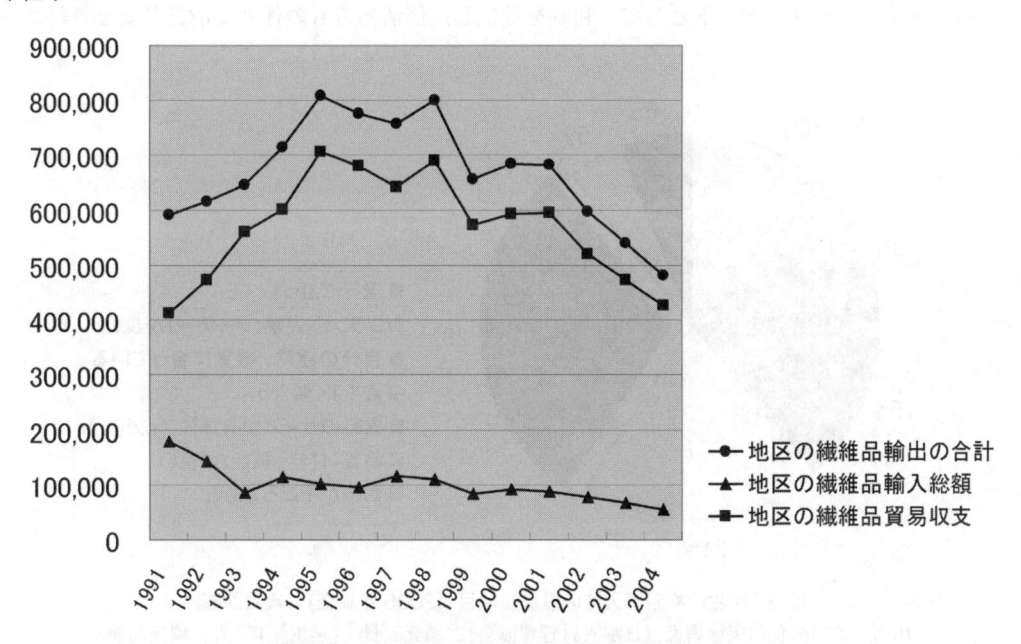

図4　COMO地区の繊維製品の輸出入統計推定
出所：ISTAT および Comoweb データより当社推計

部門の分業が成立しており，昨今のデジタル化の浸透により，協業や競争（相互の領域へ進出）が始まっている。製版業者がインクジェット捺染装置を活用して，前処理・後処理を外注し，生地問屋と共同で事業展開している例もある。

10　国内のベターゾーン

2005年の学生の衣料品の購買行動調査[3]によると，衣料の購入時の重要項目として，29%の学生が「自分の趣味，感覚に合っている」と回答している。この傾向は，母親のブラウスや父親のスポーツシャツにも一致している。

産業構造審議会がH15年に発表したレポート[4]によると，衣料については，低価格のボリュームゾーンと価格が高くロットが小さいベターゾーン以上の商品に分別される。ベターゾーンにおいては国内生産品の競争力があり，染色を含めた縫製までの製造は，金額ベースの輸入浸透率が大幅に低い。

高価格の高級ゾーンは，それを持つ事にステータスを感じるブランド力がキーとなるため，製品の機能だけではなく，個人の趣味・感性に訴える『高くても購入したいこだわり』に訴求する必要がある。低価格志向の定番品実用衣料は，『とにかく安い』が成功への鍵である。世界規模で量産製品を調達する為，中国からの輸入品が市場に広がっている。

ベターゾーンをターゲットとして，利益を重視し，価値あるもの作りで消費者など最終ユー

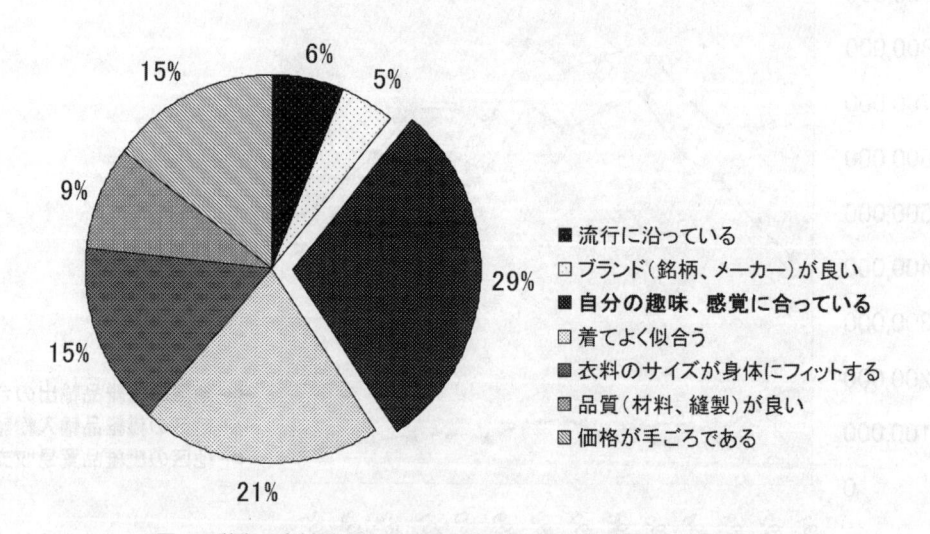

図5　学生の衣料購入時の最重視項目（2005年調査）（複数回答）
出所：衣料の使用実態調査（日本衣料管理協会），調査人員：[学生] 456人，調査期間：平成17年12月～平成18年1月

第16章 インクジェット捺染の最新動向

ザーに訴求・販売していく商流が高まる。

11 環境対応

環境問題に対する消費者の意識の高まりはいうまでもなく，「環境対策」による企業の評価，環境に関心を示す潮流は，ますます広がっている。社会的責任をまっとうする意味の環境対策にとどまらず，経済性という観点から生産方式を含めた対策が重要な位置を占めるようになった。

染料・糊剤などの原材料は，見本作製のような極小ロットの生産においては，60～80％の廃棄ロスが発生する。従来捺染に比べ，インクジェット捺染では，水資源・エネルギー量は，1/5～1/20 の削減効果が報告されている[5]。

持続可能な経済発展のためには，エコロジー（環境配慮）とエコノミー（経済性）の両立が不可欠である。インクジェット捺染は，コスト削減という経済的な観点だけでなく「環境対策」にコミットできる技術革新といえる。製品のブランド力向上のためにも，積極的にアピールされるべきである。

一方，高速になったインクジェット捺染機には，10Lを越える廃インクタンクが用意されている。今後は，増加傾向にあるパージインクを不要または，再利用する真に環境にやさしい装置の開発も望みたい。

12 インクジェット捺染の将来

インクジェット捺染製品には，従来方式を凌駕する色数，グラデーション，細線表現などがある。デザイナーや消費者がデジタル捺染の良さを認知し市場がそれを認めるには時間もかかっている。より生産能力が高いインクジェット捺染機の登場により，『市場の課題』が顕在化した一面もある。国内の川中とりわけ染色加工技術は世界的に見ても高く評価されており，現在でもヨーロッパのブランド商品の加工を手がける企業も少なくない。技術・デザイン力を活用し，コストパフォーマンスの良い企画・開発，生産，販売を実現することで日本の繊維産業は十分な国際競争力を得られる。川中と言われる染色加工業への，自立支援事業は 2007 年を持って打ち切られると言う。インクジェット捺染によるビジネスモデルを構築できるか？繊維製造業としての真価が問われている。

文　　献

1) 日本のアパレル製品の輸出入，ジェトロデータベース
2) 染色整理加工実績表＜長・短繊維織物合計加工数量＞，経済産業省繊維統計（H19. 9. 18）
3) 衣料品の購買行動調査，日本衣料管理協会（2005）
4) 日本の繊維産業が進むべき方向ととるべき政策，産業構造審議会　繊維産業分化会（H15. 7）
5) 高橋恭介，結川孝一，インクジェット技術と材料，シーエムシー出版，p80（2002）

〈デジタルファブリケーション応用〉

第17章　インクジェット技術による金属ナノ粒子インク配線

菅沼克昭[*1], 和久田大介[*2], 金　槿銖[*3]

1　インクジェット印刷と Printed Electronics

　印刷配線が，世界で注目を集めている。Printed Electronics，Printing Electronics，Plastic Electronics，あるいは Organic Electronics など様々な呼称が与えられている。要素になる技術は，印刷技術はもちろんのこと，金属ナノ粒子インクを用いた配線，あるいは有機デバイスや有機配線も含めた材料技術もあり，次世代のエレクトロニクス産業基盤を形成する極めて広範囲な技術領域になる。日本においては，まずインクジェット印刷技術と金属ナノ粒子インクの組み合わせが注目を集めているが，世界的にはこの他に，オフセット印刷やグラビア印刷，フレキソ印刷など，イメージングの世界に定着しているあらゆる印刷技術が注目を集めている。印刷技術にはそれぞれの特徴があり，中でもインクジェット印刷は，オンデマンド，非接触などの魅力ある特色を持つ。

　インクジェット装置によりパソコンから配線データの直接描画が可能になることは，工業生産にとって少量でも多量でも即時対応可能なオンデマンド生産を実現する。インクジェットのインクを金属や半導体に替えることでダイレクトに基板に配線形成できるので，これまでエッチングなど複雑な工程と大量の廃棄物の排出を余儀なくしてきた基板の作製が，大変環境に優しい単純なプロセスに置き換えることが可能になる（図1）。ただ，ミクロンサイズの金属粒子や半導体粒子をそのままインクに出来るわけではなく，インクジェット描画のためには，金属や機能部品粒子を流動性に優れたある媒質に均一分散させることが必要になる。インクジェットで粒子を均一に飛ばすためには，媒質中に粒子が均一分散していなければならない。このために，粒子はナノサイズであることが必要で，コロイド状になった粒子は媒質中に分散保持される。詳細なインクジェット配線に用いられるインクの粘度は，およそ 10 cP 程度の値になり，装置の制約からあまり広げることはできない。

　一方，有機半導体や有機導電性材料にも期待が掛かるが，これらの材料はまだまだ発展途上の

[*1]　Katsuaki Suganuma　大阪大学　産業科学研究所　教授
[*2]　Daisuke Wakuda　大阪大学　産業科学研究所　特任研究員
[*3]　Keunsoo Kim　大阪大学　産業科学研究所　助教

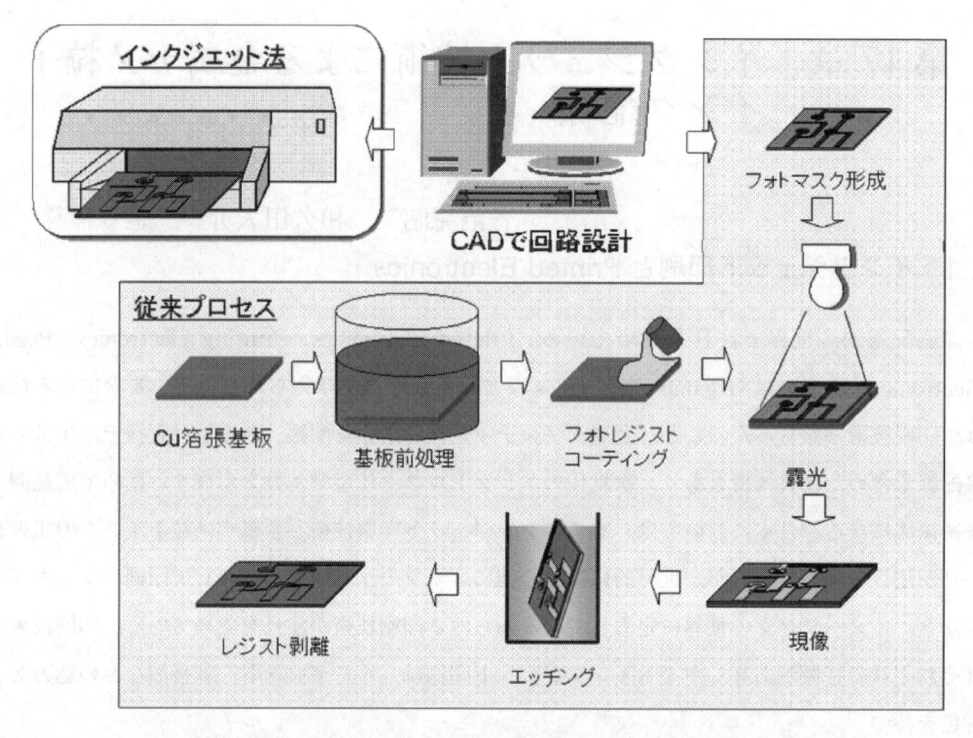

図1 インクジェットによる金属ナノ粒子インク配線のメリット
従来は，廃液・廃棄物を多量に生み出す多段の湿式プロセスを必要としたが，プロセスの簡素化と同時に廃棄物の少ない生産を実現する。

ものであり，安定性や抵抗値は金属ナノ粒子インクには敵わない。たとえば抵抗値は，キュア後の銀ナノ粒子配線が $10^{-6}\Omega cm$ オーダーに達するのに対して，有機配線では $10^2 \sim 10^3 \Omega cm$ の高抵抗に留まる。従って，将来に渡って配線は金属ナノ粒子インクがベストな選択として用いられるだろう。ただ一つの課題は，金属ナノ粒子インクのキュア温度の高さにあるが，最近，100℃前後から，究極の常温配線まで可能性が見えてきた。そこで本章では，金属ナノ粒子インク，特に銀ナノ粒子インクを用いたインクジェット配線技術の現状について簡単に紹介する。

2 金属ナノ粒子インクのインクジェット印刷技術

高詳細な配線形成に最も適したインクジェット印刷はピエゾ式のヘッドのインクジェット法であるが，ヘッドの材質は金属ナノ粒子の分散媒質との相性があるので，生産性を考慮するにはまず相性チェックを行う必要がある。これは，インクに有機溶媒などを用いる場合で特に注意が必要であり，ヘッドの構成材料を浸食・反応しないことがポイントになる。インクジェット印刷機

第 17 章　インクジェット技術による金属ナノ粒子インク配線

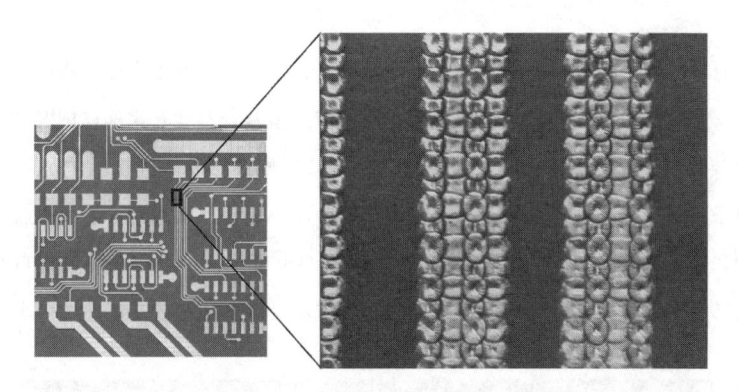

図2　ポリイミド基板上に形成した配線の例と拡大図（ハリマ化成より）

は，民生用途の機器ですでに液滴が 1pl までのボリュームに至っているが，配線形成にもこのオーダーの液滴サイズが用いられる。体積 2pl の液滴は，直径にすると約 $16\mu m$ のサイズになる。これが基板に着弾するとぬれ性や粘性の影響を受けながら広がり，$30～50\mu m$ 直径のドットとなる。図2は，ポリイミド箔上に形成した配線の例を示すが，基板をわずかに加熱することで着弾と同時に溶媒が蒸発するので，ドットが明確に現れている。また，特殊な方法になるが，静電的吐出法によって高粘度のインクを用い，フェムトリットルの液滴の吐出で数ミクロン以下の配線を行うことも可能である[1,2]。インクジェット印刷による配線の成否を左右する因子は多数あるが，その中でも大切なものとして以下の点が挙げられる。

・インク粘度と表面張力（温度管理等も含める）
・吐出速度と量
・インクとヘッドのマッチング（相性，ぬれ性等）
・基板へのインクのぬれ性

それぞれの因子に対して最適値を得るためには，シミュレーションに依る予測も為されるが，多くの場合に試行錯誤が必要になる。

インクジェット印刷では，配線形成に対する描画の向きにより得手不得手が生じる場合がある。図3にその例を示すが[3]，ステージまたはヘッドの運動方向に垂直の配線，または平行方向の配線描画はきれいに印刷されるが，斜め配線や曲線の描画では円印で示したような意図しないドットが形成されることがある。プリンターへの入力情報は直線であっても，印字が有限サイズのドットであるために生じる不具合であり，プリンターの制御アルゴリズムを最適化しなければならない。$50\mu m$ 程度のインクドットがそのまま誤差のレベルになるので，$50\mu m$ 程度以下のピッチ，幅の高詳細配線を描画する場合には注意を要する点になる。インクジェット法でベタの配線を形成するためには，ヘッド間のギャップを埋めるために補間をする必要がある。その例を

インクジェットプリンターの応用と材料Ⅱ

図4に示す。

　インクジェット印刷の場合，インクの粘性が低いことからぬれ性の良い基板の上では着弾時に広がりやすい。基板とインクのぬれ性は重要な因子で，組み合わせと用途に応じて，基板表面の事前処理が必要になると考えるべきであろう。図5には配線形成の例を示すが，PETフィルム上に銀ナノ粒子インクを描画した場合，前処理を行わない場合は滲みが大きく配線の精度が非常に悪い。表面に多孔質受理層Aを形成すると，滲みが止まり各打点が明確に得られるようになる。Bでは更に望みの配線に近づくが，連続配線とするために吐出量を増やすことで，最終的な

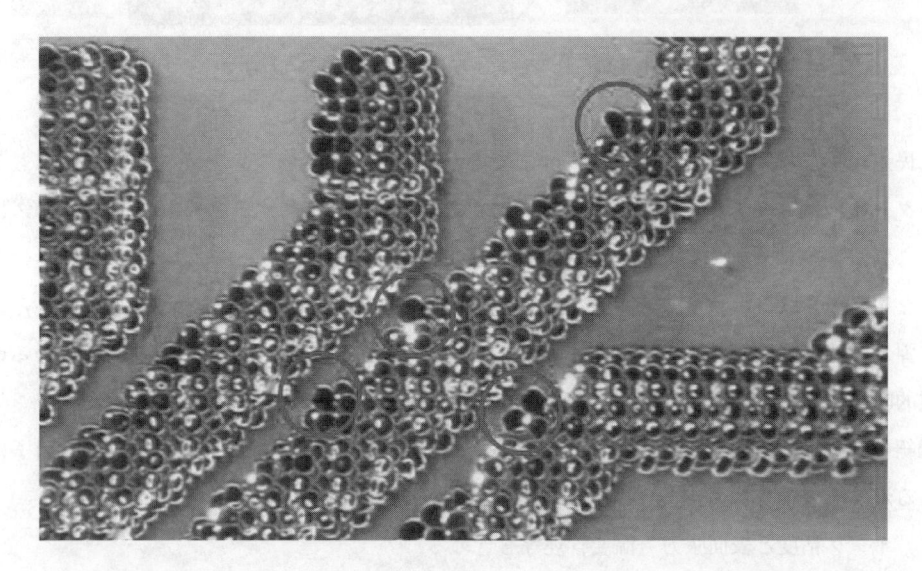

図3　インクジェット配線斜め線の意図しないドット形成（ハリマ化成より）

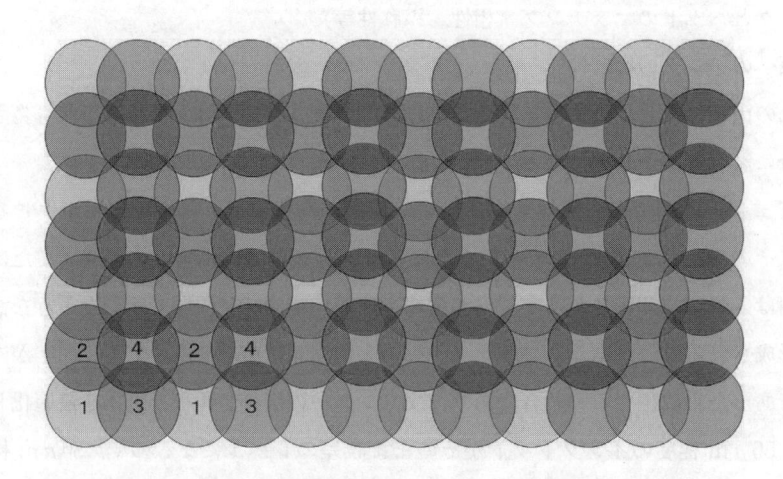

図4　ベタ配線形成のためのドット形成順序
薄い色のドットから順に形成してゆき（数字の順），この例では4回ヘッドが通過する必要がある。

第17章　インクジェット技術による金属ナノ粒子インク配線

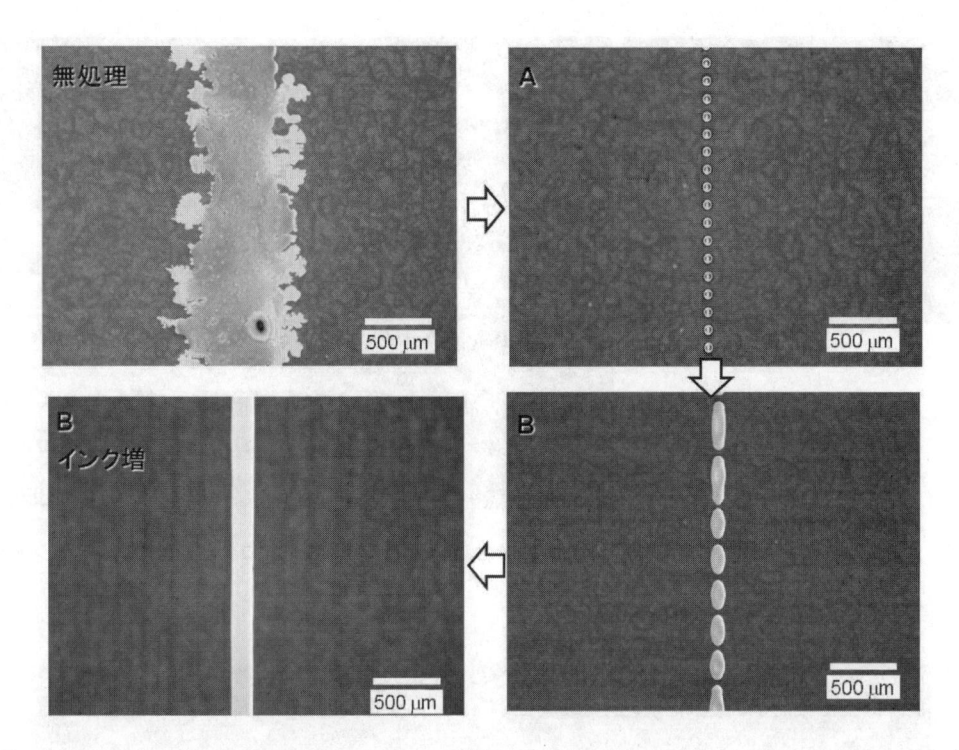

図5　PETフィルム上に形成したインクジェット配線に及ぼす表面処理の効果（宇部日東化成との共同）

表1　有機基板一般の接着を助ける事前処理

種　類	内　　容
洗　浄	水や有機溶媒を用いて洗浄する
研　磨	研磨，研削により表面層を除去する
薬品処理	酸やアルカリ薬品を用い，表面層を除去すると同時に接着剤との親和性を持たせる
活性ガス処理	ガスを活性化し，表面層をエッチングすると同時に親和性を与える
プライマー処理	接着剤との親和性の高いプライマーを塗布する

配線が得られている。

　インクジェット法に限らず，配線と基板の密着を確保することは重要になる。銀配線のみでは全ての基板への密着を確保することは難しいので，インクへ接着を助ける添加剤を加えるか，基板表面にあらかじめ接着を容易にする処理を施すことが望まれる。有機基板一般の表面処理法が多くの場合に適用可能であろう。代表的な例を表1に示す。プライマーとしても多くの可能性があるが，簡単には広く接着剤に用いられるエポキシ層の形成などが有効である。

　図6には，有機基板と銀ナノ粒子インク配線の界面の透過型電子顕微鏡写真（TEM）を示す。この例では，均一で密着が良好な界面が形成されている。多層配線を行う場合，金属配線と有機絶縁層を交互に積層してゆくことになる。この時，ほとんどの場合に絶縁層形成の段階で仮焼結

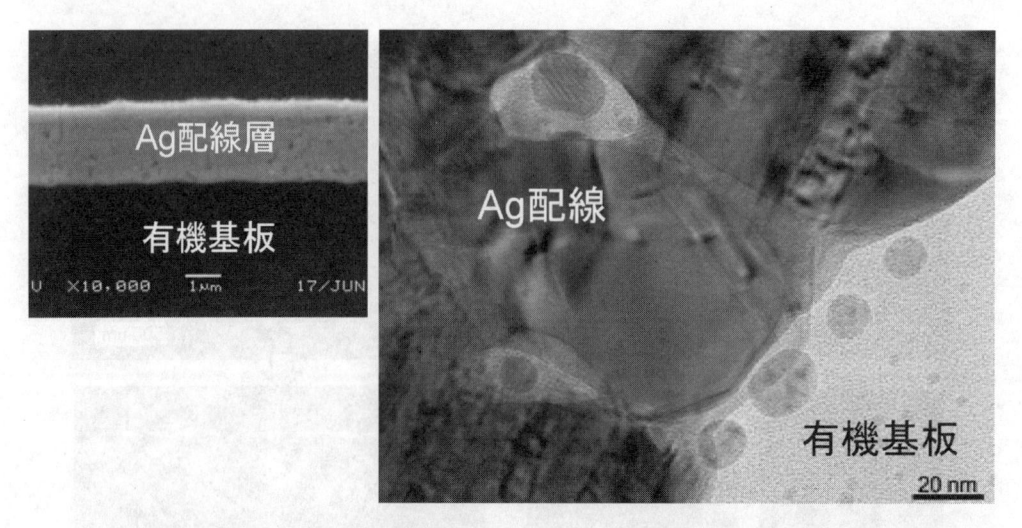

図6　インクジェット銀配線と有機基板界面のSEM像(左)とTEM像(右)(プログラム実装コンソーシアム)

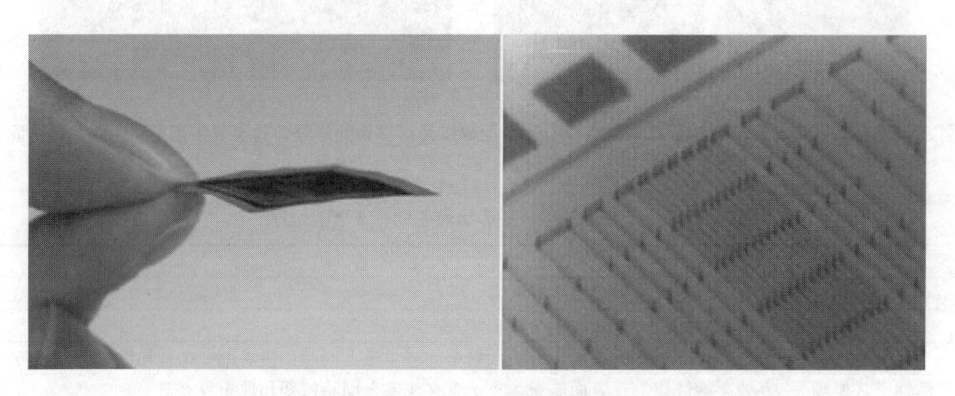

図7　20層のポリイミドフィルム配線形成（エプソンより）
200μmの厚さの中に10層の銀配線を形成している。右は斜めからのX線透過像で，
ビア配線がきれいに形成され，層間の接続が為されていることが分かる。

を行うことになるが，この上に層を重ねて行き最終的に全体のキュアを行う場合，下層からのガスの発生に伴う層間の剥離や，配線層のポーラス化には注意しなければならない。インクとのマッチングになるので，ガスを極力発生しないプロセス条件を見いだす必要がある。

　インクジェット配線は，薄い配線形成は得意である。図7は，10層の配線層と10層の絶縁層を形成したTEG配線の例である。それぞれの配線層間の接続も，ポストをインクジェットで形成することできれいに得られている。このように，約200μmの厚さのフィルムにトータル20層を連続で形成できることは，インクジェット法の大きな魅力の一つになる。一方，ミクロン単位の厚い配線を形成することは難しく，大電流を流す用途では配線厚さを稼ぐために重ね打ちが

第17章 インクジェット技術による金属ナノ粒子インク配線

必要になる。重ね打ちを積極的に行うことで，立体配線が可能になることもインクジェット技術の特徴の一つである。

3 インクジェット用金属ナノ粒子インク

配線用インクに用いる金属粒子は，以前は真空蒸発させ凝縮させる気相法作製が主流であったが，昨今は金属イオンや塩を化学的処理を用いてコロイド状に析出させる湿式法が量産法として確立されている。特に，湿式法は配線形成に利用価値の高い銀，金，銅などの貴金属ナノ粒子の合成法として，均質な原料素材が得られ，また，ロッドやシート状などの粒子の形態制御技術もあり優れている。

金属ナノ粒子表面には，室温に於いて保存できるように単分子か高分子の有機分子層を形成する。図8は，筆者の研究室において液相還元法で合成した銀ナノ粒子のTEM像を示すが，ナノ粒子はドデシルアミン分子膜で保護されているために凝集はなく，それぞれの粒子がうまく独立分散している。金属ナノ粒子をカバーする分子膜形成はインク合成の大きなノウハウになり，各インク・メーカーは基本的にその素性を明らかにはしない。文献に現れた典型的な分子膜の例を表2に示す。

ナノ粒子の合成法は，物理的な方法と化学的な方法に多岐にわたり開発されている。それぞれのメリット，デメリットがあるわけだが，図9はそれらの中でナノ粒子の製造法の代表的な種類

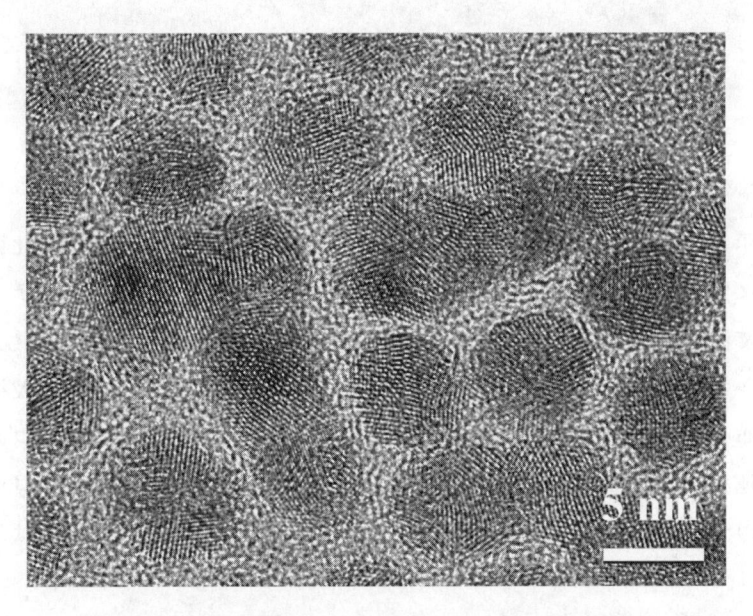

図8 液相還元法により合成された銀ナノ粒子のTEM像

表2 金属ナノ粒子に用いられる分散剤

ナノ粒子	分　散　剤
金	ドデカンチオール 1-オクタンチオール トリフェニルホスフィン
銀	ドデシルアミン ポリビニルピロリドン ポリエチレンイミン
銅	ポリビニルピロリドン ポリエチレングリコール

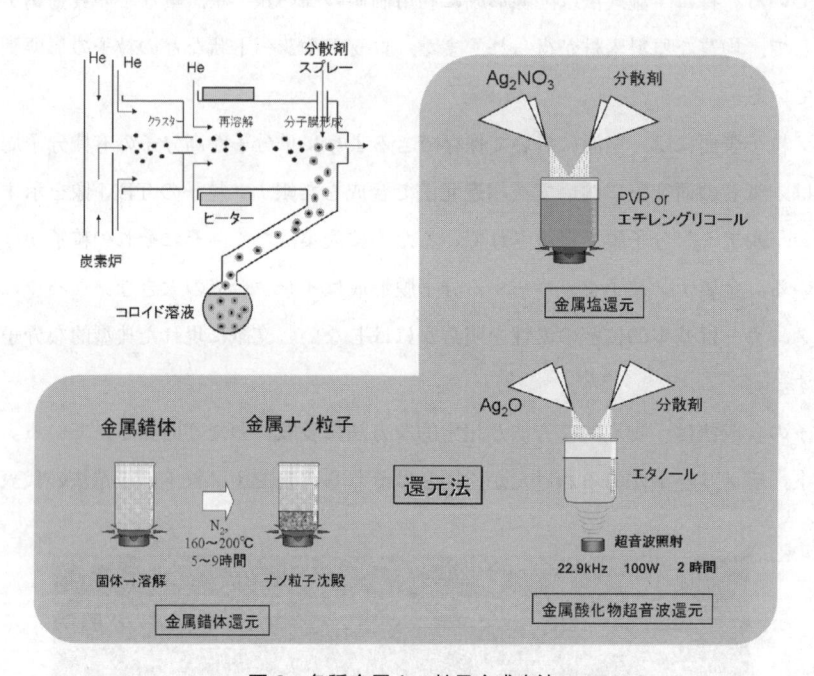

図9　各種金属ナノ粒子合成方法

を模式的に示した。図では気相合成法と液相還元法（金属塩還元，超音波利用酸化物還元，金属錯体還元）に分け，気相法では，多少の生産性は犠牲になるが粒子径のそろったナノ粒子が得られる。対して液相還元法では，比較的安価な量産を可能にする。いずれの方法でも，数nm～数十nmの大きさの各種粒子の製造が可能である。粒子形状は様々であり，単なる粒状でなく2種類の粒径分布を持つ混合型，合金化型，外側と内側で異なる金属から形成されるコアシェル型，ナノ粒子が連なった長鎖状，一方向へ伸びたナノロッド状，ロッド束となった太ロッド状，あるいは数nmのナノ粒子が凝集した数十nmのサイズの球状，さらには金の場合にはシート状にも合成できる。

　さて，金属ナノ粒子のエレクトロニクス材料としては，やはり電気的な性質，熱的な性質，さ

第17章 インクジェット技術による金属ナノ粒子インク配線

表3 代表的なエレクトロニクス金属材料の特性

	電気抵抗 ($\times 10^{-6}\Omega$cm)	熱伝導率 (W/mK)	融点 (℃)	線膨張率 (ppm)
Ag	1.6	419	951	19.1
Au	2.3	290	1063	14.1
Pt	10.6	71	1769	9.0
Cu	1.67	394	1083	17.0
Al	2.69	240	660	23.5
Sn	12.8	65	232	23.5

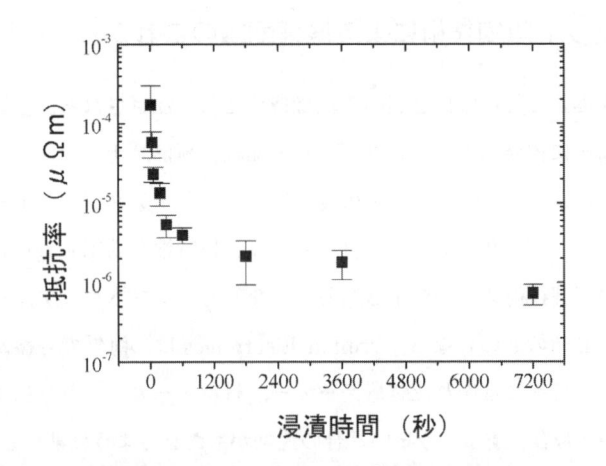

図10 Agナノ粒子配線のアルコール浸漬による室温抵抗値変化

らに安定性からいって銀粒子や金粒子の価値が高い。表3には，典型的なバルク金属材料の幾つかの特性を比較して示した。電気抵抗値，熱伝導率などのエレクトロニクス用途の特性を見ると，銀と銅は同等の価値がある。価格と信頼性を考えると銅が望ましいと言えるが，残念ながら酸化の問題は容易には解決できないので，現状では銀のナノ粒子インクがもっとも実用に近い。また，金も安定性から有用ではあるが，価格を考えると特に銀の利用価値は大きい。さらに，銀は，標準状態で室温において酸化するが，還元反応が約200℃で生じる。200℃という温度はちょうど実装条件に近い温度範囲であり，適当な還元剤を用いることで酸化銀→金属銀への反応がより低温でも促進され，同時に結晶構造の変化と大きな物質移動が生じるので，電極形成促進などの効果を付与することができる。これは，実装材料としては願ってもない特性になる。

市販の金属ナノ粒子インクは，多くの場合に200℃以上で分散剤の蒸発とナノ粒子の焼結が進行し，$10^{-6}\Omega$cm オーダーの低抵抗値を達成する。200℃の温度は多くの有機材料には高すぎる温度であるが，これはナノ粒子の保護膜が容易には分解できないためである。最近筆者等の研究室では，βケトカルボン酸系銀塩を利用した150℃程度の配線形成や，常温で化学的にナノ粒子保

護分子膜を剥離させる浸漬法を開発した[4]。後者の場合には，特に，当初は予測しなかった効果が観察でき，室温に於いて見事に導通を得ることに成功している。幾つかの溶媒を試した中で，もっとも顕著な効果が得られたのはエタノールであり，処理剤としても環境に優しく簡便な手法である。図10は，描画した配線をエタノールに浸漬した時の抵抗値変化の例を示すが，短時間のうちに絶縁状態から導通が得られている。今後，実際の配線形成プロセスに適した条件を模索する予定にしている。

4 インクジェット印刷技術による微細配線のこれから

本章では，次世代実装の付加価値を高める環境技術として注目される，インクジェット印刷配線の現状の技術を簡単に紹介した。インクジェット配線技術は，ナノテクノロジーの応用技術として華やかに登場したが，インクジェットの場合はヘッドとインクジェット制御機構と制御のメカニカルな技術領域と，インクであるナノ材料の持つ各種特性を制御する材料技術がうまく調和した，新たな領域の実装技術開発が要求される。すなわち，ソフトウェア，ハードウェア，さらに材料技術の調和が必須のものになる。Printed Electronicsは，海外でも盛んな取り組みが進んでいる。幸いなことに日本には優れた装置メーカー，材料メーカー，さらにエンドユーザーとなるセットメーカーが多数存在する。うまい具合の連携がもたれるように期待したいところである。

文　　献

1) 大東良一，土屋勝則，藤田博之，サブミクロン幅線の印刷を可能にするシリコンマイクロノズルと静電吐出技術，*Materials Stage*, **2**, No.8, pp.14-17 (2002)
2) 村田和広，超微細インクジェット，高分子，**52**, pp.569 (2003)
3) 斉藤宏，上田雅行，松葉頼重，ナノペーストを用いたインクジェット印刷によるパターン形成，第14回マイクロエレクトロニクス・シンポジウム論文集 (MES2004)，エレクトロニクス実装学会，pp.189-192 (2004)
4) D. Wakuda, K. Suganuma, *Chem. Phys. Letters*, **441**, 305-308 (2007)

第18章　インクジェット法を用いた単層カーボンナノチューブ薄膜トランジスタ

竹延大志[*1]，浅野武志[*2]，白石誠司[*3]

1　はじめに

カーボンナノチューブ（CNTと略称されることが多い）は，炭素原子だけからなる円筒状の物質である。その壁はグラファイトシート1枚を，ダングリングボンドを残さないように丸めた構造をしているため，管壁はすべて炭素6員環で構成され，フラーレンのような5員環もない[1,2]。その結果，CNTは同じく炭素の同素体であるグラファイトやダイヤモンドほどではないが，フラーレンよりはるかに安定な物質である。CNTの魅力がその筒状構造にあるのは論を待たないが，材料の安定性が基礎応用研究の広い展開をする上での大きなメリットになっているのは間違いない。筒の太さは1nmを切るものから10nm以上のものまで存在し，長さは数ミクロンから最近では1mmを超える長さのものまで作られるようになっている。

CNTはナノテクノロジーの基幹物質として非常に注目されているが，一言でCNTと言ってもいろいろな種類のものがあることを注意しておかなければならない。円筒形の層が1枚でできたものは単層カーボンナノチューブ（SWCNT，図1），2層でできたものは2層カーボンナノチューブ（DWCNT），より一般的に多層になったものは多層カーボンナノチューブ（MWCNT）と呼ばれている。SWCNTやDWCNTは直径が0.5nmからせいぜい3nm程度で，疑いなく，シームレスにグラフェンシートを巻いた構造を持っている。一方，MWCNTのように何層にもなって10nm程度まで太くなってゆくと，外側の層がシームレスに巻かれているのか，それともロールケーキのように1枚のシートがぐるぐる巻きになっているのかは，必ずしも明らかではない。多くの場合は外側になれば，グラフェンシートは閉じていないことを示す証拠が得られているようである。いわゆるカーボンファイバーは，このようなMWCNTがより太くなり，欠陥も多く含んだものであると考えられる。本稿では，特にSWCNTについて紹介する。

SWCNTはナノスケールの筒状物質であるが，その特徴はどこに現れるであろうか？それは，大きく分けて構造と電子状態に現れると言える。電子的には，電子状態の量子化による電子状態

---

*1　Taishi Takenobu　東北大学　金属材料研究所　准教授
*2　Takeshi Asano　ブラザー工業㈱　技術部　技術開発グループ　チーム・マネジャー
*3　Masashi Shiraishi　大阪大学大学院　基礎工学研究科　准教授

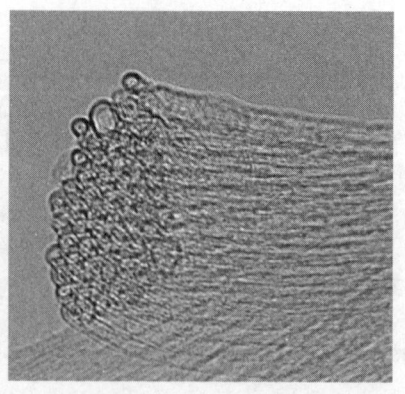

図1　単層カーボンナノチューブ（SWCNT）の模式図（左）および透過型電子顕微鏡像（右）

の大きな変化があげられる。一般的に物質をナノスケールまで小さくすると，電子の波動性の影響があらわれ，電子的性質（たとえば電気伝導性，物質の色など）が大きく変わる場合がある。SWCNTはまさにこれに相当するのであるが，さらにSWCNTの場合，もとになる物質がグラファイトであることが決定的に重要である。グラファイトは，金属と半導体の中間である半金属，あるいはゼロギャップ半導体と呼ばれる状態にある。通常，半導体をナノスケールまで細くしても半導体であり，金属をナノスケールまで細くしてもやはり金属である。ところがグラファイトを巻いて筒状構造にする場合は，その太さがナノスケールになると量子効果が現れるのであるが，巻き方によってギャップの開いた半導体になったり，ギャップのない金属になったりする。この多様性が，SWCNTの大きな特徴であるが，そこでは，SWCNTがグラファイトのネットワーク構造を壊さないように巻いただけであるということが，決定的な要因になっている[3]。この様なSWCNTの特徴は，半導体材料としての応用はもちろん，金属材料としての応用も期待させる。近年，透明電極材料へのSWCNT薄膜利用が盛んに研究されており，その活躍の場はナノスケールだけでなくマクロスケールへと広がりつつある[4]。

　電子状態に比べ，構造の特徴は見たままであるからわかりやすい。すなわち，ナノメートルスケールの直径は，ナノテクノロジーへの応用を期待させ，特にナノスケールのトランジスタ材料としての応用が精力的に研究されている[5]。しかしながら，SWCNTの特徴はこれだけではなく，共有結合のみで形成されているため極めて高い硬性を有しており，特に長軸方向のヤング率はダイヤモンドのそれに匹敵する。さらに，筒状構造となっているため，丈夫でありながら柔軟性を有しており，非常に大きな曲げや歪みに対して，ほとんど欠陥を生じることなく元の構造に復元する[4,6]。これらの特徴は，ナノエレクトロニクスだけではなく，フレキシブルエレクトロニクスへのSWCNT応用を期待させる。特に，グラファイトやダイヤモンド同様，化学的に非常に安定であり溶液プロセスの導入が可能であるため，原理的にはインクジェット法の導入が可能で

第18章　インクジェット法を用いた単層カーボンナノチューブ薄膜トランジスタ

ある。

本稿では，特にSWCNT薄膜を用いたトランジスタに注目し，我々が世界に先駆けて成功したインクジェット法を用いたSWCNT薄膜トランジスタ（SWCNT-TFT）の作製についてSWCNT-TFTの基礎物性を交えながら解説する。

2　単層カーボンナノチューブトランジスタ

SWCNTトランジスタは，大きく分けて2種類存在する。一つは，1本もしくは1束の半導体ナノチューブを用いたナノスケールのトランジスタであり，この様なデバイスは1998年から研究がスタートしている[7]。SWCNTの直径は1nm程度であるため，微細加工技術を用いることなく，微細加工技術の限界を超えるナノスケールデバイスが作製可能であり極めて魅力的である。同時に，キャリアの無散乱走行（バリスティック伝導）に基づく超高速動作や高い電流駆動能力への期待も高く，ポストシリコンエレクトロニクスとして注目されている。しかしながら，ナノスケールであるが故，電流量が既存のデバイスよりも圧倒的に小さく既存のエレクトロニクスへの適合性に乏しく，また半導体チューブの選択成長無しには歩留まり向上が望めないなど本質的な問題を抱えている。これに対して，SWCNTが網目状に存在する薄膜トランジスタの研究が比較的最近（2003年）スタートしている[8]。大きな特徴は，まずデバイス自体がマクロスケールとなるため既存デバイスとの適合性に優れている。また，SWCNT間をホッピングしながらキャリアが伝導するため，金属的チューブと半導体的チューブが共存していてもパーコレーション理論に従って最適な濃度では比較的再現性良くデバイスを作製できる。もちろん，バリスティック伝導は表に顔を出さないが，トランジスタのスイッチング速度の目安となる易動度が$100\ cm^2/Vs$を越える報告もある。この値は，既報の有機材料と比べると一桁から二桁は大きい値である。このような特徴に加えて，SWCNT特有の化学的安定性や柔軟性を活かし，有機材料を中心に活発な研究が行われているフレキシブルエレクトロニクスへの展開が期待されている。特に，化学的な安定性は液相プロセス導入を容易にしてくれるため，インクジェットプロセスの導入が原理的には可能である。

3　単層カーボンナノチューブ薄膜トランジスタの作製

SWCNTの合成方法は，アーク放電法，レーザー蒸発法，CVD法など様々な方法が報告されている[9]。最近ではアルコールを原材料に用いたCVD法で極めて高効率に，かつ不純物の少ないCNTの合成が可能となっている[10]。さらに，SWCNTとDWCNTの作り分けも可能であ

る[11]。このようにCNT合成技術の進歩は著しいが、残念ながら任意の直径およびカイラリティを持つSWCNTのみの合成方法は見出されておらず、どの方法で合成する場合でも、合成されるSWCNTは直径にばらつきを持つ。同時に、直径だけでなく、金属的SWCNTと半導体的SWCNTも混在する。このような合成時の困難さは、SWCNTトランジスタ作製にも大きな影響を与えており、ナノスケールSWCNTデバイスの歩留まり向上の本質的な問題もここにある。そのため、選択的成長方法や分離方法が精力的に研究されており、最近では合成後の金属・半導体SWCNT分離が実現しつつある。

SWCNT-TFTの作製方法は、SWCNT薄膜を基板上に直接合成する方法と、合成後に製膜する方法の二種類に分かれる。2003年の最初の報告は前者であり、ハイドープシリコン基板上にSiO_2を熱酸化成長した基板上にSWCNT薄膜をCVD法で直接成長し、有機物を上回る特性を実現している。しかしながら、CVD法自体は数百度の高温プロセスであり、SiO_2/Si基板では問題ないがプラスチック基板へ展開するには転写法など複雑なプロセスが必要となる。そこで我々は、SWCNT薄膜を液相プロセスで製膜する方法に注目した。具体的には、SWCNTを高温で合成後に溶液に分散させ、液相プロセスを用いて基板上へSWCNT薄膜を製膜する方法を試み、世界に先駆けて液相プロセスでのSWCNT-TFT作製を2004年に成功させた[12]。2004年の段階では、SiO_2/Si基板上にリソグラフィーを用いてソース・ドレイン電極を作製し、その基板上にSWCNTを超音波分散させた分散液をピペットで滴下しTFTを完成させた（図2）。分散液には、DMF（dimethylformamide）を用いた。その後、ゲート電圧で半導体SWNTを空乏化（高抵抗化）させながらの通電加熱によって金属的SWCNTの選択的除去（Electrical break-down）な

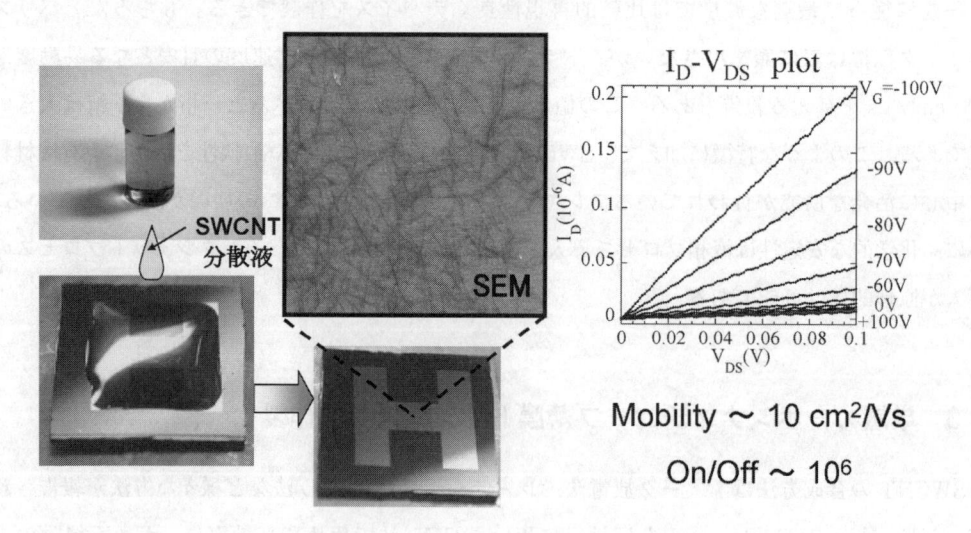

図2　液相プロセスを用いた単層カーボンナノチューブ薄膜トランジスタ（SWCNT-TFT）の作製方法
中央は、電極間の走査型電子顕微鏡像

第18章　インクジェット法を用いた単層カーボンナノチューブ薄膜トランジスタ

どを行い，最終的には本手法で高い特性を持つデバイス作製に成功している[13,14]。液相法でのデバイス作製成功は，SWCNTを用いてのプラスチックエレクトロニクスに現実味を与え，実際に我々はプラスチック基板上でのSWCNT-TFT作製に成功している[6]。次節では，インクジェット法の適応およびインクジェット法を用いたフレキシブルトランジスタ作製について説明する。また，最後には，論理回路応用のためのキャリアタイプやキャリア濃度の制御（ドーピング）についてインクジェット法適応を含めて解説する。

4　インクジェット法を用いたデバイス作製

上述したように，これまでの液相プロセスはピペットで分散液を滴下する荒っぽい方法であり，この手法での生産性は当然良くない。スピンコートで作製する方法もあるが，パターニングが難しい等の問題があるため，リソグラフィー技術を全く必要としないインクジェット法を用いたトランジスタ作製が理想的である。そこで，本節ではインクジェット法を用いたSWCNT-TFT作製について紹介したい。

インクジェット法でのパターニングは，ブラザー工業株式会社製のピエゾアクチュエータ方式

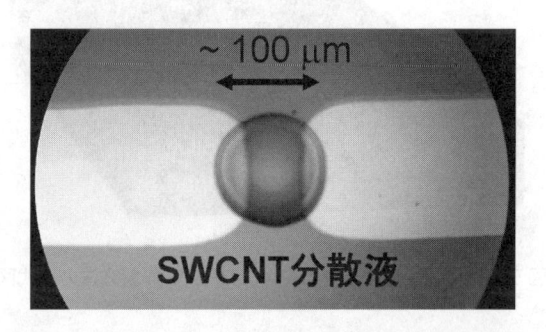

図3　電極間にインクジェット法を用いてSWCNT分散液を滴下した様子

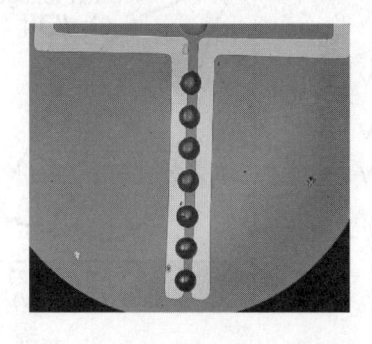

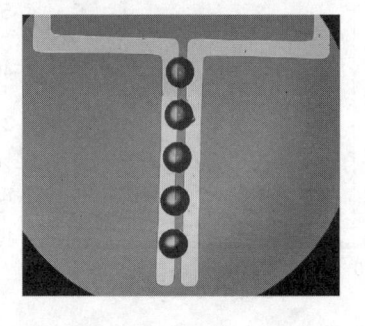

図4　電極間にインクジェット法を用いてSWCNT分散液を1滴（左）および2滴（右）滴下した様子

ヘッドを用いて行った。このインクジェットヘッドは，インク流路やノズルプレートにセラミックを多用したヘッドであり，民生用プリンタに搭載されたインクジェットヘッドに比べて有機溶剤などに対する耐性が高いという特徴がある。実際に，分散液を基板上に滴下した様子を図に示す。SWCNT 分散液はインクジェット法を用いてのパターニングが十分可能であり，図3に示した様に1つの液滴を電極間に滴下するだけでなく，複数の液滴を滴下しマルチチャンネルデバイスを作製する事にも成功している（図4左）。同時に，同一箇所に液滴を滴下する事によって，液滴量の場所選択性も容易に得る事が出来る（図4右）。SWCNT-TFT を作製する上で良好なトランジスタ特性を得るには，電極間のカーボンナノチューブの密度をパーコレーション理論に従って最適な濃度にする必要がある。単純には，分散液の濃度を調整する事によって密度調整が可能だが，インクジェット法の場合は，滴下する液滴の量で SWCNT 薄膜の密度を調整する事も可能であり SWCNT-TFT に極めて適した手法である。

次に，実際に作製したトランジスタの模式図と特性を図5と図6に示した。まず手始めに，

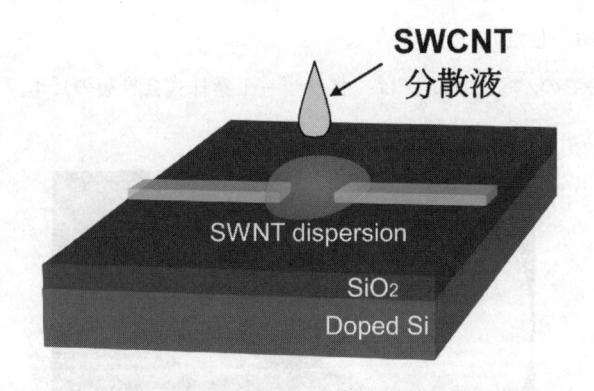

図5 シリコン基板上での SWCNT-TFT 作製方法の模式図

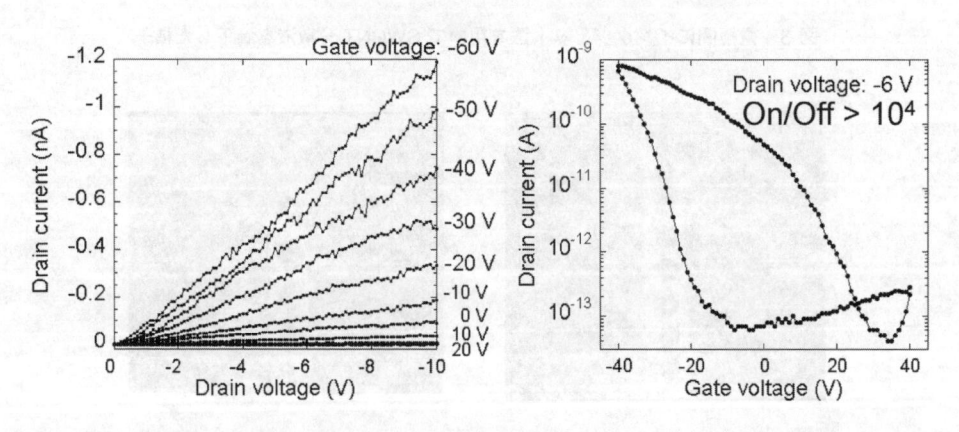

図6 シリコン基板上に作製した SWCNT-TFT の出力特性（左）および伝達特性（右）

第18章　インクジェット法を用いた単層カーボンナノチューブ薄膜トランジスタ

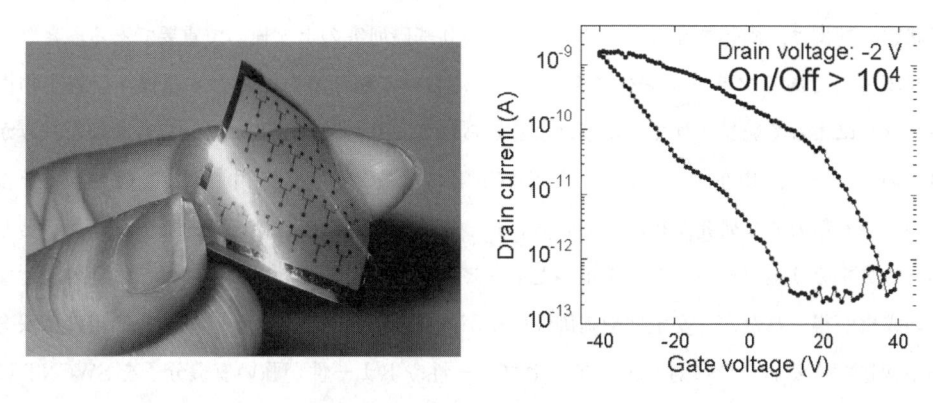

図7　フレキシブルなプラスチック基板上に作製したSWCNT-TFTの写真（左）および伝達特性（右）

SiO_2/Si基板上にメタルマスクを用いてソース・ドレイン電極を作製した基板上でSWCNT-TFT作製を試みた。図6に示しているように，確かにトランジスタ動作していることがわかる。特に強調したい点は，高いオン・オフ比（～10^4）である。これまでのトランジスタ作製では分散液の滴下乾燥後，ゲート電圧で半導体SWNTを空乏化（高抵抗化）させながらの通電加熱によって金属SWCNTの選択的除去（Electrical break-down）を行い金属SWCNTの寄与を無くし，十分なオン・オフ比を持つデバイス作製を行ってきた[13,14]。Electrical break-downは，確かに優れたトランジスタ特性を得るには強力な手法ではあるが，一方で生産性が低いため将来的な応用を考える上ではプロセス改善が望まれていた。これに対して，図6で示しているインクジェット法を用いたSWCNT-TFTにおいてはElectrical break-downを行うことなく高いオン・オフ比（～10^4）を達成できている。これは，先に述べたようにインクジェット法が電極間のナノチューブ密度の調整に優れているためであり，本手法がSWCNT-TFT作製に極めて適している事を強く示している。このようなデバイス作製プロセスは，基板上にインクジェット法を用いてSWCNT分散液を滴下するだけであり，原理的には基板を選ばない。そこで，フレキシブルなプラスチック基板上でも同様の実験を行ったところ，SiO_2/Si基板の場合と同様にトランジスタ作製に成功し，同時に高いオン・オフ比（～10^4）の達成にも成功した（図7）。この様に，インクジェット法はSWCNT-TFT作製に十分適応可能である。

5　単層カーボンナノチューブへのキャリアドーピング

最後に，SWCNT-TFTのキャリアドーピングについて説明したい。アクセプター性の強い分子（例えばTCNQ：tetracyanoquinodimethane）とSWCNTの間で電荷移動が生じ，SWCNTに正孔がドープされる事はカザウイらによって早い時期に見出されている[15]。ドーピングによる

電子状態の制御は，固体物理の典型的な手法であり基礎研究の上で極めて重要である。とりわけ同じ炭素材料であるフラーレンやグラファイトにおいて超伝導を始めとする様々な電子物性がドーピングによって発見されている事はよく知られており，SWCNT に対しても同様な試みが行われている。また，現在期待されている SWCNT の電子デバイス応用の上でも最も重要な技術の一つであり精力的な研究が行われている。真っ先に行われたのは，一般的なドーパントとして知られるアルカリ金属やハロゲンを用いたドーピングである[16]。これらの手法は伝導度の変化など一応の成果が得られたが，安定性や制御性に難があり，SWCNT の電子デバイス応用には残念ながら不適格である。これに対して，アクセプター性やドナー性が強い有機分子を SWCNT に内包させると，SWCNT にキャリアがドーピングされるだけでなく，外気とドーパントを切り離せる利点があり，大気中安定な電子・正孔ドーピングが可能であることが最近明らかになってきた[17]。また，反応方法に工夫を凝らすことで制御性の良いドーピングも可能である。以下，有機分子内包ナノチューブのドーピング特性およびトランジスタへの応用について詳しく説明する。

有機分子を用いたドーピング法には，気相反応と液相反応の 2 種類がある。気相反応は，SWCNT を有機分子と共にガラス管に封入し，有機分子の昇華温度で加熱する事によって有機分子ガスでガラス管内を満たし，SWCNT 内に有分子を内包する。このような簡単な方法で有機分子が内包される理由は，有機分子にとって SWCNT 外壁より内壁の方が安定なためであり，事前に SWCNT に欠陥を意図的に作製し侵入口を準備しておく必要がある。これに対して，液相法はさらに簡便であり，同じように侵入口を準備した SWCNT に有機分子の溶液を滴下するだけでドーピングを行える。どちらの場合でも，アクセプター性やドナー性が強い有機分子を選ぶと，SWCNT にキャリアがドーピングされ，p 型もしくは n 型の特性を示す。ここまでの解説でわかるように，有機分子と SWCNT の化合物は，安定相が存在する通常の結晶と異なり内包もしくは吸着している有機分子の数によってキャリア数が決定される。つまり，反応する有機分子数を制御すれば，キャリア数の制御につながる。

キャリア数制御を行うには，反応させる有機分子の数を制御するか，反応後に有機分子を取り除く必要がある。まず成功を収めたのは，後者の方法である。合成の最終段階でガラス管に温度勾配を付け，試料は有機分子の昇華温度以上に，ガラス管の反対側は昇華温度以下に設定し，SWCNT 外側に吸着した有機分子を除去する。この時，試料近辺の温度を調整する事によって連続的に有機分子の量を制御することが出来る[17]。逆に，反応時に温度や時間を調整する事によってキャリア数を制御することも可能である。これに対して，最も制御性が良い方法は，液相での反応方法である[18]。有機溶剤（例えば二硫化炭素）に有機分子を溶解させ，この有機分子溶液を SWCNT に滴下乾燥させるという，極めてシンプルな方法である。実際に，一束の SWCNT バンドルを用いて作製したトランジスタに対して，上述のドープ方法を適応した結果を紹介する。

第 18 章　インクジェット法を用いた単層カーボンナノチューブ薄膜トランジスタ

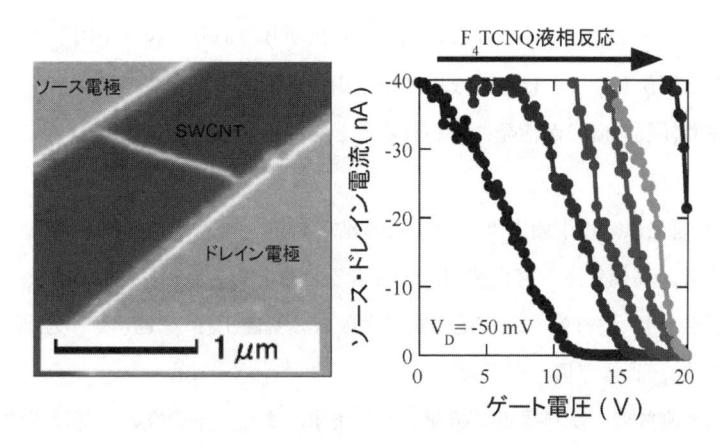

図8　ナノチューブトランジスタの走査型電子顕微鏡像（左）と
F_4TCNQ 飽和溶液を連続滴下した時のトランジスタ特性（右）
縦軸はソース・ドレイン電極間の電流。横軸はゲート電圧の印加電圧。

図8にトランジスタの走査型電子顕微鏡写真を示す。トランジスタは，ゲート電極の電圧（V_G）によってソース・ドレイン電極間の電流量（I_D）を変化させる素子であるが，所望の特性を持たせるには I_D 電流が増加する V_G 電圧（しきい値電圧）をいかに制御するかが重要である。通常，しきい値電圧の制御にはドーピングを用いるのが一般的であるため，ナノチューブトランジスタでも低濃度でのキャリア数制御可能なドープ方法が望まれていた。ここでは，TCNQ よりアクセプター性が強い Tetrafluorotetracyanoquinodimethane（$C_{12}F_4N_4$，F_4TCNQ）を二硫化炭素に溶解させた飽和溶液を用いた。アクセプター性の分子を用いると，ホールをドーピング出来る。この飽和溶液をナノチューブ薄膜に滴下し（約 17μL）ナノチューブトランジスタ特性の変化を調べた。ホールドープとともにしきい値電圧が連続的に変化しているのがわかる。このような荒っぽい方法でドーピングが行えるのは，有機材料とは異なり SWCNT が極めて安定なためであり，この様なドーピング法を用いた極性制御を利用しての SWCNT-TFT 論理回路が既に実現されている。将来的にはインクジェット法を用いた局所的なドーピングや極性制御，更には論理回路作製が原理的には可能であり非常に魅力的である。

6　まとめ

SWCNT 薄膜を用いたトランジスタの作製方法や基礎物性，ドーピングによる極性制御について紹介した。特に，インクジェット法は SWCNT-TFT と相性が極めて良く，精密な SWCNT 密度制御による高性能なトランジスタ作製を実現するだけでなく，将来的にはドーピングや極性制御・論理回路作製までをインクジェット法を用いて実現できる可能性がある。反面，インク

ジェット法を用いた SWCNT-TFT 作製は始まったばかりであり，図6や図7で見られる大きなヒステリシスなど解決しなければならない問題も山積みである．今後，インクジェット法を用いた SWCNT-TFT 作製の研究が活発に行われることを期待する．

[本稿で紹介した研究は，以下の方々との共同研究です．]
高野琢，菅原孝宜，高橋哲生，村山祐司，岩佐義宏（東北大・金研），美浦徳子，百留孝雄（ブラザー工業株式会社），中村修一，深尾朋寛（大阪大・基礎工），塚越一仁（理研），片浦弘道，阿多誠文（産総研），青柳克信（東工大）．

有意義な議論や高純度の試料提供に感謝いたします．また，本研究の一部は科学技術振興機構戦略的創造研究推進事業「ナノクラスターの配列・配向制御による新しいデバイスと量子状態の創出」，文部科学省　科学技術研究費補助金　若手研究（A）「有機分子を用いた単層カーボンナノチューブの状態密度スイッチング」および NEDO 平成18年度産業技術研究助成事業「インクジェット法を用いたカーボンナノチューブ薄膜トランジスタの創製と透明フレキシブルトランジスタへの展開」の助成を受けて行われました．

文　　献

1)　S. Iijima, *Nature*, **347**, 354 (1990)
2)　S. Iijima and T. Ichihashi, *Nature*, **363**, 603 (1993)
3)　R. Saito, M. Fujita, G. Dresselhaus and M. S Dresselhaus, *Appl. Phys. Lett.* **60**, 2204 (1992)
4)　N. Saran, K. Parikh, D.S. Suh, E. Munoz, H. Kolla and S.K. Manohar, *J. Am. Chem. Soc.*, **126**, 4462 (2004)
5)　齋藤理一郎，篠原久典，カーボンナノチューブの基礎と応用，培風館
6)　T. Takenobu, T. Takahashi, T. Kanbara, Y. Aoyagi and Y. Iwasa, *Appl. Phys. Lett.*, **88**, 033511 (2006)
7)　S. J. Tans, A. R. M. Verschueren and C. Dekker, *Nature*, **393**, 49 (1998)
8)　E. S. Snow, J. P. Novak, P. M. Campbell and D. Park, *Appl. Phys. Lett.*, **82**, 2145 (2003)
9)　篠原久典監修，ナノカーボン材料開発の新局面，シーエムシー出版 (2003)
10)　S. Maruyama, R. Kojima, Y. Miyauchi, S. Chiashi and M. Kohno, *Chem. Phys. Lett.*, **360**, 229 (2002)
11)　T. Sugai, H. Yoshida, T. Shimada, T. Okazaki, H. Shinohara and S. Bandow, *Nano Lett.*, **3**, 769 (2003)
12)　M. Shiraishi, T. Takenobu, T. Iwai, Y. Iwasa, H. Kataura and M. Ata, *Chem. Phys. Lett.*,

第18章 インクジェット法を用いた単層カーボンナノチューブ薄膜トランジスタ

394, 110 (2004).
13) M. Shiraishi, S. Nakamura, T. Fukao, T. Takenobu, H. Kataura and Y. Iwasa, *Appl. Phys. Lett.*, **87**, 093107 (2005)
14) S. Nakamura, M. Ohishi, M. Shiraishi, T. Takenobu, Y. Iwasa, H. Kataura, *Appl. Phys. Lett.*, **89**, 013112 (2006)
15) S. Kazaoui, Y. Guo, W. Zhu, Y. Kim and N. Minimi, *Synth. Met.*, **135**, 753 (2003)
16) A. M. Rao, P. C. Eklund, S. Bandow, A. Thess and S. E. Smally, Nature, **388**, 257 (1997)
17) T. Takenobu, T. Takano, M. Shiraishi, Y. Murakami, M. Ata, H. Kataura, Y. Achiba and Y. Iwasa, *Nat. Mater.*, **2**, 683 (2003)
18) T. Takenobu, T. Kanbara, N. Akima, T. Takahashi, M. Shiraishi, K. Tsukagoshi, H. Kataura, Y. Aoyagi and Y. Iwasa, *Adv. Mater.*, **17**, 2430 (2005)
19) M. Yudasaka, K. Ajima, K. Suenaga, T. Ichihashi, A. Hashimoto and S. Iijima, *Chem. Phys. Lett.*, **380**, 42 (2003)

第19章 インクジェット技術の配向膜への応用

小澤康博[*]

1 はじめに

石井表記は液晶パネルの配向膜を形成するためのインクジェットプリンター（IJP）方式を採用した配向膜形成装置を開発し販売している。

配向膜材料はポリイミド（PI）であるため，PIを溶解するために高溶解性の溶剤を使用している，よって接液部及びプリントヘッドには強力な耐溶剤性が求められる。以下，この配向膜形成装置を「IJP・PI-Coater」と記述する。

当社ではIJP・PI-Coaterに求められる性能以外にコーティングするガラス基板の表面状態やPI液の組成，乾燥装置（プリベーク）の条件も把握しユーザーにアドバイスや提案を行っている。乾燥装置は仮焼成用のPin跡が出ないことを特徴としたプリベーク装置を開発し販売している。

当社は①IJP・PI-Coater，②プリベーク，③PI液，④ガラス基板，の4つのアイテムに関して性能や条件を研究，把握し，バランスの取れた条件設定をすることで，IJP・PI-Coaterの最高のパフォーマンスが発揮できるように製品開発を行った。

さらに，同じ装置内レイアウトで中型から大型へスケールアップする設計構想としている。加えて，ガラス基板が装置に搬出入する場合，スルータイプとリターンタイプがあるが，これも同じ装置構成で対応できる設計構想としている。

2 IJP・PI-Coaterに期待される能力を備えた当社装置

以下では，IJP・PI-Coaterに期待される能力を備えた当社装置の特徴について述べる。

2.1 版が不要でオンデマンド生産が可能

レシピデータを登録，管理することでオンデマンド生産が可能となる。

設定完了したレシピナンバーを入力すれば以下の条件でコーティングが開始できる。

(a) コーティングパターンデータ

---

* Yasuhiro Kozawa ㈱石井表記 企画開発部 部長

第19章　インクジェット技術の配向膜への応用

写真1　G7.5　IJP・PI-Coater

(b) CF, TFT, ITO 基板のデータ
(c) PI 液の種類とデータ
(d) プリントヘッド特性データ
(e) PI 膜厚調整データ
(f) PI 膜ムラ調整データ（PI 膜ムラの定義は 2.7 項の PI 膜コーティングを参照）

2.2　コーティングパターンデータを顧客にて作成可能

コーティングパターンデータの作図ソフトウエアーが付加されており各種調整機能も充実している，以下に機能を挙げる。

(a) コーティングパターン自動面付け機能
(b) 任意コーティングパターンの手動作図機能
(c) BMP ファイルへの展開機能

2.3　レシピ管理で品種切り替えが速く，PI 液の切り替え手順を確立

自動 PI 液回収→自動接液部洗浄→自動 PI 液充填→レシピデータ読み出し

2.4　PI 液使用効率の向上を実現

PI 液は高価であるためコーティングする部分のみに使用したい。しかし PI 液を充填しコーティングするまでには，配管内の充填量とプリントヘッドのノズルを整えるためにノズル内にある空気を PI 液でパージし排出する必要がある。

以上のようにコーティング初期時には PI 液の充填量とパージ量が必要である。これらのコーティング初期時に消費する PI 液を除くと，連続コーティング時は未吐出検査と定期ワイピングで少量消費するのみで，ほとんどがコーティングする部分の PI 液となる。

2.5 ITO基板での試しコーティングが低減

ユーザーでは一般的にITO基板でのPI膜のコーティング状態の確認をプリベーク後に行う。しかし,ITO基板に何度もコーティングして膜の調整をするのでは,ITO基板の価格と膜調整時間が掛かり,稼働率も下がる。そこで当社ではITO基板にコーティングする前に膜厚,膜ムラを事前確認し,その後ITO基板にコーティングするため,試しコーティングが低減できる。以下にその機能を挙げる。

(a) 自動膜厚調整機能でコーティング前に目標膜厚を決めることができる。

(b) 自動膜ムラ調整機能で膜ムラを調整し,その後コーティングして目視確認し,必要であれば手動膜ムラ調整もできる機能を有している。

2.6 1パスコーティングで高スループットを実現

当社装置はガラス基板をアライメントテーブルに置き,その後プリントヘッドが1方向にコーティングしながら移動する。この動作のみでコーティングは完了し,その後ガラス基板を入れ替えてプリントヘッドが新たなコーティングをしながら反対方向に移動する。このように,1パスでコーティングができるため,高スループットが実現できている。しかもコーティングスピードを増速しても膜厚は一定のため,コーティングスピードを上げることで,速いタクトタイムに容易に対応できる。

2.7 PI膜厚コーティング性能

フレキソコーターではPI液の粘度が一般的に25～35cpであり,IJP・PI-Coaterではプリントヘッドの特性から一般的に7～15cpが最適である。よってフレキソコーターでのPI膜形成とIJP・PI-Coaterでは粘度の違いからPI膜の形成状況が大きく異なる。ユーザーからは以下の項目が求められている。

(a) 膜厚均一性

(b) コーティング位置精度

(c) エッジキープ性:コーティングエッジがコーティングしていない部分にPI液が流れない特性。

(d) エッジ直線性:コーティングしていない部分にPI液が流れエッジが凸凹にならないことである。

(e) ハロー領域:コーティングエッジが乾燥時に目標膜厚を下回る領域のことである。

(f) ヘッド内縦ムラ/ヘッド内縦スジがないこと

ヘッド内縦ムラ/ヘッド内縦スジとは,プリントヘッドでコーティングする関係から,コー

第19章　インクジェット技術の配向膜への応用

ティング方向（縦）にムラやスジが発生することである。ムラとはプリントヘッド内にできる境目がなく目標膜厚から厚い，もしくは薄い状態の斑のことである。スジとは，はっきりした境目のある比較的細い線状の目標膜厚から厚い，もしくは薄い状態のスジのことである。

(g)　ヘッド間ムラ／ヘッド間スジがないこと

　　ヘッド間ムラ／ヘッド間スジとはプリントヘッドとプリントヘッドの間にできる目標膜厚から厚い，もしくは薄い斑，スジのことである。

(h)　クラウディムラがないこと

　　クラウディムラとは，方向性が無く雲のような不定形の斑のことである。

2.8　長期安定稼動

ユーザーからはプリントヘッドコンディションの長期安定稼動の要望が特に強く，当社ではそれを図るため，特許申請した独自の方式を採用している。

(a)　独自PI液の送液回路：プリントヘッドの数に比べ，バルブの数が非常に少ない。
(b)　独自メニスカスコントロール：プリントヘッド内の圧力コントロール。
(c)　独自ワイピング機構：ノズル表面にダメージを与えないワイピング。
(d)　独自のキャッピング機構：プリントヘッドからのPI液を受けたり乾燥防止する。
(e)　独自の検査機構：特殊フィルムにPI液を吐出させCCDカメラで検査する。
(f)　ヘッド寿命を使用方法で長期使用できる対策をしている。

2.9　コンパクトで軽量な装置

プリントヘッド移動方式により装置がコンパクトになり，併せて軽量化が実現できている。この移動方式でのパーティクル対策と気流対策は充分検証しており，2.11項に詳細を記述している。

2.10　操作性の良い装置

オペレーターや装置調整担当者が使いやすい装置作りが実現でている。以下に機能などを挙げる。

(a)　自動膜厚調整機能を有している。
(b)　自動／手動膜ムラ調整機能を有している。
(c)　膜エッジ調整機能を有している。
(d)　各種画素ピッチや画素が縦，横であってもコーティングできる機能を有している。
(e)　未吐出検査機能を有している。
(f)　各種操作とモニターが1ヵ所に集約されている。

2.11 パーティクルの発生しない装置

パーティクル対策として，プリントヘッドシャフト内を常時負圧とし，排気しているので，パーティクルが発生しない。

気流対策としては，装置の上部に設置したULPAのダウンフローとプリントヘッドシャフトの移動をシュミレーションして気流を考慮した設計としている。

パーティクルの発生しやすい駆動機器にはノンパーティクルタイプのリニアモーターを採用し，スムーズな動作と高精度位置決めが実現できている。

2.12 メンテナンス性の良い装置

ユーザーのメンテナンス担当者にとってメンテナンスしやすい条件を以下に挙げる。

(a) プリントヘッドユニットの交換作業が容易かつ，高精度にできる。
(b) 未吐出検査機能を有している。
(c) 未吐出ノズルの手動修復機能を有している。
(d) オプションでプリントヘッドユニットの洗浄と手動修復機能を付加できる。
(e) 装置の各種モニターが操作パネル部に集約されている。
(f) 各種タンク類が1ヵ所に配置されている。

3 総合的なアドバイスの提供

冒頭でも述べたが，当社ではIJP・PI-Coaterに求められる性能以外に，コーティングするガラス基板の表面状態やPI液の組成，プリベークの条件も把握し，ユーザーにアドバイスや提案を行っている。以下にその内容を挙げる。

写真2 G7.5 プリベーク

第 19 章　インクジェット技術の配向膜への応用

3.1　プリベークに期待される内容

ガラス基板を受けるピンにより，一般的には PI 膜にピン跡が出てしまう。当社ではピン跡の出ない，PI 膜のレベリング性のあるプリベークを開発・販売している。

また，吸気／排気構造により昇華物が付着しない，パーティクルが発生しない，気流ムラが発生しないことを考慮している。

3.2　ITO，TFT，CF 基板に求められるもの

当社ではユーザーに対し，ガラス基板に関して積極的に提案を行っている。

(a) ガラス基板の表面洗浄状態に関して，接触角は低い方がよい。ITO 基板で最低 8〜10°以下。
(b) EUV によるドライ洗浄で，EUV 照射エネルギーに耐えうる素材とする。
(c) ガラス基板の表面材質で ITO 以外がある時，親水性であること。
(d) 当社では各種画素ピッチや画素が縦，横であってもコーティングできる機能を有しているので，画素設計が自由にできる。

3.3　PI 液に求められるもの

当社では液メーカーと協力し，顧客に IJP 方式に合った PI 液を提案している。

以下に，PI 液に求められる物性を記述する。

(a) 粘度
(b) 表面張力
(c) 固形分濃度
(d) PI 液と PI 液の融合性
(e) 基材と PI 液の融合性
(f) レベリング性
(g) エッジキープ性

4　おわりに — IJP・PI-Coater，プリベークの展望

現在，第 7.5 世代（G7.5）や第 8 世代（G8）の LCD 製造ラインがユーザーにおいて立ち上がる中，第 9 世代（G9），第 10 世代（G10）の計画も発表されている。当社の IJP・PI-Coater 及びプリベークは大型化に向けた設計を行っているので，スケールアップすれば G9/G10 にも対応可能である。

今後，顧客ニーズとして MPL（マルチパターンレイアウト）の考えがある。

これは1枚のガラス基板に，大小の違ったパターンをレイアウトしてマルチ的に製作することであるが，一般的に IJP 方式では一方向にコーティングするため，大小のパターンの配置によっては大小パターンの継ぎ目に膜ムラが発生することが懸念される。

当社では PI 液の特性やプリベークでの改善も考慮するが，IJP・PI-Coater の機能で改善できるため，中型／小型装置への展開も可能性があると考えており顧客へ提案して行きたい。

IJP・PI-Coater 及びプリベークには数多くの独自の新技術を搭載しており，同時に数多くの特許も出願している。

これらの新技術を搭載した IJP・PI-Coater 及びプリベークを，当社は配向膜形成のみに留まらず，他の分野にも応用すべく研究・開発を継続的に行っており，各種分野にも貢献して行きたいと考えている。

第20章 インクジェット技術のディスプレイ部材加工への応用

樋口洋一*

1 はじめに

　産業用インクジェットは商業印刷分野において多用されている。例えば商品ラベル印刷やダイレクトメール等の宛名印刷である。これらはパーソナル情報を対象としたデジタルオンデマンド印刷の特徴を良く捉えている。つまり個別可変データをコンピュータ上で一括処理をし，高速かつ無版で印刷対応していく事からもわかる。また印刷枚数に制限はなく，1品限定ものから多量消耗品まで多種多様な対応が出来る。印刷基材の制限もなく，基紙からフィルム，さらには枚葉からロール to ロールまで印刷加工が可能である。

　これらインクジェット（以下 IJ と略す）技術の特徴を活かして，最近はディスプレイ分野にまで適応範囲を拡大しつつある。例えばマイクロレンズアレーやカラーフィルターなどが好例となるディスプレイ部材加工への展開である。このディスプレイ部材への適応を可能とするには，視認性の確保が第一義となる。レンズアレーの場合，入射光はブラックマトリックスやスリットでの蹴られを避け，画素部へ集光・出射しなければならい。カラーフィルタ[1]の場合，バックライト部からの光を高効率で集光し，かつ画素部においてRGB 3色分解しなければならない。この様にディスプレイ部材の機能は集光，透過（反射），散乱が物性発現の元となる。この様にディスプレイ部材自体は光学部品同様の加工精度が要求されてくる。IJ方式でのディスプレイ部材加工への応用展開の可能性は，加工の容易さを含めデジタル・オンデマンド特性をどこまで活かしきれるかにあると考えられる。

　そこで本稿では，IJ技術のディスプレイ部材加工への応用としてレンズアレー，カラーフィルタ，スペーサ・隔壁を具体例としてその技術内容を述べる。

2 レンズアレーへの応用

　IJ法によるマイクロレンズ製造部品は，主にバックライトの導光板に使用される。集光特性を改善したレンズまたはレンズアレーとするには，単体のマクロレンズを作製する場合と多数本

＊ Youichi Higuchi　大日本印刷㈱　知的財産本部　エキスパート

表1 IJ法によるレンズ加工（従来法との比較）

	金型法（従来）	（ナノ）インプリント法	インクジェット法
長所	精密射出で形成可能 量産複製をしても寸法誤差が少ない	光学設計の自由度が高い 超微細金型をフォトリソ技術で加工可能 フレキシブル基板に対応可能	光学設計の自由度が非常に高い 光学パターン修正が容易 パターン直描で短期に製造可能
短所	切削加工が複雑で熟練を要する 金型修正工程に長時間かかる 設計変更ごとに金型を作り直す必要がある：コスト高 金型のリサイクル性が悪い	型材料が限定されている：PDMS，アクリル系樹脂 フォトリソ工程の装置：コスト高 金型からの剥離や転写により複製品の部分欠損が生じる	複雑な形状加工には不向き レンズ膜厚が限定：薄型

の溝を持つ回折格子を作製する場合に区分される。ここでは単体のマクロレンズを作製する場合について述べる。

マクロレンズをIJ法によって製造する場合での工程上の長所と短所を，その他製造法と比較して表1に示す。IJ法を適応した場合，レンズ形成用樹脂液をヘッドより吐出するため金型作製を不要とする。設計変更に伴い光学特性をオンデマンドで対応可能とする。従来金型法と比べて大幅なコスト削減とリードタイムの短縮を可能とする。従来金型法は，射出成形用金型に面発光用の光学パターンを作製し，アクリルやポリカーボネート材料を射出成形して製造していた。光学材料として要求される性能は，低比重かつ高屈折率（高アッベ数[2]）であり，物理的性質としては高耐熱性と高強度である。高屈折率はレンズの薄肉化を可能とする。高アッベ数はレンズの色収差を低減し，高耐熱性および高強度は二次加工を容易にする。従来技術における高屈折率を有する材料は，ポリチオール化合物とポリイソシアネート化合物との反応により得られるチオウレタン構造を有する熱硬化性光学材料[3]がある。アッペ数を調製する添加剤としては，酸化チタン，酸化セリウムと酸化ケイ素との複合微粒子，酸化チタン・酸化セリウム・酸化スズからなる複合微粒子，あるいは酸化チタン・酸化アルミニウム・酸化アンチモンとの混合微粒子[4]などを挙げることができる。

IJ法ではコンピュータに記録された光学パターンに従って透明樹脂をマルチドロップで吐出，レンズ形状になった透明樹脂を紫外線硬化させることでマイクロレンズ[5]とする。レンズ形状は直径が20〜120μmの凸レンズとなる。設計・配置はコンピュータにより制御するため，パターンの修正や変更も容易にできる。2.5インチ型液晶バックライト導光板には通常約27万個のマイクロレンズが使用されている。IJ法を応用した新技術[6]で製造する場合には1秒以下での高速パターン形成可能とした。また，制御部は複数のIJヘッドを同時に駆動できるので，ヘッドをライン上に連結することで大型導光板にも対応するほか，通常の印刷のように往復で使用すること

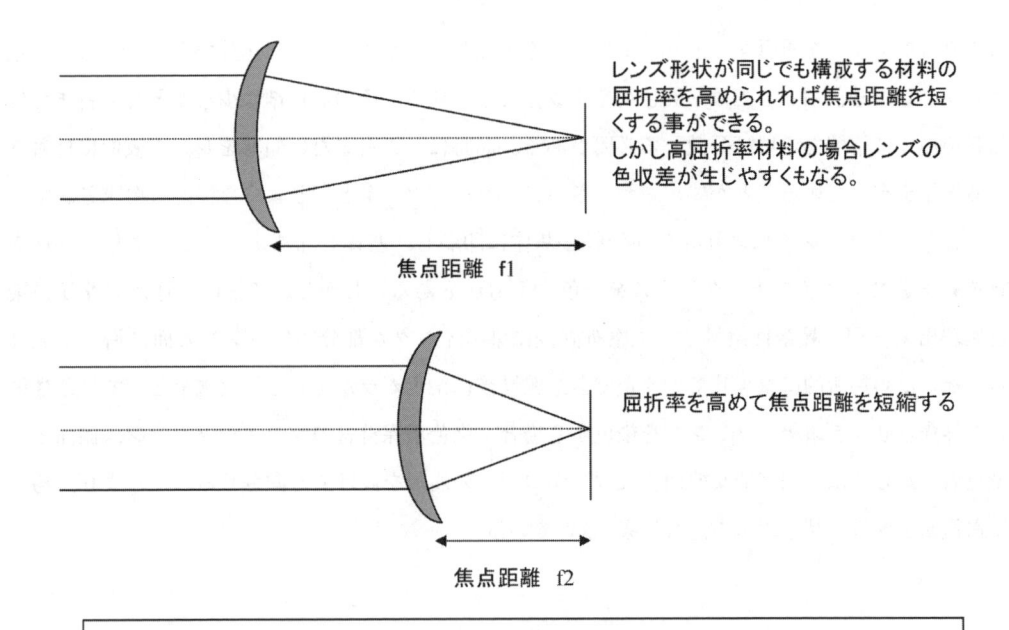

第 20 章　インクジェット技術のディスプレイ部材加工への応用

レンズ形状が同じでも構成する材料の屈折率を高められれば焦点距離を短くする事ができる。
しかし高屈折率材料の場合レンズの色収差が生じやすくもなる。

焦点距離　f1

屈折率を高めて焦点距離を短縮する

焦点距離　f2

屈折率の違うレンズを組み合わせて色収差を防止する方法があるが，プラスチックレンズは軽量化に重点が置かれ，色収差のできるだけ少ない材料が用いられる。
レンズ色収差の度合いを示す数値が「逆分散率(アッベ数)」である。色収差の少ない材料ほどアッベ数は大きな数値となり，よいレンズ特性を示す。

図1　レンズ特性とアッベ数

によって大面積であっても高速でのマイクロレンズを形成可能とした。レンズパターンの構成も4個1組のマイクロレンズ1画素構成としている。設計の重度が高まったばかりでなく，バックライト光面内分布もより均質化（ガウス配光に設計）している。

一方，レンズ用光学樹脂材料も種々改良されその光学特性も向上した。従来，光学ガラスでしか使用できなかった分野への応用展開が可能となってきている。最近はデジタルカメラや携帯カメラ，液晶パネルの偏光膜や輝度向上フィルム部材にも多用されるようになった。レンズの光学特性を示す代表的なの指標にアッベ数と屈折率がある。図1に薄型樹脂レンズの光学設計の特徴を示す。樹脂レンズ材料は一般に屈折率を高めるとアッベ数は増加し色収差が生じやすくなる。また，樹脂材料の透明性も損なわれ黄色味を呈する。これは屈折率を高める工夫として樹脂中に金属微粒子を分散させるため，混在する金属が短波長の紫外域吸収をするためである。そのため樹脂レンズは光学部品（特に高級一眼レフカメラ）には不向きであった。

レンズの染色法は，これまで種々の製造法が実施されている。マイクロレンズを含むプラスチックレンズを均一に染色する方法は，(1)分散染料液に浸漬する，(2)分散染料を含有するコーティング剤又は染色可能なコーティング剤を塗布する，(3)分散染料の存在下でプラスチックレン

ズの原料モノマーを重合する，(4)昇華性染料を加熱して昇華させる，に区分できる。これら染色法に適合した着色剤としては，展色剤を主成分として含み，その展色剤は少なくとも染料または顔料を均一に溶解あるいは分散する必要がある。同時に，染料または顔料をレンズ表面に付着させる機能を有していることが要求され，さらに，ハードコートと同じような機能も要求されている。また，IJプリンタにより昇華性染料を基体に印刷し，基体を加熱することにより昇華性染料を昇華させてプラスチックレンズを染色する方法もある。しかし，IJ法は高速かつ簡便に染色処理出来るが，昇華性染料インク塗布直後に染料インクが部分的にレンズ表面に沿って流れる。そのため局所的に凝集してムラができ，乾燥後に染色ムラが生じる。改善策として昇華性染料を昇華させプラスチックレンズを染色する場合，染色用保持材のプラスチックレンズ側面と被染色面に対してほぼ相補的な曲面を設け，かつ所定の間隔を設けて対向させることにより，均一に占領転写拡散させる製造方法も提案[7]されている。

3　カラーフィルタ（CF）への応用

薄型液晶TVの低価格化にあわせ，バックライト光の透過効率を高め色再現範囲の高いカラーフィルタが所望されている。さらに液晶TVの大画面化に伴い，ガラス基板も大型となり従来プ

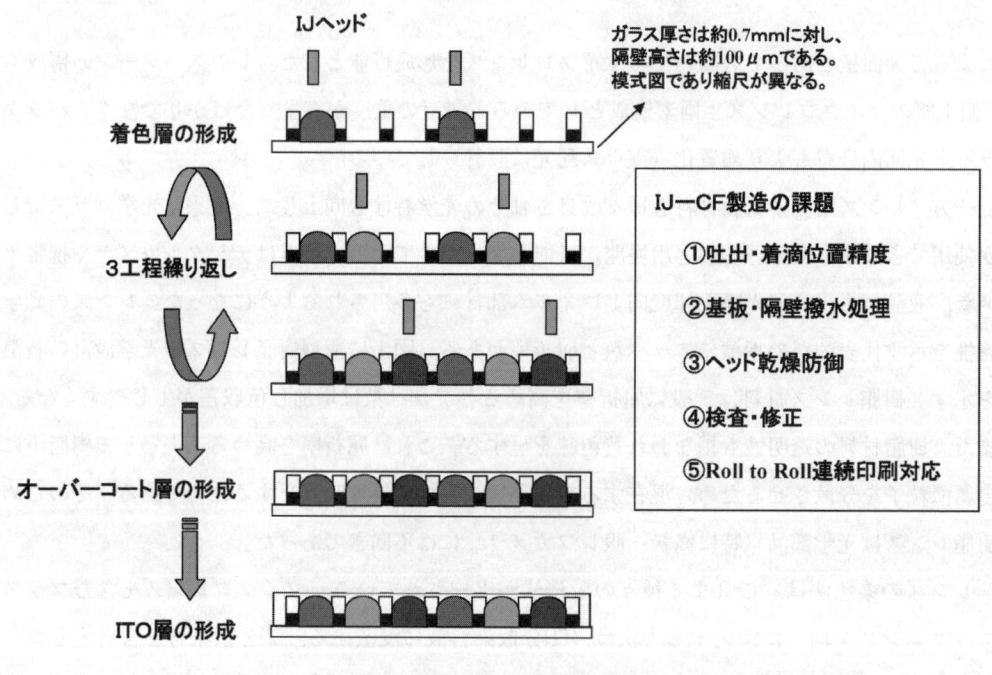

図2　IJ法によるCF製造工程

第 20 章　インクジェット技術のディスプレイ部材加工への応用

ロセスを見直す必要が出てきた。これまでの印刷法に属する新規オフセット印刷法，新規スクリーン印刷法（HADOP 法），新規 IJ 法等が開発されてきている。従来法はフォトリソ法による CF 製造を行っている。しかし総工程数が多く現像・エッチングなどを含む湿式処理が必要であった。

　新規 CF 製造法に適合するインク調製にはそれぞれ従来のレジスト法とは異なる超微粒子顔料やインク流動特性の付与が必要となる。図 2 に IJ 法による CF 製造工程を示す。IJ 法では基板上にブラックマトリックス（BM）隔壁を予め形成する。隔壁自身はフッ素系材料を中心とした表面処理，あるいは撥水処理を事前に施しておく。さらに次工程で IJ ヘッドより R/G/B 各画素部に対応する着色インクを高速吐出する。この工程を着色数である 3 回分繰り返す。最終的には透明樹脂でオーバーコートした後，ITO 電極層を形成する。隔壁はインクをはじく性質を備えているため IJ インクは隔壁内に自己収縮して収まる。インクの混色よりむしろ CF 着色層の厚みムラや乾燥ムラが課題となっていた。またフッ素系あるいはシリコーン系の界面活性剤を添加した場合，撥インク性が発現する可能性もある。またインクの保存性の低下や記録ヘッドのノズルの目詰まりを起こす。インク中に添加混合する界面活性剤やシランカップリング剤の割合には注意を要する。特に界面活性剤では，高温環境下に置かれると揮発してしまい，経時的に撥インク性が低下する[8]。現状はインク材料の組成改良や乾燥プロセスの精密制御により解決してきている。

　CF 用顔料に対する要求特性として分光特性，高彩度，高透明性，高耐光性，耐熱性，耐溶剤性の確保があげられる。超微粒子顔料分散液（IJ インク主要構成材料）に対する分散安定性の確保も重要である。つまり印刷方式の違いによる各インクへの要求特性が異なるため，CF インク材料のもととなる超微粒子顔料分散系への設計に際しても適合する流動特性や光学特性機能の付与が必要となってくる。そこで次に IJ 印刷に適合するインクの要求特性について述べる。

　IJ 印刷による CF 製造法では 3 原色のパターニングが 1 回の印刷で済み，工程数削減によるコストダウン要求を充足する可能性が高い。一方，無版かつオンデマンド・デジタル印刷処理のために CF 印刷膜の品位・精度は印刷精度（目標への着滴精度）や吐出安定性（膜厚精度：色度特性に関連）に大きく依存する事になる。品質低下要因としては，主にノズル付着，インクの乾燥性，インク保存安定性（再分散性を含む）などが挙げられてくる。乾燥性はインクノズルへのインク滴の付着が乾燥（オンデマンド印刷の為休止期間がある）によって固形化し印刷精度（目標エリアへの着滴精度）阻害を起こし，再分散性が不良の場合はノズルへの付着・固形化インクが印刷精度阻害はもとよりノズル目詰まりを起こし印刷不能となる。再分散性の良否はポリマー分散剤の組成やその中和剤（水性インクにおいて）の種類によって異なる様である。再溶解性の良否については特許中においても諸説が見受けられる。ただし IJ インクの信頼性を確保する上で

インクジェットプリンターの応用と材料 II

　高沸点有機溶剤は必須成分であり，高沸点有機溶剤の除外や添加量低減は，吐出安定性の低下を招く。またインク中に顔料粒子の定着性を高める接着付与のための樹脂を含有させることも考えられているが，このような樹脂成分の添加は，インク化工程での粘度調整を困難にしている。
　一般に IJ インクには流動特性としてニュートニアン・フロー（シェア変化によって粘度が変化しない）が求められ更に低粘度（流動特性と共にインク移送性に関係：特許資料では50mP・s以下：好ましくは10mP・s以下とある），低表面張力（メディアへの浸透性に関係）も要求される。これはインクを供給タンクよりノズルへ移送するに当たって自由エネルギーにより自然移送させる（ノズルタンクより吐出された分，ノズルタンクに新たに供給）ために必須要件である。IJ 法ではインク流動特性，粘度，表面張力等についても精密設計すべき重要項目である。精密設計により最終的には IJ インクへの吐出安定性に結びつく。吐出安定性は間接的にインク中の顔料分散粒度（平均粒径や分布）と関係し，広い分布や粗大粒子の残存は吐出安定性を阻害する。
　又無版印刷の為に印刷膜厚に直接関係するので重要特性である。水性系 IJ インク[9]にでは多価アルコール系水和型高沸点溶剤を配合して保水性を強化（乾燥し難い方向）している。結果，インク着滴精度を向上させ，画像定着性も満足させている。多様な要求特性を満足させるために，最近の IJ 法では装置面およびインク材料面での技術進歩によって高レベルで達成される様になってきている。
　IJ 印刷による CF 製造法に適応するインクは一般の水性 IJ インクの浸透乾燥方式やポリマー分散剤による定着依存と異なり，非吸収面素材（ガラスやポリマーフィルム）への印刷であり，インク膜の乾燥方法や定着方法をどの様に最適化するかが問題となる。特に印字直後は，インク表面及び内部にインク顔料粒子の定着を妨げるインク由来の水分や高沸点溶剤が多量に残留しているため，顔料粒子の定着性が低い状態になりやすい。IJ 印刷法は基本的にメディア（紙）に対する印刷法として開発されており水性系での設計が一般的である。減色法4原色（YMCBK 4色）でフルカラーを得る着色剤（顔料または染料），水性系に適応するポリマー分散剤，保水性強化の為の多価アルコール系水和型高沸点溶剤および水を主構成材料とする。インクの乾燥は浸透乾燥方式を採り，定着は使用されているポリマー分散剤（樹脂）によっている。定着性強化，発色性改善の為にカチオン定着剤使用によるメディア（加工紙）側の技術開発がされている。スーパーファイン紙はメディア表面に塗工してある受容層中のカチオン定着剤によりインク（アニオン性）と結着し，メディア表面で良好な発色性が得られると同時に定着性も強化される。CF 製造の場合にはこの考え方を拡張し，非吸収面素材に対しても高い定着性と画像の耐擦性，また画像品位の向上から表面光沢性が必要となる。つまり CF 用超微粒子顔料分散液に対してもカチオン性の化合物を含有した無色のインクを，アニオン性の色材を含有するインクと画像インク面上で混合させることにより，記録画像の耐擦性を改良する方法が開示[10]されている。この方

第 20 章　インクジェット技術のディスプレイ部材加工への応用

法では，無色のインクを吐出させるために専用ノズルが少なくとも1系列必要となる。また，インクヘッドのクリーニング機構が複数必要となるなど，装置上での問題も生じる。

　IJ 印刷による CF 製造法においては浸透乾燥方式が採れないので乾燥・定着方法について種々の対応が特許資料に公開されている。

①　IJ 印刷においてブラックマトリックスパターニング後，非吸収面素材上にインク受容層を形成する。その後に水性系 IJ インクで RGB のパターニングを行なう。

②　耐熱性の優れた光または加熱重合性樹脂を使用して光または加熱重合により定着させる[11]。硬化性物質としてホモポリマーまたは共重合体を用いた，光硬化性スペーサ形成物質が提案されている。

③　自己水分散型の樹脂で顔料内包型のマイクロカプセル化顔料をインク化し加熱定着する[12]。更にカプセル内に熱硬化型樹脂成分も内包させて加熱硬化定着させる高分子エマルジョンを用いたインク組成物もある。

④　モノマー成分を含み，粘度が常温で 50mP·s 以下であるインク組成物を光硬化させ定着する[13]。溶剤の含有量を 50 重量部以下とし低分子量のオリゴマーを用いることが好ましいことが提起されている。しかし，低分子量の物質を用いた場合は，完全に硬化 (cross-linking) が進行しなければ十分な機械的物性が得られず，十分な硬化をするために，光照射あるいは熱処理を行うと製造時間が長く生産性が低下する。

等で，主に光または熱エネルギーによりガラス基板面に対して硬化・定着する方法で解決を図っているのが現状である。

4　スペーサ・隔壁への応用

　液晶 TV ではカラーフィルタ画素部での乱反射や BM 遮光部での散乱を低下するために BM 隔壁を加工する。PDP ではガラス基板の表面上に，バリアリブと称される絶縁性材料からなる隔壁が設けられており，この隔壁によって多数の表示セルが区画され，当該表示セルの内部がプラズマ作用空間となる。隔壁の高さは，通常 100～200μm とされる。そして，このプラズマ作用空間に螢光体部位が設けられるとともに，この螢光体部位にプラズマを作用させる電極が設けられることにより，各々の表示セルを表示単位とするプラズマディスプレイパネルが構成される。従来は電着法[14]によってガラスを含む誘電体を表面に形成した金属隔壁が使用されていた。また，蒸着法[15]により Al_2O_3 を表面に形成した金属隔壁もある。

　スペーサを柱状に形成する方法は，フォトリソグラフィ法による膜の形成やエッチング等の工程が必要とる。また，ボール状スペーサを基板上に散布する方法は，スプレー噴霧する湿式散布

法と，圧搾窒素などの気流でスペーサを直接散布する乾式散布法とがある。何れも画素領域にもスペーサが散布され，輝度の低下や輝度のむらが発生したり，基板上におけるスペーサ分布が不均一になり，基板間ギャップが不均一になる場合がある。そこで，カラーフィルタの非画素領域であるブラックマトリックスに対して，局所的にIJ法で簡便にスペーサを形成する技術が提案[16]されている。具体的には，溶媒にボール状のスペーサを分散させたスペーサ含有インクを，ノズルからブラックマトリックス上に滴下して，溶媒を蒸発させることにより，ブラックマトリックス上にスペーサを残存させる方法である。

IJ法によるスペーサ形成において，インク中のスペーサ濃度が小さいと1滴あたりにスペーサが1つも含まれない場合や，安定したギャップ確保に必要な個数が含まれない場合が生ずる。スペーサ濃度を上げれば1液滴あたりに含まれるスペーサ数を増加させることができるが，スペーサ密度の関係で吐出速度のバラツキが大きくなってしまう。一般に，IJ法ではラインヘッドを基板に対してある一定方向の走査で移動させながらインク液滴の吐出を行う。そのため各吐出口からの吐出速度のバラツキが大きくなると，吐出速度の遅い液滴では吐出されて基板に到達する前にヘッドと基板との相対位置がずれて，着滴位置の精度が悪くなる。結果，インクに含有したスペーサが画素領域をはみ出して形成してしまう。

また，吐出速度の安定性に優れる低スペーサ濃度インクを用いて，1箇所のスペーサ形成位置に複数滴滴下して重ねることで，スペーサ濃度を低くしても1箇所のスペーサ形成位置に必要個数のスペーサを形成することが可能となるが，1箇所のスペーサ形成位置ごとに複数滴のインク滴下を行うと，その滴下数に応じてスペーサ形成工程に要する時間が長くなり，生産性に問題がある。作製されたブラックマトリックスの断面形状を観察すると，上端やそのエッジが丸くなっており，後に打滴された各色インクがブラックマトリックスをのり越えやすいために，隣接画素と混色を起こし表示品位を低下させる。これを防ぐ為，ブラックマトリックスとインクとの間に，お互いはじきあう性質を持たせたり，ブラックマトリックス間隙部のインクの濡れ性を高めたりする工夫がされている。この場合，ブラックマトリックス用着色レジストやインクに特殊な素材が必要であったり，ブラックマトリックス間隙部の表面エネルギーを高める工程（表面改質処理）が別途必要である。

プラズマアドレス液晶（PALC）ディスプレイは，TFT-LCDのTFT（薄膜トランジスター）アレイ部分をプラズマチャネルに置き換えたもので，プラズマ部分以外は基本的にTFT-LCDと同じ構造である。プラズマ発生部分は，高さ $200\mu m$ 程度，ピッチ $480\mu m$ 程度の隔壁で区切られている。PDP隔壁の比誘電率は，画素セルの静電容量，または隔壁を介しての誤放電の起こりやすさに影響を与える。隔壁の比誘電率が高いと，帯電量の増加による電力損失を生じ，消費電力の増加を引き起こす。さらに，電力損失のためにセルが放電せず，黒点となってしまう。

第20章 インクジェット技術のディスプレイ部材加工への応用

また，比誘電率が低いと，所望のセルを放電させたときに隣接したセルの放電も起こる。隔壁中に中空構造を有する無機粒子を含有し，比誘電率を3.0～20とすることで，低消費電力となり，さらに書き込み不良や誤放電，放電電圧の低下などが起こりにくくなる。

IJ法による加工では，圧電素子などにより蛍光体ペーストを噴射する機構のため，粘度を0.02Pa·s以下程度にする必要がある。そのためペースト中の蛍光体粉末量を多くできず，形成する蛍光体層の厚みが薄くなりやすい。また，隔壁底部がペーストのチクソトロピー性により滲みやすく，シャープで残渣のない隔壁形成が難しい。多重印字を行うことによって隔壁および壁体の側面エッジ部の波打ちや裾の乱れを緩和できるが，隔壁高さの制御は複雑となる。これら課題に対し，ペースト吐出による隔壁でなく金属隔壁で対応する場合が多い。つまりエッチング液吐出によるエッチング条件を変更することで厚みのあるPDP用の金属隔壁とする方法が提案[17]されている。この金属隔壁は，金属基板に所定の貫通孔をエッチング加工によって形成するため，貫通孔形成も容易であり有害な鉛を排出することもなく，さらにIJ法の利点を活かし，金属隔壁の構成や材料組成を改善ずることで外光反射率を抑えたPDP用金属隔壁も作製している[18]。

IJ法はあくまで印刷技術の1手段である。ディスプレイ部材加工へ応用する場合には，コストや製品歩留まりにあわせて適応するべきである。そのため，完成品をすべてIJ技術で加工するのが良いか，あるいはIJ技術と複数の印刷技術との組み合わせが良いのかも事前に判断しておくべきである。

5 おわりに

今後もIJ技術はディスプレイ部材加工に多用されると予想する。そこではデジタルオンデマンド印刷と融合し，納期・コスト低減策の手段としてますます重用されるであろう。ディスプレイの種類も多様化され，液晶やPDPを中心にますます我々の生活と密着した製品群を出現，形成してくる。次世代ディスプレイの位置付けとして有機ELやFED・SEDと言った声も聞こえつつある。これら次世代ディスプレイに対する部材加工へもIJ技術の展開が期待される。

IJ技術を材料面から捉えた場合には，液体プロセスから薄膜形成プロセスまで層変化状態も考慮しなければならない。これら層変化状態にも科学的に解析がなされ，より詳細な現象・解明がなされる事でより有効なインク材料設計へとフィードバックされる事を願いたい。

文　　献

1) 市村国宏監修, 最先端カラーフィルターのプロセス技術とケミカルス, シーエムシー出版 (2006)
2) シーエムシー出版, 機能材料, 1998年7月号, p.33-40
3) 特開平 5-148340 号, HOYA 株式会社, 三井武田ケミカル株式会社
4) 特開平 10-306258 号, 日産化学工業株式会社
5) 石井雄三, 小池真司, 新井芳光, 安東泰博, 電子情報通信学会総合大会講演論文集, 1999 (1), (1999) p.173
6) 日経産業新聞, 2006年6月22日, 1面記事
7) 特開 2005-156630 号, ペンタックス株式会社
8) 特開 2004-256776 号, 東洋インキ製造株式会社
9) 特開 2006-281538 号, セイコーエプソン株式会社
10) 特開 2006-2141 号, セイコーエプソン株式会社
11) 特開 2002-30235 号, コニカ株式会社
12) 特開特開 2006-182864 号, 大日本インキ株式会社
13) 特開 2001-323192 号, コニカ株式会社
14) 特開平 3-205738 号, 株式会社ノリタケカンパニーリミテド
15) 特開 2000-64027 号, 日立金属株式会社
16) 特開平 11-24083 号, 旭硝子株式会社
17) 特開平 3-205738 号, 株式会社ノリタケカンパニーリミテド
18) 特開 2000-64027 号, 日立金属株式会社

第21章　インクジェット技術による有機EL

岡田裕之[*1], 中　茂樹[*2], 柴田　幹[*3]

1　はじめに

　フレキシブル，大面積化可能，薄型・軽量，低コストの特徴を持つ有機EL素子（OLED）や有機トランジスタ（OFET）など，有機エレクトロニクス分野における研究開発が注目されている。

　有機EL素子では，りん光材料系による三重項発光を用いることで，原理的に100％の内部量子収率を持つ発光が実現できる[1]ことが示され，また共役系高分子材料も実用化の域に達しており，色再現範囲の拡大，光取出し効率改善とともに，低消費電力化，長寿命化へ向けた開発が成されている。また，商品化・量産化の検討も始まっており，携帯向け商品としてはMP3プレイヤーや携帯電話用メインディスプレイが販売され，モニター用ディスプレイでは最大40インチ

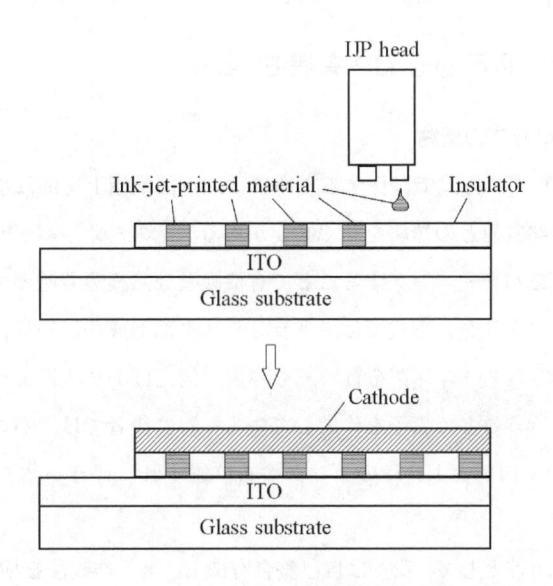

図1　IJP法を用いた自己整合有機EL素子作製工程

---

* 1　Hiroyuki Okada　富山大学　理工学研究部　准教授
* 2　Shigeki Naka　富山大学　理工学研究部　助教
* 3　Miki Shibata　富山大学　工学部　技術専門職員

のフルカラーパネルが，トップエミッション構造とインクジェットプリント（IJP）法の組合せで報告され，各社から中型製品の量産化へ向けた準備が行われている。

ここで，将来の有機EL素子による新市場確立を考えると，フォトリソグラフィ，エッチングや高価な蒸着装置を用いる従来技術から脱し，大面積化が容易，スループットが大で低コストの特徴を持つ新たなデバイスプロセスの開発が期待される。

以上の背景より，本章では，我々が検討してきたIJP法を用いた自己整合有機EL素子の展開を紹介する。ここで，自己整合プロセスとは，初めに形成した第1のパターンにより，続く第2のパターン位置を自動的に決定するプロセスと定義される。一例としては，MOSトランジスタプロセスでのゲート電極をマスクとしたソース，ドレイン層の形成が挙げられる。有機EL素子への適用例として，我々は予め全面塗布形成した絶縁膜上にIJP法により発光層を印刷することで，インク着弾位置が自動的に発光部となる方法を考案した[2]。また，脱真空プロセスによる低コスト化やプロセス簡略化を狙い，ラミネート技術[3]を導入した自己整合有機EL素子の概要を紹介する。これにより，将来的には，給電部分を非接触給電コイルとし，電源部やアダプター等の無い発光ポスタ実現が期待される。

2 IJP法を用いた自己整合IJP有機EL素子

2.1 自己整合IJPプロセスの概略

有機EL素子をマトリクス方式で試作するためには，下部電極上を漏れなく覆う様に発光部を含む有機膜を設け，上部電極との短絡を防ぐ必要がある。そのため，パッシブマトリクス方式では，逆テーパレジストをパターニングすることで有機膜及び陰極蒸着時のマスク形成を行っている。また，アクティブマトリクス方式では，トランジスタ部形成後に絶縁性のバンク形成を行うことで有機EL素子部のパターニングを行い，その後，例えばIJP法により発光層を形成し，最後に全面に陰極形成を行うことで素子を作製している。特に後者では，バンク形成によるプロセス数増加と，バンクの開口部とIJP時のインク塗布位置ずれに伴うパネル短絡防止が必要となる。

以上の問題解決の一方法として，我々は自己整合有機EL素子作製法を検討してきた。図1に，作製プロセスの概略を示す。先ず，ITO基板上全面に，後のIJPインクで可溶な絶縁膜を塗布する。続いて，発光材料を含むインクで，IJP印刷を行う。このとき，溶媒に絶縁膜が溶けバンク開口部となり，乾燥過程でインク塗布位置に発光部が自動的に形成される。最後に，全面に陰極を形成することで有機EL素子が完成する。以下，本プロセスの特徴を記す。第1に，バンク開口部形成の必要が無い。インク塗布により開口部が形成されるため，絶縁膜／発光部の位置関

第21章　インクジェット技術による有機EL

係はIJP時の位置により決まる。第2に，パネルの歩留り向上に役立つ。CCDカメラ等による位置決めした印刷は，画像位置検出を含む装置精度向上が難しい。このため，パターン設計上の余裕は大きく減らせない。しかしながら，本法では，たとえ印刷位置ずれが有っても，その部分は絶縁膜ないしは有機EL部が形成されデバイス短絡の問題が無い。第3に，自由な位置塗り分けが可能となる。例えば，重ね打ちや一部インク位置をオーバーラップさせても発光可能である。アクティブ素子との位置合わせの無い全面IJP印刷の構造では，実効的解像度向上にも繋がる。第4に，光取出し効率向上の可能性が有る。発光部を高屈折率材料，絶縁部を低屈折率材料と選択出来れば，光閉じ込めにより有機層を横方向伝搬する光成分を抑制出来る。以上，IJPを用いた有機EL素子実現の一方法として，本自己整合プロセスは有効と言える。

2.2　自己整合IJP有機EL素子[4)]

先ず，ボトムエミッション型自己整合IJP有機EL素子について紹介する。図2に，試作した素子構造と使用した有機材料の分子構造を示す。先ず，UVオゾン処理を施したITO基板上に正孔注入バッファ層としてpoly-(ethylenedioxy thiophene)/poly(styrenesulfonate)(PEDOT)を，続いて絶縁性材料としてPoly(methyl methacrylate)(PMMA)をスピンコート法により成膜した。ベーク後，IJP法で発光部を形成した。発光材料には低分子系材料を用い，ホスト材料としてバイポーラ性を有するキャリア輸送材料 4,4'-bis(N-carbazolyl)biphenyl(CBP)，色素材料として，緑色燐光を有する *fac* tris(2-phenylpyridine)iridium(Ir(ppy)$_3$)を用いた。有機材料

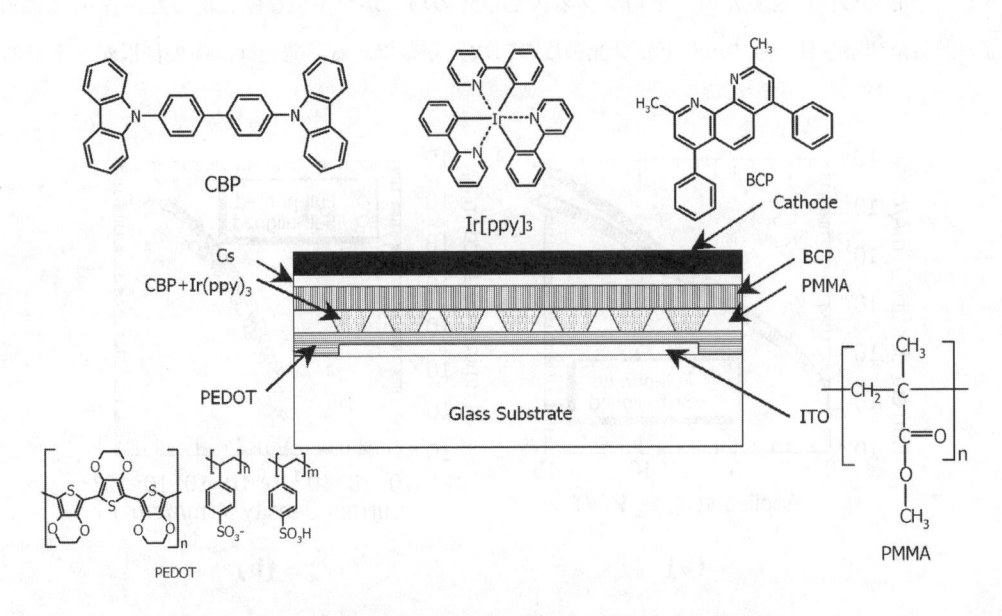

図2　自己整合有機EL素子の断面図と使用した有機材料

の混合比は,CBP：Ir(ppy)$_3$ = 100：5 とした。発光部形成時のインク吐出数は100shot/s, 基板移動速度は20mm/sとした。使用したインクジェット装置はブラザー工業製で,ヘッド仕様は,ピエゾ駆動,セラミクス製,ノズル数128,ノズル径40μm,解像度150dots-per-inches (dpi),液滴量50plである。その後,真空蒸着によりBathocuproine (BCP), Cs (1nm)/Al (100 nm) を蒸着した。蒸着レートは,1nm/sである。ここでCsはCs$_2$CrO$_4$とZr：Alを用いた還元蒸着ボートを使用した。

図3に,電流密度―電圧,及び輝度―電流密度特性を示す。電流密度―電圧特性は,同一ITO上にIJP法で全面形成したデバイス (full-printed device) と比較して,1V程度高電圧側へシフトした。輝度―電流密度特性からは,1mA/cm^{2}以上の電流密度で発光が始まり,徐々に傾きが緩やかとなった。同様の傾向はfull-printed deviceでも見られた。最高輝度は,電流密度100mA/cm^{2}で8,800cd/m^{2}であった。本値は,full-printed deviceの同電流密度の輝度32,000 cd/m^{2}と比較して1/4程度であった。最大電力効率は3.4lm/W (J = 35.7 mA/cm^2), EL効率は10.8cd/A (J = 54.3mA/cm^2), そして外部量子効率は3.1% (J = 54.3mA/cm^2) であった。

絶縁体薄膜上にIJP形成されたドットは,円形状となった。ここで,乾燥の影響で,周辺部は厚く形成された。図4上に,Atomic Force Microscope (AFM) 観察により推定された断面形状を示す。基板下部を膜厚の原点としてある。右が中心部,左が周辺部となる。中心部から見ると,まず平坦部があり,周辺に行くに従い一度わずかに薄くなり,その外部で厚くなる形状となった。最低部と最高部の高低差は125nmであった。また,AFMのスキャンを10μm幅としドット中心部の凹凸を見た所,平均ラフネス1.6nmの均一かつ平坦な膜であった。左下に発光部の顕微鏡観察写真を示す。右下が発光強度の二次元分布である。発光は,中央付近が一定であ

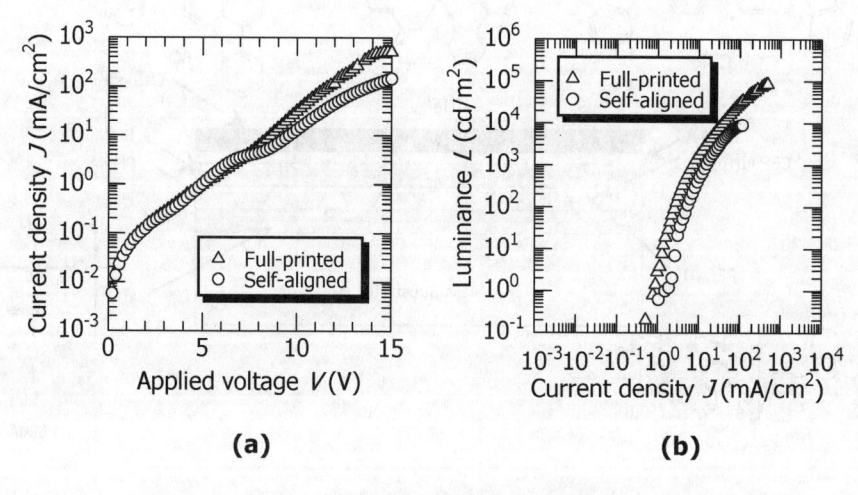

図3 自己整合IJP有機EL素子特性

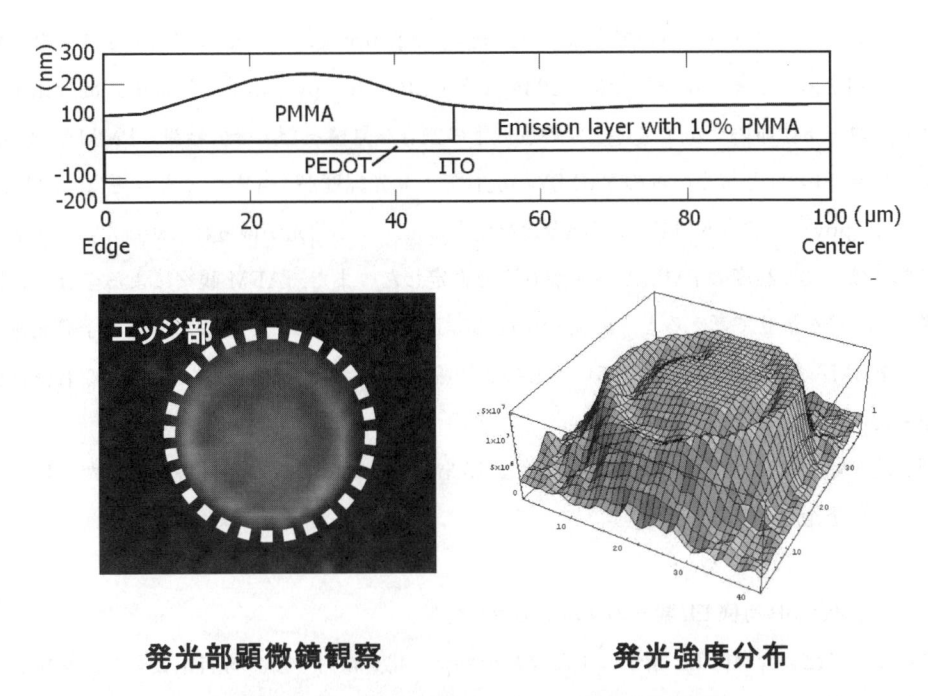

第21章 インクジェット技術による有機EL

図4 インクジェット印刷されたドット断面図と発光分布

図5 IJPによる自己整合有機ELパネル発光写真

るが，周辺付近に行くに従い一度低下する。その外周で，発光強度が一度上昇し，さらに外へ向かうに従い低下した。

以上の発光・材料分布について考察する。先ず，full-printed device に対して 1/4 となる輝度低下の理由を考察する。確認のため，PMMA と CBP + Ir(ppy)$_3$ の混合溶液で，混合比を変えたスピンコート塗布のデバイスにより輝度低下の割合を見積った。その結果，PMMA：CBP + Ir(ppy)$_3$ = 10：90 と言う微量の PMMA の混合で，発光輝度が 1/4 となった。更に，PMMA：CBP + Ir(ppy)$_3$ = 50：50 程度まで混合比を変えると，全く発光が得られなかった。以上より，発光部には，10%程度の PMMA 混入が有ると推定した。また，AFM 観察による全有機膜量と発光ドット径を併せて考えると，非発光周辺部に PMMA が偏って，すなわち低分子発光材料と高分子 PMMA 絶縁膜は相分離しているものと推論される。以上より，図4上の様な有機材料分布が考えられる。

図5は，緑色発光パネル例を示す。解像度 150ppi で，低分子りん光材料を用いた。以上，良好なパネル発光が実現できた。

2.3 自己整合 IJP 有機 EL 素子のマルチカラー化[5]

続いて，自己整合有機 EL 素子によるマルチカラー化を検討した。材料系として，異なるりん光材料を使用すれば，RGB マルチカラー発光が可能となる。今回のプロセスでは，IZO 基板上に絶縁性 PMMA をスピンコート成膜し，発光材料として iridium(III)bis(2-(2'-benzothienyl)pyridinato-N,C3')acetylacetonate(btp$_2$Ir(acac)：赤)，*fac*-tris(2-(*p*-tolyl)-pyridine)iridium(Ir(tpy)$_3$：緑)，iridium(III)bis(2-(4,6-difluorophenyl)pyridinato-N,C2')picolinate(FIrpic：青)のインクを用い自己整合 IJP 印刷を行った。その後，溶媒除去のためベークを行い，最後に電子注入／正孔ブロック層 bathocuproine（BCP, 20nm），LiF（1nm）／Al 陰極を真空蒸着し，デバイスを完成した。IJP 時の重ね打ち回数も併せて検討し，二回の重ね打ちで最適輝度条件を得た。

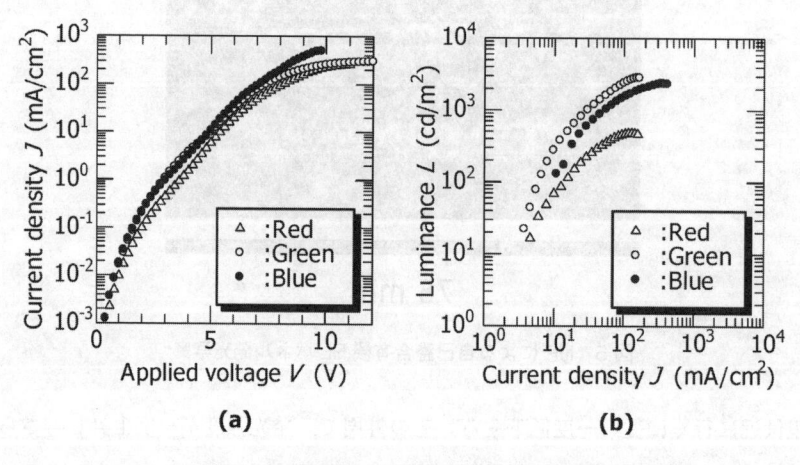

図6 RGB 自己整合 IJP 有機 EL 素子の特性

第 21 章 インクジェット技術による有機 EL

図 7 マルチカラー自己整合有機 EL 素子の発光パターン

図 6 に，電流密度—電圧特性，輝度—電流密度特性を示す。最適化の結果，電流密度—電圧特性は発光材料に依存せず，輝度—電流密度特性は，赤で低輝度ながら良好な発光特性が得られた。ここで，本法でマルチカラー発光を行うと，RGB ドットに同一の電圧が印加される。実用上は，各色ごとに，重ね打ち回数，濃度調整，及びドット密度による輝度調整によりバランスの取れた発光が得られる。今回の特性では，電圧 7V で，赤 325cd/m^2（J = 48.3mA/cm^2），緑 2,000cd/m^2（J = 75.7mA/cm^2），青 1,500cd/m^2（J = 91.5mA/cm^2）の発光が得られた。最適化を基に試作した有機 EL パネルを図 7 に示す。以上より，解像度 150dpi，サイズ 70mm 角の発光部を持つ試作品で，良好なマルチカラー発光パターンを得ることに成功した。

3 ラミネートプロセスによる自己整合 IJP 有機 EL 素子[6]

IJP 法は，位置精度良く簡単塗り分け可能な手法であり，安価な塗布型有機薄膜形成法として有望である。しかしながら，従来のプロセスでは陰極形成時に高価な蒸着装置を使用する必要が有り，低コストと言う特長を充分には活かせない。そこで，有機発光部パターニングに自己整合 IJP を，また素子作製時に蒸着等の物理気相成長プロセスを用いないラミネートプロセスを用いることで，簡単な有機 EL 素子を実現した。

図 8 に，本プロセスで想定する有機光高度機能部材を示す。両面をフィルム基板とし，貼り合わせたフィルムの一端に電源部を持つ光シールや，フィルムシート上に給電コイルを印刷法によ

図8 光シールの概念図

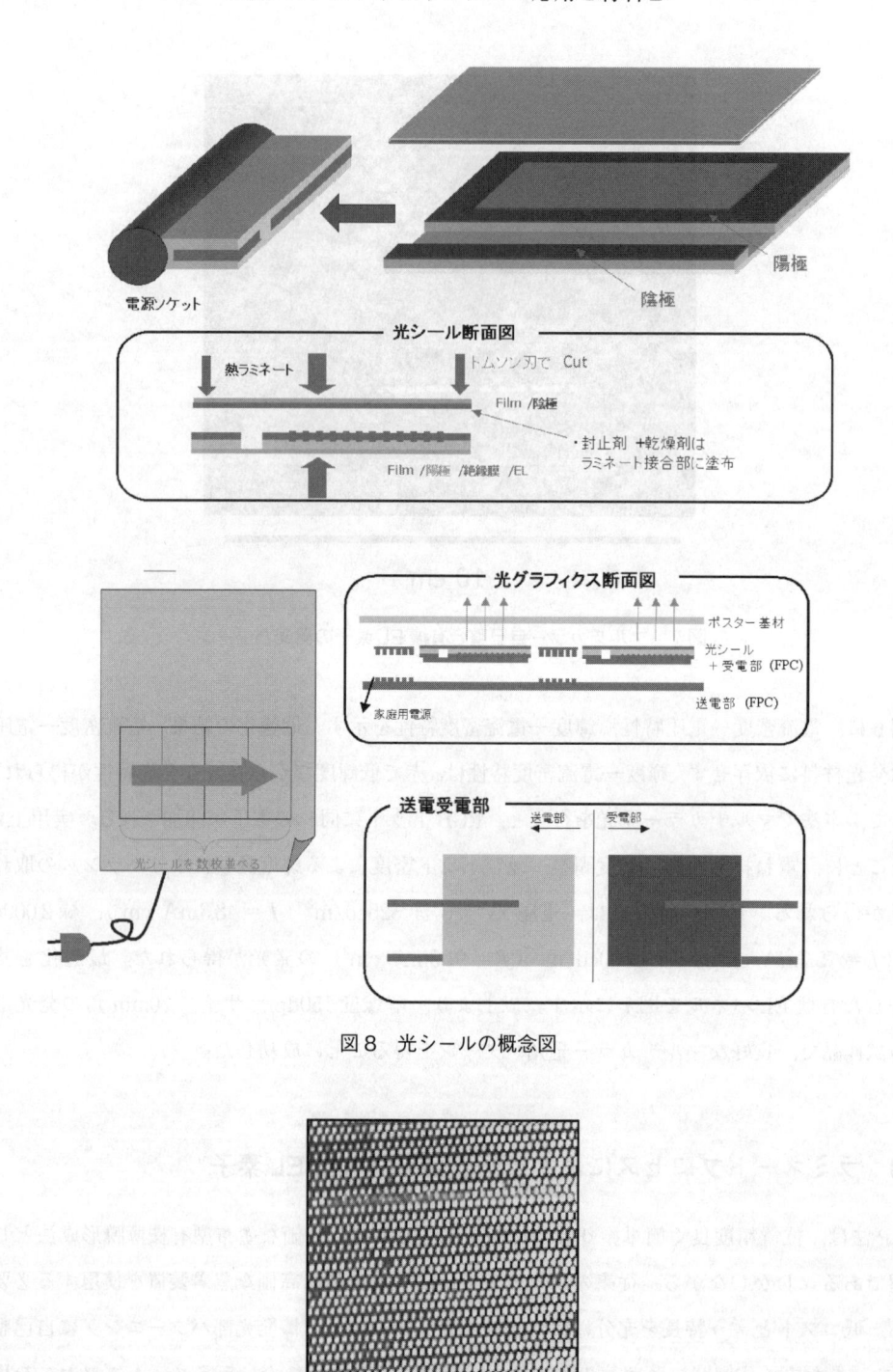

図9 ラミネート法を適用した自己整合IJP有機EL素子のデバイス特性

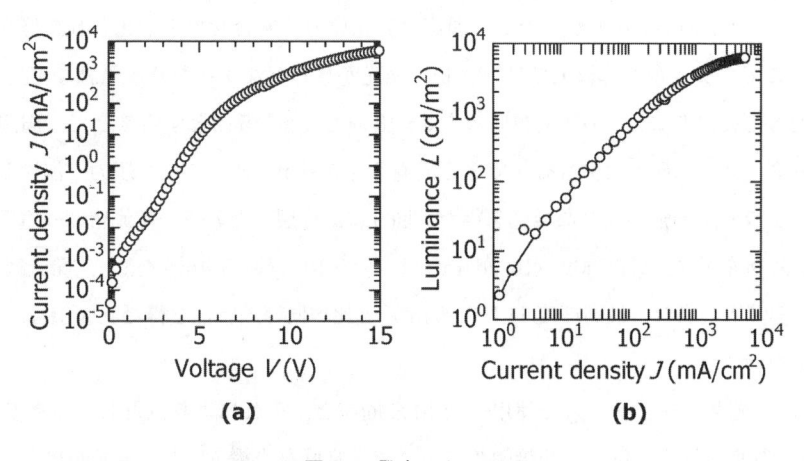

第21章　インクジェット技術による有機EL

図10　発光パターン

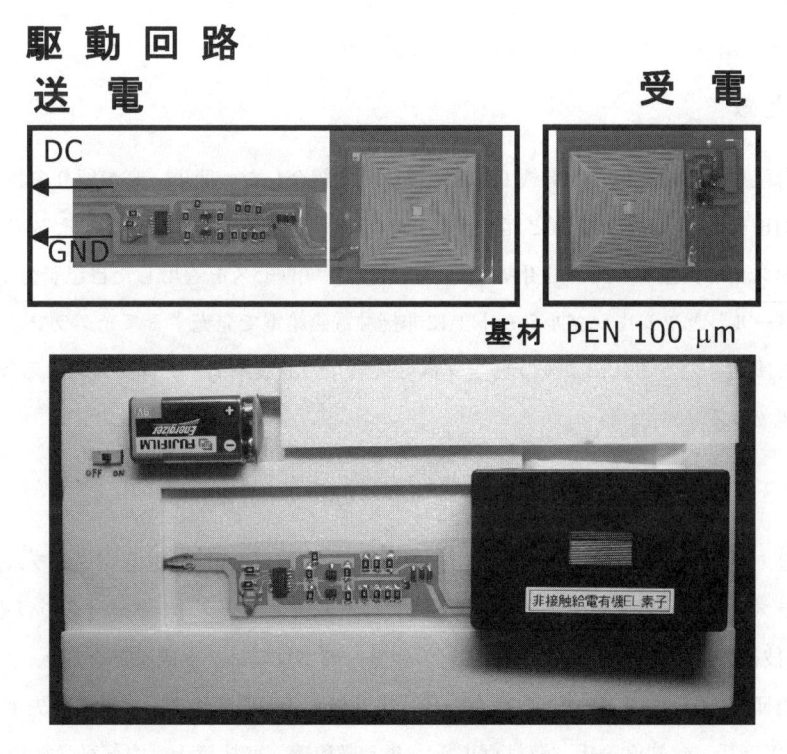

図11　非接触給電FPC回路と有機EL素子発光例

り形成し非接触給電したシート状の"光グラフィックス"が実現可能となる[6,7]。

　実験では，ITO付基板（ガラス，フィルム）上に，ホール注入バッファ層PEDOT，絶縁膜隔壁cycloolefinを成膜後，発光polyfluoreneポリマーをIJP法で形成した。その後，PENフィルム上にMgAg陰極を形成したフィルム基板と貼合せ有機EL素子を作製した。IJP直後の周辺部

は，乾燥に伴い0.7μm盛り上がったが，温度上昇状態での貼合せで平滑化され良好な発光が得られた。ここで，フィルム基板上では，当初，発光が見られなかったり，微細なITOクラックが発生したりした。ここで，IJP塗布回数を3〜10回と変え，5回とすることで，周辺盛り上がり部を余り高くせず，発光面積も確保できる最適条件を見出せた。また，圧力，温度条件の最適化で，ITOクラックの無い良好な発光を得た。図9に，作製した素子の電流密度—電圧，輝度—電流密度特性例を示す。最高輝度6,160cd/m^2（$V = 20.2V$，$J = 574mA/cm^2$），発光径62μmが得られ，陰極蒸着の場合（最高輝度11,100cd/m^2）と比べ同等の特性を得た。図10に，発光ドットパターンを示す。

図11には，光グラフィックスで使用したFPC回路と，それにより点灯した有機EL素子（5cm基板）の写真を示す。以上，非接触給電方式で，良好な有機EL素子発光が得られることを示した。

4　まとめ

今回，自己整合技術を用いた有機EL素子について紹介した。簡単，高歩留りの特徴を有する自己整合IJP有機EL素子の提案と諸特性について紹介した。更なる簡単プロセスの例として，作製プロセス中で真空プロセスを用いないラミネートプロセスを適用した自己整合IJP有機EL素子"光シール"とフレキシブルシート上に非接触電磁給電で発光する"光グラフィックス"の基本部材を実現した。これにより，真空プロセス無しの溶液系IJPプロセスによる簡単有機EL素子が実現できる。

謝辞

本研究は，一部，独立行政法人科学技術振興機構重点地域研究開発推進プログラム，文部科学省知的クラスター創成事業の成果に基づく。また，地域新生コンソーシアム【ものづくり革新枠】「自己整合技術を用いた有機光高度機能部材の開発」のプロジェクト成果となる。

紹介した研究内容は，富山大学 佐藤竜一氏，松井健太氏，柳順也氏，女川博義先生，ブラザー工業 大森匡彦氏，倉知直美氏，澤村百恵氏，井上豊和氏，宮林毅氏，中部科学技術センター上野誠子氏，東海ゴム工業 高尾裕三氏，日比野真吾氏，土屋一郎氏，別所久美氏，槌屋大原鉱也氏，池田幸治氏，大濱元嗣氏，星野正人氏，アイテス 鮎川秀氏，宮里涼子氏，筒井長徳氏，三浦伸仁氏らの共同研究成果であり，光シール，光グラフィックスの概観図は槌屋 大原鉱也氏による。

第 21 章　インクジェット技術による有機 EL

文　　献

1) C. Adachi, M. A. Baldo, M. E. Tompson and S. R. Forrest, *Appl. Phys. Lett.*, **90**, 5048 (2001)
2) R. Sato, S. Naka, M. Shibata, H. Okada, H. Onnagawa and T. Miyabayashi, *Jpn. J. Appl. Phys.*, **43** (11A), 7395 (2004)
3) 高橋, 古川, 市川, 原野, 遠藤, 杉山, 日比野, 小山, 谷口, 平成 16 年秋季応物, 3a-ZR-10 (2004)
4) R. Satoh, S. Naka, M. Shibata, H. Okada, H. Onnagawa, T. Miyabayashi and T. Inoue, *Jpn. J. Appl. Phys.*, **45**, 1829 (2006)
5) K. Matsui, J. Yanagi, M. Shibata, S. Naka, H. Okada, T. Miyabayashi, T. Inoue, Proc. KJF 2006, P44 (2006)
6) 大森, 上野, 倉知, 澤村, 井上, 宮林, 高尾, 日比野, 土屋, 別所, 大原, 大濱, 星野, 鮎川, 宮里, 筒井, 三浦, 山仲, 中, 柴田, 岡田, 平成 19 年春季応物, 29p-P7-36 (2007)；2007 Int'l. Symp.Organic and Inorganic Electronic Materials and Related Nanotechnologies (EM-NANO' 07), P3-01 (2007)
7) 大原, 池田, 大濱, 星野, 大森, 上野, 倉知, 澤村, 井上, 宮林, 鮎川, 宮里, 筒井, 三浦, 高尾, 日比野, 土屋, 別所, 山仲, 中, 柴田, 岡田, 平成 19 年春季応物, 29p-P7-37 (2007)

〈バイオテクノロジー技術応用〉

第22章　インクジェット微量分注機による DNAマイクロアレイの作製

長谷川倫男*

1　はじめに

　バイオテクノロジーの分野で，DNAチップと呼ばれるデバイスが普及し始めてから，およそ10年になる（図1）。ヒトをはじめ種々の生物のゲノムが解読され，そこから得られた情報を有効に使う上で，DNAチップは欠かせないツールとなった。さらに，DNAの代わりに蛋白質を基板上に乗せたプロテインチップ，低分子を乗せた低分子チップなども開発が進んでいる。生体分子を基板上に乗せて何らかの検出を行うデバイスは，バイオチップあるいはバイオセンサーと呼ばれ，近年では研究用ツールのほかに，体外診断用のデバイスとしての開発が盛んになっている。こうしたデバイスを作製する際，基板上に試薬を乗せるためにインクジェット微量分注機が使用される。ここでは，このような用途に使用されるインクジェット分注機のオペレーションサポートを通して，筆者が見てきた状況を紹介させていただこうと思う。

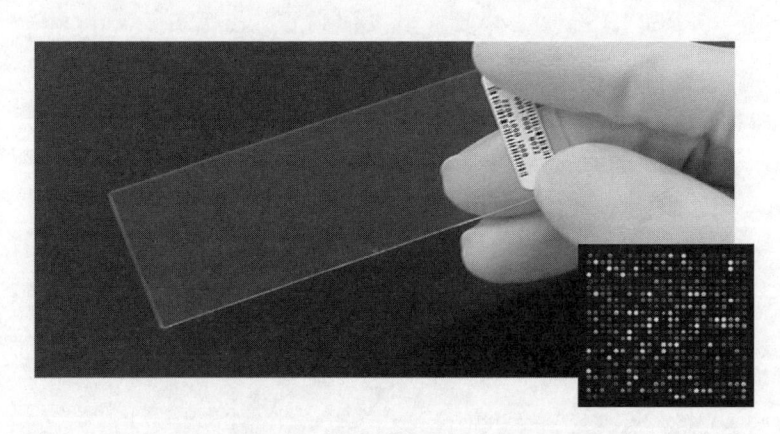

図1　DNAチップ外観と反応後のスキャン画像

---

　*　Norio Hasegawa　前・ニップンテクノクラスタ㈱　営業技術本部　ジェノミクス・プロテオミクスグループ　主任

第 22 章　インクジェット微量分注機による DNA マイクロアレイの作製

2　DNA チップ

　生物の持つ遺伝子全体をゲノムという。遺伝子の実体は DNA であり，これは糖とリン酸のポリマーである。このポリマーを構成する単位分子（ヌクレオチド）には塩基と呼ばれる側鎖が付くが，この塩基が 4 種類あり，したがってヌクレオチドも 4 種類ある。これらはアデニン・シトシン・グアニン・チミン（RNA の場合はウラシル）と呼ばれ，それぞれ A・C・G・T（U）と略される。これがポリマーを形成したときに並ぶ順序（塩基配列あるいは DNA 配列と呼ばれる）が，遺伝情報の正体である。遺伝子に関する文献やデータで，ATGCCTGTGACGC…のようなアルファベットの羅列があれば，それは塩基配列を表している。この配列の違いによって，それを元に合成される蛋白質の種類が決められている。生物の持つ DNA 全体の塩基配列を明らかにしてしまおうというのが，いわゆるゲノムプロジェクトであり，その配列から，その生物がどのような遺伝子を持っているか，またいくつの遺伝子を持っているか，などの情報が得られる。

　DNA 分子は側鎖の塩基間の水素結合を介して，2 本のポリマーがらせんを描きながら結合している（二重らせん）が，結合できる塩基のペアは決まっていて，A は T（U）と，C は G とだけ結合できる。したがって，片方の配列がわかれば，もう一方の配列がわかる。さらに二重らせんの結合は可逆的であり，一本鎖の DNA をもって，それに対応する配列をもつ DNA を結合させ，釣り上げることができる。また，この性質は細胞内で DNA 配列から蛋白質を合成する際の，橋渡し役を務める RNA にも当てはまる。この性質を利用して，未知の DNA あるいは RNA の集団から，目的の配列を持つものを検出することができる。DNA チップはこの原理を利用して

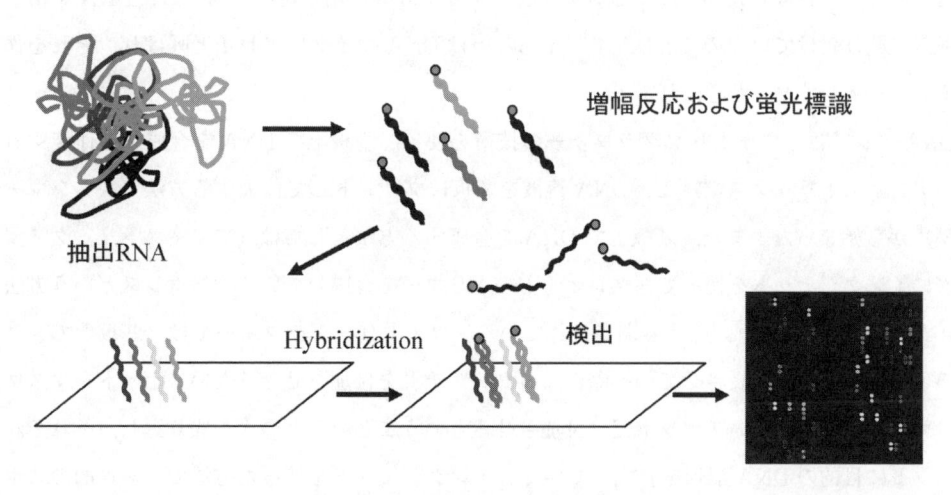

図 2　DNA チップの原理
蛍光でラベルした RNA 断片の集団のなかに，チップ上に配置した DNA に対応する配列のものがあればチップ上の DNA に結合するので，反応後のチップをスキャンすることで，どの配列の断片が存在したかがわかる。

いる（図2）。

　ゲノムプロジェクトのおかげで，生物の持つすべての遺伝子の見当がある程度つくようになると，細胞がある環境下にあったとき，どの遺伝子が働いているか網羅的に調べることが可能になった。すると，その環境に応答する複数の遺伝子を同時に検出することができ，遺伝子間の相互ネットワークの解析も可能になる。そのような実験の，強力なツールとなったのがDNAチップである。例えばガラス基板上に数千～数万種類の異なる遺伝子領域のDNAを貼り付けておき，サンプルから抽出したRNAを供する。生物細胞内で遺伝子が働くと，RNAが合成されるのだが，そのRNAはもとになった遺伝子部分のDNAと結合することができるので，DNAチップに抽出したRNAを供したとき，ガラス基板上のどのDNAがRNAと結合したかを調べることによって，そのサンプルで，そのときに働いている遺伝子を同時に多数，特定することができる。実際の実験は多少異なるが，理屈としてはこのように考えていただければよい。このような網羅的に解析を行うという考えにより，個々の分子ではなく全体を相互につながったネットワークとして捉える，システムバイオロジーという分野も確立されてきている[1]。

　DNAチップが一般化してくると多くの研究室で自作されるようになり，そこで導入されたのが，アレイヤーと呼ばれる微量分注機である。

3　アレイヤー

　現在DNAチップと呼ばれるデバイスには様々な形態があるが，DNAアレイと呼ばれたものが元々のものではないだろうか。前述のDNAをガラス板に貼り付けたものは，DNAを格子状に並べて貼り付けていたのでDNAアレイあるいはDNAマイクロアレイと呼ばれ，それを作製する装置はアレイヤーと呼ばれる。

　DNAアレイは，フォトリソグラフィーの技術を使って基板上でDNAを合成して作製する方法（アフィメトリックス型）[2]と，DNA溶液を基板にプリントして作製する方法（スタンフォード型）[3]から始まった。また，基板上でDNAを合成する方法としては，アフィメトリックス型のほかにインクジェットを使ってヌクレオチドのポリマーを合成していくマスクレスという方法やマイクロミラーを使った方法[4]も開発されている。フォトリソグラフィーでは，基板上でヌクレオチドのポリマーを伸長させていく際に，ヌクレオチドを付加させたくないスポットをマスクして，マスクされていないスポットだけ付加させるということをひとつずつ繰り返し，それぞれのスポットに目的のDNA配列を合成していく。インクジェットを使った方法では，目的のスポットに目的のヌクレオチドを滴下することで伸長を進める。無駄がなく効率的だと謳われている。また，伸長したくないスポットを樹脂でマスクして合成を進める，ポリマーマスクという方法も

第22章 インクジェット微量分注機によるDNAマイクロアレイの作製

開発されている。一方，スタンフォード型を開発したスタンフォード大学の研究グループは，その作製方法をホームページ上で公開した。こうしたこともあり，一般の研究室で作製するには簡便なスタンフォード型が主流となった。バイオテクノロジー研究用機器としての市販のインクジェット装置を使ったDNAチップ開発は，おもにスタンフォード型で行われている。ここでは，広く一般的な手法としてのスタンフォード型に注目して話を進めたい。

スタンフォード型チップは，元々は，DNA溶液に浸したガラスキャピラリーや金属製ピンを，基板上に接触させることでプリントする方式がとられていた（図3）。こうしたピンアレイ方式は，簡便ではあるが，プリントするDNA溶液量の制御ができない。スポット量のばらつきは，CV値（標準偏差÷平均スポット量×100）で20〜30％となり，これでは定量的なデータを得ることができない。そこで注目されたのが，吐出量を制御できるインクジェット方式の微量分注機であった（図4）。

バイオテクノロジー研究用機器として一般に市販されるインクジェット微量分注機は，大きくわけると，ピエゾ圧電素子を使ったものと，ソレノイドバルブを使ったものがある。どちらの方式であっても，液を吐出するノズルの先端から，サンプルを必要な量だけ吸引することができるようにした装置が多い。DNA溶液など生体試料は，もともと多量に用意できないため，こうすることでデッドボリュームを少なくしている。そのために，シリンジポンプやペリスタポンプを組み合わせ，吸引のため液を逆流させることができるようになっている。また，DNAアレイなどでは，顕微鏡用スライドガラス大の基板に，インクジェット分注機による場合，数百程度のスポットをすることが多い。インクジェット分注機の吐出ノズルは多くても十数chなので，ひと

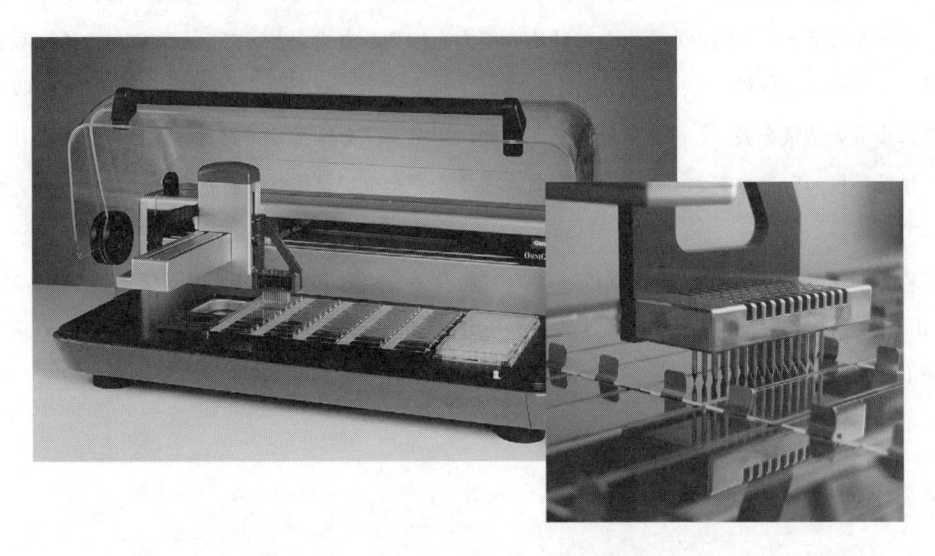

図3 ピンアレイヤーとそのピンヘッド部分（右下）

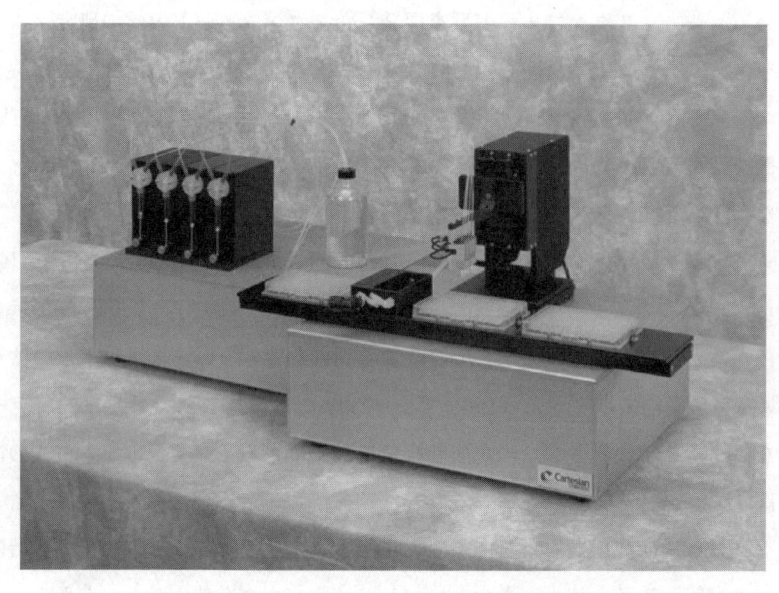

インクジェットプリンターの応用と材料Ⅱ

図4　インクジェット式分注機の例
シリンジポンプとソレノイドバルブを組み合わせたもの。

つのサンプルの吐出が終わると水でノズルを洗浄して，次のサンプルを吐出する。ノズル外側の洗浄は，装置に搭載されている洗浄槽にノズルを浸け込んで行う。ノズル内部の洗浄は，多量の水をシリンジポンプやペリスタポンプで供給して洗い流す。

　ここでひとつ問題が生じる。吸引したサンプルが保持される送液チューブに水を通すため，洗浄が終わってもこの水はノズルを含め，チューブ内に残る。さらに一部の機種では，シリンジポンプなどからチューブ内の水を介して吐出の圧力を伝える方式をとっている。このため，吸引したサンプルが水と接触して，界面から希釈されてしまう。これを防ぐために，サンプルを吸引する前に少量の空気を吸引し，水とサンプルの間にギャップを作って，両者の接触を避けたり，あるいは低粘度のシリコンオイルを吸引して，オイルギャップを作って希釈を避けたり，工夫がなされている。

　この分野で市販されている装置は，ピエゾ式の場合数百 pL～，ソレノイドバルブ式の場合数 nL～が分注量の範囲となる。ピンアレイと比較してスポットの直径が大きくなるため，アレイ密度の点では不利であるが，定量性は大きな強みであった。

4　その他のチップなど

　DNAチップのようなチップは，理屈上では相互作用するものであれば検出できるので，プロ

第22章　インクジェット微量分注機によるDNAマイクロアレイの作製

テインチップ，低分子チップなども研究または実用化されている。すると，微量分注機が吐出しなければならないサンプルの多様性は，一気に広がる。

　サンプルの多様性という点では，DNAチップの作製ではそれほど問題にはならない。チップの目的や解析する遺伝子が異なってもDNAはDNAであり，安定性など化学的な性質は大きく変わらない。したがって使用される溶液の種類もある程度決まってしまう。しかし蛋白質となると，その種類によってまったく性質が異なる。しかも，蛋白質は非常に不安定な分子である。抗体のように安定性の高い蛋白質を用いたものは比較的研究，開発が進んだが，プロテインチップがなかなか実用化されなかった理由のひとつには，蛋白質を安定に基板上に固定する，ユニバーサルな技術が確立できなかったことがある。こうした性質のため，蛋白質の安定性を保つためのさまざまな保護剤や，蛋白質を基板に固定するための架橋化剤が添加されるために，プロテインチップでは，使用されるサンプル溶液が非常に多様である。こうした添加剤は一般に粘度が高く，インクジェットによる吐出は難しい。

　一方，低分子を吐出する場合は，創薬分野がその舞台となる。創薬分野における探索研究では，薬の候補物質をひとつひとつアッセイし，目的の生理活性を示すものを探す。これは非常に多くの候補物質に対して行うので，その処理量は非常に多い。これを基板上に集積すれば，スループットは上がる。低分子チップはこうした分野での使用を想定しているようだ。

　経口薬は，胃や腸管の膜を通って体内に吸収されるが，こうした生体膜は脂質でできている。したがって薬の候補化合物は，脂溶性で水に溶けないものも多い。そのため，一般的にこうした化合物はDMSOなどの有機溶媒に溶解されている。こうしたサンプルを吐出しようとすると，液の粘度だけでなく，低い表面張力が液滴を形成させる点で，あるいは吐出ノズル先端の液切れという点で不利にはたらく。DMSOだけでなく，その他の有機溶媒が使われる場合，吐出の問題だけではなく流路の溶媒耐性も求められる。特にソレノイドバルブ式の場合，機械的に複雑な構造になるため，使われる材料の種類も多くなり，すべてを有機溶媒に耐性の高い材料で作ることは困難だろう。この場合，長時間の接触を避けるなど，使い方でも工夫が求められる。

　このように，バイオテクノロジー分野でのインクジェット分注機の使用においては，多様な液性に柔軟に対応できることが求められる。そのために，吐出圧をきめ細かく調整できたり，分注量をオペレーションソフトウェア上で簡単に変更できたりすることが求められる。

　数年前までは，こうしたチップを作製するための装置選びは，量の少ない小さなスポットで高密度のチップを作製できる接触式のピンアレイヤーを使うか，高密度化をあきらめて，分注量が大きくても定量的なスポットができるインクジェットアレイヤーを使うか，が大きなポイントとなっていた。しかし，最近では，高密度かつ定量的なスポットができることが装置に求められている。定量的にスポットするためインクジェットアレイヤーが注目されるのだが，ソレノイドバ

ルブ方式では，高粘度のサンプルに対応できるなどの長所があっても，吐出量が多く高密度化できない。吐出量が少なく高密度化できるピエゾ方式では，液の粘度が高くなったり，表面張力が低かったりすると吐出自体が難しくなってくる。このふたつの方式は販売の上で競合していたが，こうしたそれぞれの特徴により，ユーザーが装置選定のための検討を重ねていくと，結果的には市場の住み分けができていた。しかし最近では，その両者の特長が一台の装置に求められるようになった。現在のところ，両者の長所をあわせ持つ装置は，バイオテクノロジー研究支援機器の市場では存在しない。現行の市販の装置の特性とユーザーの求めるところをすり合わせて，お互いに譲歩できるところで装置を選び，使用しているというケースが多い。この場合，ユーザーによる吐出条件の検討や装置の調整が非常に重要になる。また最近では，定量性を改善したピンも開発されてきており，ふたたび接触式のピンアレイヤーにもどるというケースも見られる。

5 スポットのクオリティ

このように多様なサンプルを吐出するために，インクジェット分注機は，細かい吐出条件の設定ができる必要があるが，条件を変えてなんとか吐出ができても，スポット自体がきれいに仕上がるとは限らない。たとえば，表面張力の低い液体を吐出させるために圧力を高く設定すると，

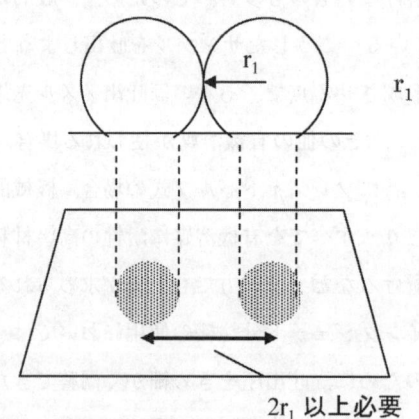

$$r_1 = [\,3V/\{\pi(2-3\cos\theta+\cos^3\theta)\}\,]^{1/3}$$

V：スポット量
θ：接触角
液滴を真球と仮定した場合

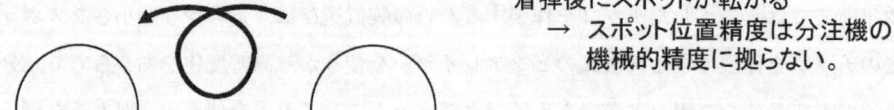

$2r_1$ 以上必要

着弾後にスポットが転がる
→ スポット位置精度は分注機の機械的精度に拠らない。

図5　基板の撥水性が高い場合

第22章　インクジェット微量分注機によるDNAマイクロアレイの作製

基板上に着弾した際に飛び跳ね，サテライトと呼ばれる細かいスポットが生じることがある。逆に圧力を低くすると連続運転した際に，安定した吐出ができなくなる恐れがあり，両者の兼ね合う条件を見つける必要がある。

　また，基板の撥水性が高い場合，着弾した液滴が転がり，スポットの位置精度が悪くなることもある。さらに高密度にスポットしようとして撥水性を高くし，かつスポット間隔を小さく設計すると，液滴の半径が基板上のスポットの半径を上回り，液滴同士が接触することもある。この場合，一方の液滴が乾燥してから隣の液をスポットするなどの工夫が必要だが，タクトタイムが厳しい製造用途などでは，意外と時間のロスが大きい（図5）。

　また，スポットの乾燥過程での液の挙動もしばしば問題になる。もっとも注目されるのはコーヒーステイン現象と言われる，スポットが，中央部の抜けたドーナツ状になることである（図6）。はっきりした原因は特定されていないが，溶媒の蒸発時に，液滴内で対流が生じることによって溶質濃度が不均一になることによるという説が有力のようである。対流は，溶媒が液滴表面から蒸発することによって表面の溶質濃度が高くなり，液滴内部と濃度勾配が生じることによっておこると考えられる。高分子溶液においてはよく研究されており，こうした物理量の変化により，表面張力に局所的な勾配ができるマランゴニ効果による対流も，こうした現象との関連が考えられる[5〜7]。研究室レベルでのDNAチップの作製においては，スポット後一旦乾燥させたチップに湯気をあてる，リハイドレーションと呼ばれる操作が行われることがある。これによってドー

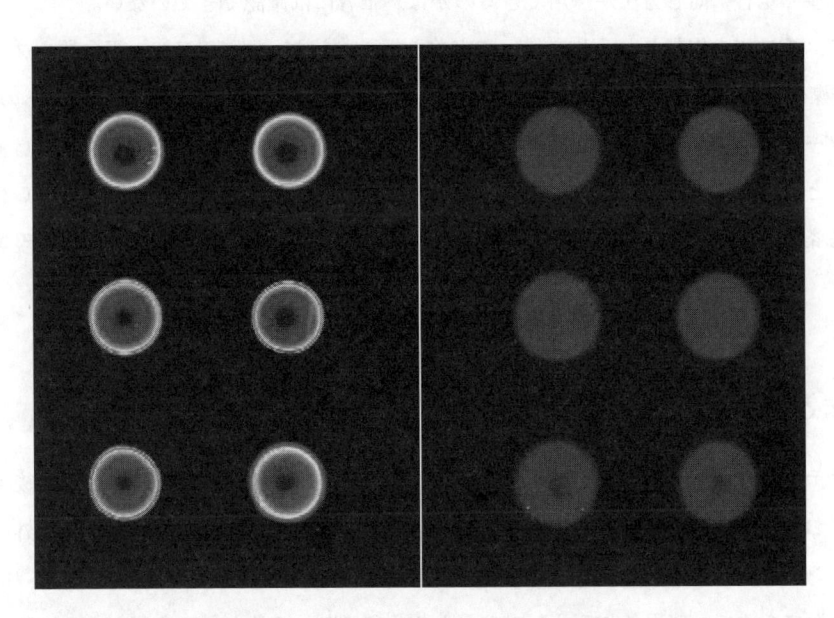

図6　スポットのコーヒーステイン現象
同じ基板でも，スポッティングバッファーの違いで，ドーナツ状のスポット（左）になる場合がある。

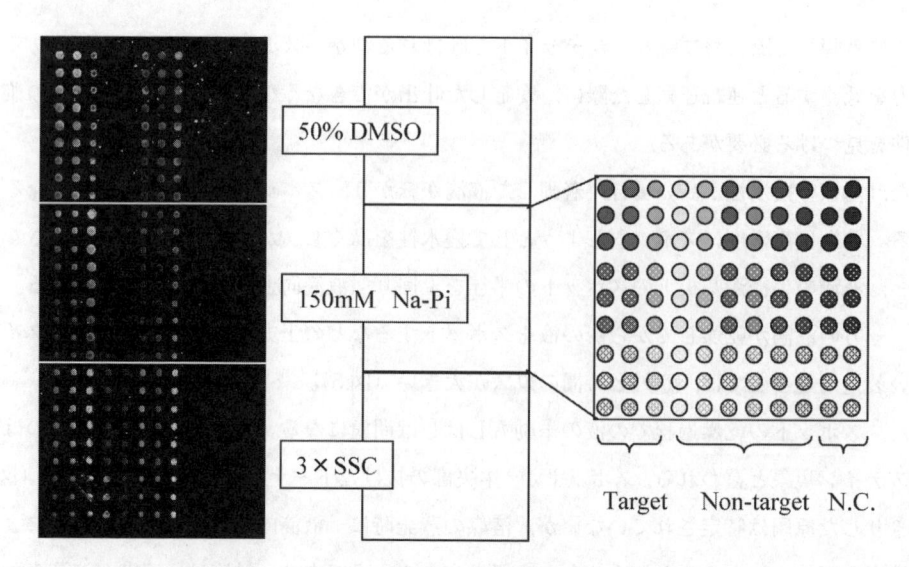

インクジェットプリンターの応用と材料Ⅱ

図7　DNAアレイの結果の例
この例では図の右側で"Target"と示されている左3列のスポットのみが検出されるべきであるが，非特異的な結合も検出されている。また，上・中・下段はそれぞれ中央に示されている3種類のバッファーで同じDNAがスポットされており，バッファーによりシグナルの出かたに違いが出ている。

ナツ状のスポットが改善されるとされているが，もう一度スポットを湿らせて乾燥をやり直すという意味合いなのだろう。プロテインチップやその他のチップで同様の手法が適用できるか，あるいは量産の場合に同じ方法が採用できるのかは，筆者には確認できていない。

さらに，チップを作製し，それを使って実験を行ったとき，同じDNAや蛋白質をスポットしても，溶媒の種類や基板の種類でシグナルの得られかたが大きく異なる（図7）。これらのことは，アレイヤー側で解決できる問題ではないが，これを解決するために液の組成を変えれば液性が変化することもあり，すると前述のように，吐出のための圧力条件を検討したり，きれいにスポットできる条件を探したり，アレイヤーのオペレーションにおいても避けて通れない現象ではある。

6　まとめ

バイオテクノロジー分野においては，インクジェット方式の微量分注機は90年代後半から使用されており，それほど目新しいものでもない。DNAチップなどの作製用として以外に，単純に液体ハンドリングのためのロボットとして，ラボオートメーションの分野で注目されてきた。しかし最近になって，使用されるサンプルがより多様になってきたという感がある。特にバイオセンサーと呼ばれるデバイスの開発が盛んになってきており，それによってスポットするサンプ

第22章 インクジェット微量分注機によるDNAマイクロアレイの作製

ルがDNAのみならず多様化した。このようなバイオセンサーは、おもに臨床診断分野での利用を目的に開発が進められている。欧米ではこうしたデバイスは、比較的早くから開発されてきているが、日本でも最近急速に開発が進められている。製薬や診断薬などのいわゆるバイオ業界以外からの企業の参入も多い。特に材料や繊維分野の企業では添加剤や樹脂基板、基板の表面処理において独自技術を持っているようで、こうしたことも、サンプルの多様性が高くなってきている理由である。

　また、アレイヤーとしての使用では、分注以外の機構も装置に要求される。たとえば、粘度の高い液を使うために、ノズル洗浄時にお湯が使えるようにヒーター付きの洗浄装置が搭載されていたり、超音波洗浄槽が搭載されていたりするものもある。多量のサンプルを管理する場合は、バーコードリーダーの搭載が求められる。製造用の装置として使用される場合、GMP（医薬品適正製造基準）に適合させるため、使用されているひとつひとつの部品、駆動部のグリスのグレードについてまで細かい指定がされることもある。品質管理用に、スポットの状態をモニターするためのCCDカメラが搭載されることもある。また、研究開発の現場では、まだスポットのレイアウトが決定されていないことが多い。そのため、基板上のどこにどのサンプルをスポットするかを、ソフト上で自由に指定できるようなフレキシビリティが求められる。吐出圧力などの条件が自由に変えられるというフレキシビリティも求められる。

　いずれにしてもこうした分注機・アレイヤーは、製造分野を除けば、あくまで実験のためのツールであると捉えることが重要である。使用法が限定されている自動化ロボットとしての使用や、製造装置としての使用では、一度条件を決定してしまえば、あとはボタンを押すだけで同じように運用することができる。しかし研究や開発レベルでは、サンプルに合った条件を検討するということが日常的に必要となる。同じ研究室であっても実験者によって、それぞれの実験に合わせて吐出量の変更が必要になる。したがって原理や特性を理解し、ツールとして使いこなすことがユーザーに要求される。もちろんメーカーは、公表したスペック通りに装置が動くように調整して出荷するが、ユーザーがどのようなサンプルを使用するかは把握しきれない。装置開発段階で想定されていないようなサンプルが使用される場合もあるし、原理上の限界もある。そうした場合は、装置が機械的に正しく動いたとしても、期待通りのスポットが得られるとは限らない。インクジェット微量分注機が汎用の実験用機器として使われることにおける、特徴的な部分である。

　またプロテインチップなどの開発段階で、最初にサンプル組成などの反応系が決まってしまい、その後、それがスポットできる市販の装置を探すというケースが多い。市販の装置はスペックが決まっている。結局、当初の要求を満たす装置が存在せず、装置のスペックに合わせて系を検討しなおすということもある。そういうことがないように、市販の装置の使用が考えられるよ

うなら，開発の早い段階から装置のスペックなどの情報を集めていただくことも必要ではないだろうか．また研究の場でも，概して，完全にスペックが要求と一致するまで，装置や新手法の導入を控える傾向があるような印象を受ける．しかし限定付きの結果でも，何も知見がないよりは良いからと，工夫しながら使っているケースでは研究の進み方も速い．特に欧米ではこうした考えが強いように感じる．バイオテクノロジー分野において利用されるインクジェット微量分注機は，あくまで研究"支援"機器である．PC用のプリンターとは異なり，プリントが終了したものが完成品ではない．スポット済み基板は，チップとしては完成品ではあるが，最終的な完成品は，それを反応に供したあとのデータあるいはデータの解析結果である．したがって，サンプルの選定，調製から反応，検出，解析までの一連の流れの中で「チップの作製」を考える必要がある．そのために，微量分注機はユーザーが装置原理を理解し，それぞれの実験内容に合わせて調整し使いこなすことが重要で，作製装置というよりも，依然として実験用ツールとしての面を強く持っている．

文　献

1) Kitano H., System Biology：a brief overview, *Science*, **295**, 1662-1664 (2002)
2) Fodor S. P. *et al.*, Multiplexed Biochemical Assays with Biological Chips, *Nature*, **364** (6437), 555-556 (1993)
3) Shena M. *et al.*, Quantitative monitoring of Gene Expression Patterns with a Complementary DNA Microarray, *Science*, **270** (5235), 467-470 (1995)
4) Hughes T. R. *et al.*, Expression Profiling Using Microarrays Fabricated by an Ink-jet Oligonucleotide Synthesizer, *Nat. Biotechnol.*, **19**, 342-347 (2001)
5) Okuzono T. *et al.*, Simple Model of Skin Formation Caused by Solvent Evaporation in Polymer Solutions, *Phys. Rev. Lett.*, 97, 136103, 1-5 (2006)
6) Ozawa K. *et al.*, Diffusion Process During Drying to Cause the Skin Formation in Polymer Solutions, *Jpn. J. Appl. Phys.*, **45**, 8817-8822 (2006)
7) Kajiya T. *et al.*, Piling to Buckling Transition in the Drying Process of Polymer Solution Drop on Substrate Having Large Contact Angle, *Phys. Rev.*, **E 73**, 011601, 1-5 (2006)

第23章 バイオプリンティング
―インクジェット技術の再生医療への応用―

西山勇一[*1], 中村真人[*2], 逸見千寿香[*3]

1 緒言

　人間の体は様々な細胞およびそれらの細胞から分泌された多様な物質から構成されている。細胞が集まり共同で共通の機能を果たすようになると，それは組織と呼ばれ，複数の様々な組織が集まると器官や臓器と呼ばれる。病気や外傷によりこれらの機能が損なわれると自己修復の機能が働くものの，場合によっては薬や外科的な治療が必要となる。しかし，このような自己修復や治療によっても回復しない場合，最悪の場合，死に至る。この場合，唯一期待できる治療法が，臓器移植である。しかし，現状では移植用の臓器や組織は脳死患者や健常人の善意の提供によるしかなく，必要な患者数に対して提供される臓器は圧倒的に不足しており，それを超えての救命治療は不可能である。また，脳死判定や脳死患者の治療中断，健常人への侵襲とそれによる被害，臓器売買，臓器を求めての海外渡航移植など，他者に依存する臓器移植は生命倫理・社会倫理的な面でも問題が多い。だが，もし，必要な臓器や組織などを人工的に作製出来れば，これらの問題の多くは解決される。さらにこれらの材料を移植を必要とする本人から細胞を採取し，人工的に増殖させることで得られれば，免疫拒絶のない理想的な臓器・組織となる。このような意義と使命を担って組織や器官の作製を目指しているのが，組織工学・再生医療という研究である。

　しかし，現在の技術では単一の細胞を単に混合して培地や細胞の足場となる担体全体に播種して培養するのが一般的であり，複数種の細胞を用いる場合も，混合して全体一律に播種する。一方，これから取り組むべき移植医療が必要としている重要臓器の組織は，多種細胞が特殊な構造を構成する複合細胞組織である。細胞を全体に均一に播種するこれら従来の方法では，細胞の分

[*1] Yuichi Nishiyama ㈶神奈川科学技術アカデミー　中村バイオプリンティングプロジェクト　研究員

[*2] Makoto Nakamura 東京医科歯科大学　生体材料工学研究所　准教授；㈶神奈川科学技術アカデミー　中村バイオプリンティングプロジェクト　プロジェクトリーダー

[*3] Chizuka Henmi ㈶神奈川科学技術アカデミー　中村バイオプリンティングプロジェクト　研究員

布や配置は制御することができず，ましてや臓器や組織に必要不可欠な毛細血管やその他の組織学的構造を作製するのはさらに困難であると考えられる。

そこで，個々の細胞自体を適材適所，直接配置操作して3次元構造を作り上げるという新しいアプローチが必要であると考えた。一般的な細胞の大きさは数～数十μmである。この大きさの物体を高精度かつ高速にハンドリングするのに適した手法が必要である。顕微鏡下で個々の細胞をハンドリングする光ピンセットなどの技術はあるものの，移植用の臓器や組織を作るためには膨大な数の細胞を扱わなければならないことから，現実的ではない。そこで，それを現実に可能にする有望な機構として，我々はインクジェット技術に注目した[1~4]。

2 インクジェットの応用：3次元バイオプリンティングへのあゆみ

我々のねらいは，生きた細胞やその他の生体材料を予め設計された位置にインクジェット技術を用いて正確に，かつ3次元的に配置し，これらの集合を生きた組織として機能させることである。この手法では細胞やその他の生体材料は液体中に混合または溶解されて吐出される。我々は，生きた細胞がほとんどダメージを受けずに生きたままインクジェット吐出できることを実験で確認した。しかし，これらをただインクジェットで基板上に吐出しただけでは，微小な液滴は瞬く間に乾燥し，含まれる細胞や溶解成分はみるみる析出してしまう。乾燥を防ぐために濡れた基板上に吐出すると，吐出液滴はたちまちにじんで拡散し，設計された構造を描くことさえできない。また生きた細胞は培養液の中では基板に接着後，遊走して位置を保つことができない。さらには，3次元での細胞配置を行なう必要もある。これら難問題を解決するために，我々はアルギン酸ゲルなどのハイドロゲルを利用した。アルギン酸ゲルの前駆体となるアルギン酸ナトリウム水溶液はカルシウムイオンと反応してゲル化する。そこで，アルギン酸ナトリウム水溶液に細胞やその他の材料を混ぜ，インクジェットノズルから吐出し，塩化カルシウム溶液と反応させ，所定の位置に配置する。ゲル化によって，3次元構造の作製も可能となる。実験で細胞がアルギン酸ゲル中に生きたまま包埋でき，さらにその中で遊走しないことを確認している。

このような背景のもと，我々は，細胞やその他の生体材料を，乾燥を防ぎながら正確に配置するためのプリンター装置「3D Bio-Printer」の研究開発に取り組んだ。作製した試作機を用いて，ハイドロゲルの3次元構造を液体中で直接構築することが可能となった。

本報告では，主に現時点での3D Bio-Printerと，構築可能となった多色3次元ゲル構造およびその構築法について説明する。細胞を用いた実験，たとえば吐出後の生存率，細胞同士の相互作用およびハイドロゲル中での細胞の挙動など詳細については，参考文献を照覧されたい[5~7]。また，再生医療・組織工学の分野では，近年，3Dプリンターやディスペンサーなど3次元造形

第23章　バイオプリンティング

技術が細胞の足場担体の作製に応用されるようになってきた。しかし，どんなに構造制御された足場担体であっても細胞を全体に混合播種する方法を踏襲する以上，多種細胞で構成される複合組織の作製は依然困難があると考えられる。我々同様，直に細胞を配置しての組織工学の研究も一部で始まっており，これからの技術競争が予想される[8～15]。

3　3D Bio-Printer 装置の研究開発

3.1　インクジェットノズルヘッド

　インクジェットノズルヘッドは 3D Bio-Printer の最も重要な部品のひとつである。細胞やたんぱく質を扱うことから，熱のかからないインクジェット方式を選定し，これまでいくつかのノズルヘッドを使用してきた。ひとつはセイコーエプソン㈱製の静電式ノズルヘッドである[1,16]。静電力で Pusher Plate を駆動してその機械的運動によって吐出するタイプで，吐出する液体を加熱することが無く，細胞を安全に打出すことが可能である。また，別のインクジェットヘッドとして，一つのヘッドから同時に4種類の液体を打出すことが可能な富士電機システムズ㈱製のノズルヘッドを使用した（図1）。このノズルヘッドは4本のノズルを有し，個々の流路にバイモルフ式ピエゾアクチュエータが設置され，独立に駆動することが出来る。ピエゾアクチュエータの機械的駆動によって打出される液体はほとんど加熱されることなく吐出される。最高駆動周波数は1KHzで，液滴サイズは数百 pl である。また，ピエゾ駆動式インクジェットでは，駆動波形を調整することで比較的容易に液滴の大きさや飛行速度を制御できるメリットがあり，通常のインクとは異なる材料を扱う我々の用途には適していると考えられた。一方，ピエゾアクチュ

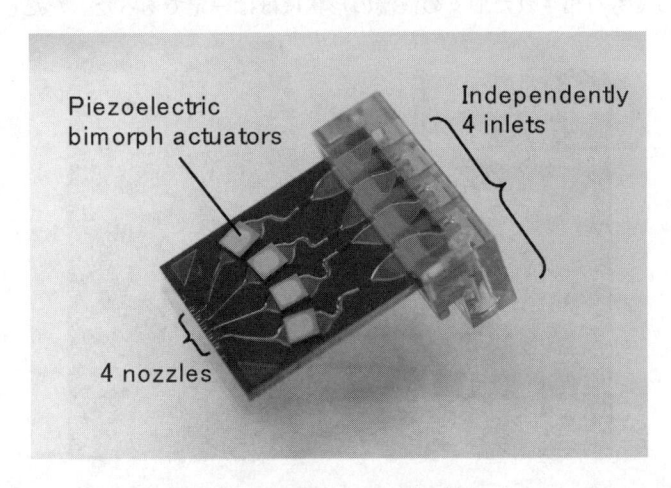

図1　富士電機システムズ製ノズル
(㈶神奈川科学技術アカデミー　平成18年度研究概要　p.70掲載　図1より)

エータを駆動するためには 80～100V の比較的高い電圧振幅の矩形波が必要であり，通常の信号発生器からの信号を直接使用することが難しい。このため，このノズルヘッド専用の駆動信号発生器を独自に作製した。信号はマイコン（H8/3052，㈱ルネサステクノロジ）にて生成され，オペアンプ（PA92，Apex Microtechnology Corp.）により増幅される。

3.2　高速度カメラによる液滴観察

　一般に，インクジェットノズルは最適化された専用のインクに対してさらに駆動条件の最適化をおこなっている。我々のように粘度も表面張力も濡れ性もわからない多様な溶液を打出す場合は，それぞれの溶液に対して適した条件を各個に見つけるほか無く，溶液ごとに駆動電圧波形などの条件を変えながら打出される液滴の状態を観察する必要がある。打出される液滴を観察するのによく用いられる方法は高速で明滅する光源を用いた方法である。ノズルの駆動電圧波形と同期して明滅する光を液滴に当てると，飛行中の液滴が擬似的に空中に停止して見える。LED 光源を用いて液滴を観察する装置を製作した。駆動電圧波形からわずかにずれた周期で明滅する光を当てることで，液滴が飛行している様子も観察できる。しかしながら，この方法では複数の液滴の残像が 1 個の液滴であるかのように観察されるので，安定して同一形状の液滴が打出されているのを観察する方法としては有効だが，実際の個々の液滴を観察することはできない。細胞が懸濁された溶液を打出す場合は，打出される液滴の大きさも変化することが推測されるので，個々の液滴を観察するために，高速度カメラが不可欠である。そこで，高速度カメラ（㈱フォトロン，FASTCAM-APX MIU）の観察装置をセットアップして，HeLa 細胞を懸濁したアルギン酸ナトリウム水溶液がインクジェットノズルから打出される様子を観察した（図2）。この結果，細胞懸濁液であっても打出された個々の液滴の形状はほぼ一定であった。ただし，液滴内の細胞

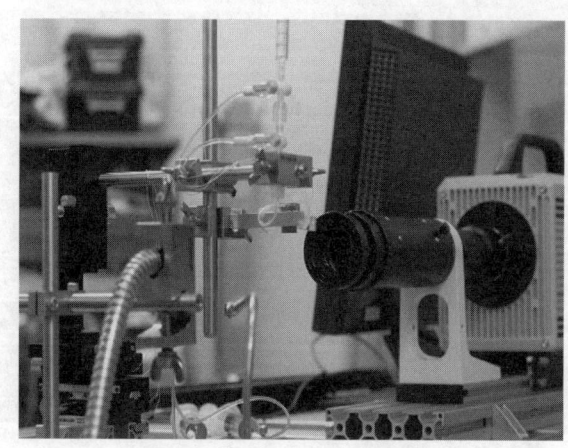

図2　高速度カメラおよび治具
（㈶神奈川科学技術アカデミー　平成18年度研究概要　p.71掲載　図4より）

第23章　バイオプリンティング

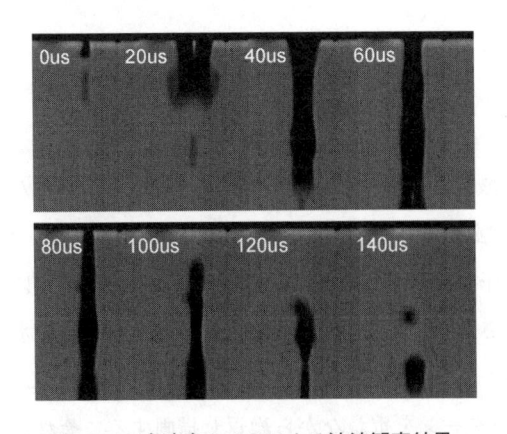

図3-a　高速度カメラによる液滴観察結果
（立ち上がり時間：短）
（（財）神奈川科学技術アカデミー　平成18年度研究概要　p.71掲載　図5-aより）

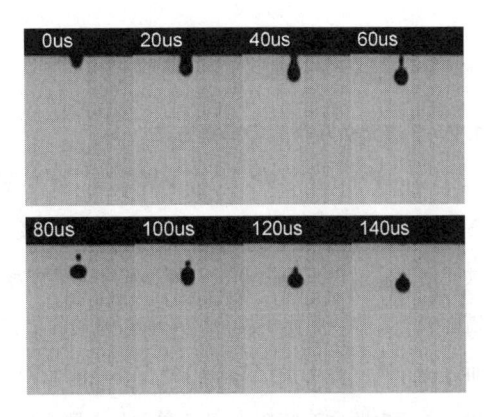

図3-b　高速度カメラによる液滴観察結果
（立ち上がり時間：長）
（（財）神奈川科学技術アカデミー　平成18年度研究概要　p.71掲載　図5-bより）

の有無が観察できず，液滴内に細胞が含まれているか，また含まれていた場合には細胞がどのような状態かは現段階では不明である。図3-aおよびbに駆動電圧波形を変化させた際の液滴の様子を示す。図3-aでは，振幅80Vおよび立ち上がり時間1μs以下の矩形波で駆動した際の液滴の様子である。この場合，図にあるように液滴はある程度の長さを持つ連続的な伸びた棒状となる。図3-bは駆動波形の立ち上がりを緩やかにした際の液滴の様子である。この場合には，球状の液滴が打出されている。細胞を吐出するにはどちらの液滴が適しているのかは現段階では判断できないが，実際に打出し実験を行うと細胞を打つ際には前者の条件が適しているように思える。ただし，前者だと液滴の容積が大きいため，ゲル成分が増え，ゲル構造物の作製分解能は低下すると考えられる。

4　多色3次元ゲル構造およびその構築法：実験および結果

4.1　材料

本研究では，0.8％アルギン酸ナトリウム水溶液を用いた。これを基材となる2〜10％塩化カルシウム水溶液中に打出すことでアルギン酸ゲルを得ることができる。後述するが基材の水溶液はその粘度を調整する必要があり，PVA（Poly Vinyl Alcohol）などを溶解させて調節している。また，多色化の際は，緑と紫の蛍光インク（Spotliter補充インキ SGRF-12SL-GおよびSGRF-12SL-V，㈱パイロットコーポレーション）を用いて，複数ノズルから吐出されるアルギン酸ナトリウム水溶液を識別した。この2種類のインクは波長の異なる励起光によりそれぞれ異なる波長の蛍光が生じ，しかも手軽に入手できる。これを利用することでひとつのゲル構造内にある2

種類のゲルの分布や構造を明確に分離して観察できる。

4.2 3次元ゲル構造の構築方法

3D Bio-Printerを用いたゲル構造は，アルギン酸ナトリウム水溶液をインクジェットノズルから打出し，基材となる塩化カルシウム水溶液と接触し，ゲル化することによって構築される。3次元構造は，以下のようにして作製する。まず，予め設計された3次元構造の断面を基材表面に描画するように打出す。ノズルから連続的に打出されたアルギン酸ナトリウムの液滴は基材の水面近傍で次々とゲル化するので，この断面のパターンと同様な2次元のゲル構造が構築できる。次に，この断面を法線方向にずらした際の断面パターンを重ねながら繰返し描画する。それによって3次元のゲル構造が積層造形される。この方法では，ゲル構造が基材の液中に構築されていくため，細胞や生体材料の乾燥を防止するだけでなく，ハイドロゲルのような柔らかい材料のものでも構築中に形が崩れないという利点がある。ただし液体中において，構築したゲル構造が基材液面の揺動などにより動かないように基材の粘度や密度を調整する必要がある。このためにPVAなどを基材に添加し，粘度を増加させた。この結果3次元ゲル構造の良好な構築が可能となった。

4.3 装置の改良

多色化を行なうためには，駆動信号を各ノズルごとに制御する必要がある。そのために，高耐圧の信号分配器を製作し，またこれをコントロールするプログラムを開発した。これにより3D Bio-Printerで多色ゲル構造も構築可能になった。

4.4 3次元チューブ構造

前述のように，3次元ゲル構造は2次元断面を積層して作製する。そこでまずは，円という最も単純な図形を2次元断面とするチューブ状のゲル構造を構築した。図4-aに製作した直径1mmのチューブ状ゲル構造を示す。積層により数cmの長さの中空構造を持つ3次元チューブが作製できた。また，多色刷り機能を活かして，図4-bおよびcに多色のチューブ状ゲル構造を示す。それぞれ，緑と紫の蛍光インク入りのゲルによるストライプ構造，および内層，外層で異なる蛍光インク入りゲルの二重構造のチューブとなっている。生体内には血管系をはじめ，管腔状の組織，多重管腔状組織が多数存在する。従ってこれを基に異なる細胞やその他の生体材料をチューブに別々に組み込むことで，これまでにない再生組織が構築できる可能性がある。二重構造のゲルチューブでは，血管系を想定して，内側に血管内皮細胞，外側に平滑筋細胞を配置した。培養するとどのようになるか観察している。

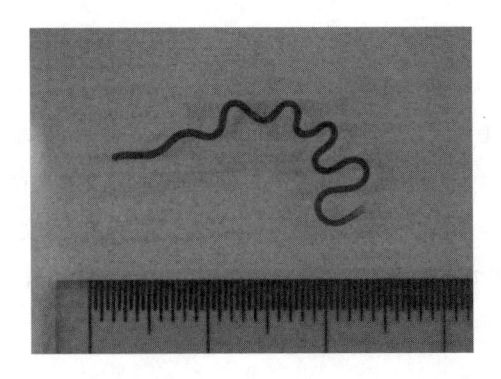

第 23 章　バイオプリンティング

図 4-a　ゲルチューブ
(㈶神奈川科学技術アカデミー　平成 18 年度研究概要　p.72 掲載　図 6-a より)

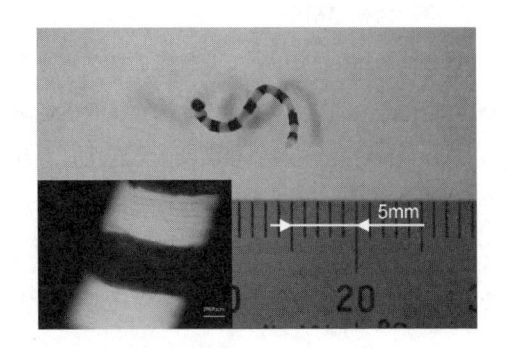

図 4-b　スパイラルゲルチューブ
(㈶神奈川科学技術アカデミー　平成 18 年度研究概要　p.72 掲載　図 6-b より)

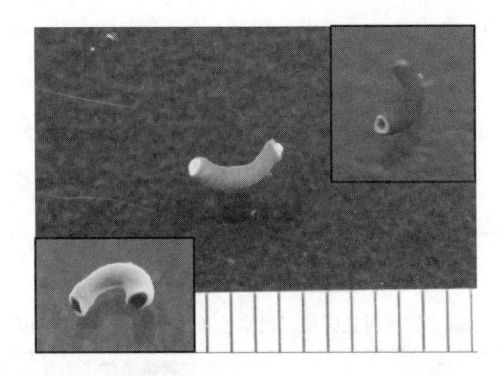

図 4-c　2 重ゲルチューブ
(㈶神奈川科学技術アカデミー　平成 18 年度研究概要　p.72 掲載　図 6-c より)

図 5　多色積層ゲル構造
(㈶神奈川科学技術アカデミー　平成 18 年度研究概要　p.72 掲載　図 7 より)

275

4.5 3次元積層構造

3D Bio-Printer を用いて基材表面にゲルを敷詰めることでゲルのシートが製作できる。これを順次積み重ねることで多層の3次元積層構造が構築可能となる。生体内において，皮膚や粘膜をはじめ，層状構造を持つ組織は多く存在し，さらに，細胞組成や成分の異なる多層構造組織も存在することから，多層の3次元積層構造，しかも，多色でそれが作製できるということは生体を模する構造を作製する点においては，とても重要であると考えられる。図5に3D Bio-Printer を用いて構築した多色のシート積層構造を示す。

5 結言

以上，インクジェット技術を生体組織や臓器の作製を目指す再生医療の領域に応用に取り組んできた我々のバイオプリンティング研究のあゆみと，3D Bio-Printer の開発状況，またこれを用いた多色ゲル構造の構築法および構造物について述べてきた。我々のあゆみは，無意識のうちに，生体組織用のインクジェット式3次元デジタルファブリケーション技術に直に取り組んできたようだが，細胞が生きられるゲルで，乾燥を防ぎながら，細胞もろともにチューブや多層構造の3

表1 組織工学・再生医療に対するインクジェット技術の利点

インクジェットの特徴	組織工学，再生医工学への応用の利点
1) 写真画質の高精細印刷 ・μm のインク吐出位置の制御が可能 ・極微量のインク滴量の制御が可能	細胞や生理活性物質の μm での局在位置制御が可能 ピコリットルレベルでの液滴量の制御が可能
2) カラー印刷が容易，複数インクによる高画質化	多種細胞，多種生理活性物質などが，独立して配置しながら吐出できる
3) 高速印刷：毎秒数千滴以上のインク滴の吐出能力がある。	迅速な生体組織の構築に有利，多量の細胞を扱うことが可能
4) 確立されたコンピュータとの接続。	コンピュータと機械技術の応用，同じデータから同じ品質の製品，デザイン性，自動化に有利
5) 印刷の対象を選ばない。紙，立体物，ゲル，液体への吐出が可能。	2次元基板，3次元 Scaffold，粉体，ゲル，液体，生体組織上への吐出が可能。手術創への吐出も可能。
6) 非接触での吐出が可能。	2液反応性材料が使える。対象物への摩擦や擦過傷害防止。手術創への吐出も可能。雑菌の混入防止。
7) 生きた細胞を生きたままダメージなく打ち出せる	生きた細胞を直接ハンドリング可能。直接細胞を配置可能。
8) ゲル化によって水溶液中に造形可能	水溶液中でもにじまない。作製後も乾燥が防止される。細胞へのダメージ縮小。脆弱な組織構造でも崩れにくい。
9) 3次元積層造形が可能	インクジェット式3次元積層造形。
10) さまざまなインクが利用できる	新規生体材料，機能性生体材料，ナノ材料などによる技術の発展が期待できる

第 23 章 バイオプリンティング

次元構造が造形でき，しかも，多色化により異なる細胞や異なった複数の材料の配置を制御しながら 3 次元で自由に配置造形できるというバイオプリンティング技術の可能性の片鱗が実証されたのではないだろうか．これまで不可能であった異種細胞での組織工学・再生医療の道を拓き，組織工学・再生医療の可能性がいっそう広がることを期待する．今後は，多種類の材料を用い，より複雑な断面を持つ 3 次元構造物の構築に挑戦したい．

最後に，インクジェット技術には組織工学，再生医療の技術として様々な利点がある（表 1）．日本の高い技術が活かされ，21 世紀の医療として期待される組織工学・再生医療の発展に貢献することが望まれる．

文　献

1) Nakamura M., Kobayashi A., Takagi F., Watanabe A., Hiruma Y., Ohuchi K., Iwasaki Y., Horie M., Morita I., Takatani S., *Tissue Engineering*, **11**, 1658 (2005)
2) Nakamura M., Nishiyama Y., Henmi C., et al., *Proceeding of Digital Fabrication* (2006)
3) 中村真人, *BioIndustry*, **21**, 68 (2004)
4) 中村真人, 医学のあゆみ, **218** (**2**), 139 (2006)
5) 中村真人, 西山勇一, 逸見千寿香, 山口久美子, ㈶神奈川科学技術アカデミー平成 17 年度研究概要（KAST Annual Research Report, 2005), 107 (2006)
6) 中村真人, 西山勇一, 逸見千寿香, ㈶神奈川科学技術アカデミー平成 18 年度研究概要（KAST Annual Research Report, 2006), 67 (2007)
7) Wilson WCJr., Boland T., *Anat. Rec.*, **272A**, 491 (2003)
8) Boland T., Mironov V., Gutowska A., Roth E. A., Markwald R. R., *Anat. Rec.*, **272A**, 497 (2003)
9) Mironov V., Boland T., Trusk T., Forgacs G., Markwald R. R., *Trends. Biotechnol.*, **21**, 157 (2003)
10) Alper J., *Science*, **305** (**5692**), 1895 (2004)
11) Roth E. A., Xu T., Das M., Gregory C., Hickman J. J., Boland T., *Biomaterials*, **17**, 3707 (2004)
12) Xu T., Petridou S., Lee E. H., et al., *Biomaterials*, **1**, 93 (2005)
13) Boland T., Xu T., Damon B., Cui X., *Biotechnol. J.*, **1**, 910 (2006)
14) Campbell, P.G. et al., *Biomaterials*, **26** (**33**), 6762 (2005)
15) Mironov V., Reis N., Derby B., *Tissue. Eng.*, **4**, 631 (2006)
16) Kamisuki S., Hagata T., Tezuka C., Fujii M., Atobe M., *Proceeding of MEMS' 98*, 63 (1998)

インクジェットプリンターの応用と材料Ⅱ
《普及版》
(B1042)

2007年11月30日　初　版　第1刷発行
2013年 7 月 8 日　普及版　第1刷発行

　　監　修　　髙橋恭介　　　　　　　　　Printed in Japan
　　発行者　　辻　賢司
　　発行所　　株式会社シーエムシー出版
　　　　　　　東京都千代田区内神田1-13-1
　　　　　　　電話 03(3293)2061
　　　　　　　大阪市中央区内平野町1-3-12
　　　　　　　電話 06(4794)8234
　　　　　　　http://www.cmcbooks.co.jp/

〔印刷　倉敷印刷株式会社〕　　　　　　　© Y. Takahashi, 2013

落丁・乱丁本はお取替えいたします。

本書の内容の一部あるいは全部を無断で複写(コピー)することは，法律
で認められた場合を除き，著作者および出版社の権利の侵害になります。

ISBN978-4-7813-0724-4　C3054　¥4400E